生物科学显微技术

主　编　杨星宇　杨建明
副主编　彭　宇　杨艳燕
编　者　汪平尧

华中科技大学出版社
中国·武汉

内 容 简 介

本书从生命科学专业学生掌握基本理论、基本方法、基本技能的实际出发,结合目前国内高等院校(特别是地方普通院校)的客观条件,为提高学生的实验动手意识及动手能力,从而强调生物显微技术的教学和实验训练而编写的。本书从生物显微技术的发展史、显微技术的基本设备使用、显微切片技术、显微荧光染色技术、显微操作技术、显微摄录像技术六方面较为全面地讲述了现代生物显微技术的基本内容,与以往教材相比较,本书增添了显微操作术、数码成像等新内容。经过作者教学实验证明,本书是一本比较符合普通高校目前客观条件和学生实际需要的生物显微技术读本,可作生物学实验室手册或工具用书。

图书在版编目(CIP)数据

生物科学显微技术/杨星宇　杨建明　主编. —武汉:华中科技大学出版社,2010.10
(2022.1重印)
ISBN 978-7-5609-6668-7

Ⅰ.生… Ⅱ.①杨… ②杨… Ⅲ.生物学-显微术 Ⅳ.Q-336

中国版本图书馆 CIP 数据核字(2010)第 202650 号

生物科学显微技术　　　　　　　　　　　　　　　　　杨星宇　杨建明　主编

策划编辑:	周芬娜
责任编辑:	梅进伟
封面设计:	刘　卉
责任校对:	朱　玢
责任监印:	朱　玢
出版发行:	华中科技大学出版社(中国·武汉)　　电话:(027)81321913
	武汉市东湖新技术开发区华工科技园　　邮编:430223
录　　排:	武汉市洪山区佳年华文印部
印　　刷:	武汉市洪林印务有限公司
开　　本:	710mm×1000mm　1/16
印　　张:	12.75
字　　数:	266 千字
版　　次:	2022 年 1 月第 1 版第 7 次印刷
定　　价:	35.00 元

本书若有印装质量问题,请向出版社营销中心调换
全国免费服务热线:400-6679-118　　竭诚为您服务
版权所有　侵权必究

前　言

生物学显微技术(biological microtechnique)是从16世纪末以后,随着显微镜的发明和化学染料工业的发达而发展起来的,它的产生直接导致了细胞生物学、动植物胚胎学、微生物学的产生和发展,若没有显微镜的出现,就无所谓显微技术。显微技术简单理解,就是在显微镜所能观察的范围内进行的一切实验操作和其产生的原理知识及方法技术。显微技术的进一步发展,是超显微技术,也称电子显微镜技术或纳米技术,顾名思义就是指在电子显微镜所能观测的尺度内所进行的实验方法技术。

目前生物学显微技术主要包括显微观察、显微切片、显微照相、显微组织化学、显微操作、微室培养等,并由基本的实验观察技术发展出显微操作技术,如显微打孔、显微切割、细胞融合、核移植、细胞器移植,等等。生物学已是一个实验性很强的学科,一个想进入生物学领域的人,不了解生物学一些最基本的实验技术方法,是不可想象的。利用显微镜进行观察,一下使人的视力极限(0.1 mm)提高到了 $0.2~\mu m$;利用显微操作器,人们几乎可以随意地握持微小的细胞和组织块进行切割、打孔和外科手术;显微分光光度计可以检测单个细胞中化学成分及数量;激光共聚焦显微镜不仅能三维立体重建成像,与计算机结合进行 Z、Y、X 三轴 CT 扫描,还能实现光切片,把 $1~\mu m$ 厚的生物显微切片材料进一步光切片至 $1/20~\mu m$、$1/200~\mu m$,甚至单层分子级;环境扫描电子显微镜的应用更是省去了许多繁杂的实验步骤,可直接观察含水鲜活的生物材料。当今生物学中所运用的各种新仪器、新方法真可谓层出不穷、日新月异,新技术还在不断涌现,想要跟上形势、跟上发展,必须重视实验技能的学习和掌握。这本生物科学显微技术读本的推出,是生物科学入门级实验技能实训教材,学生若能认真完成该书中的实验内容、操作训练,一定会大大提高自己的实验动手能力和增强实验兴趣。掌握了这些最基本的方法和技术,无疑为日后的深入应用和科研打下一个良好的基础。

全书分为生物显微技术发展史、显微镜及其附属设备、显微切片技术、显微荧光染色技术、显微操作技术和显微记录方法六部分及附录延展,与以往同类书籍相比较,增添了显微技术发展史、显微操作术、数码成像和显微技术相关网站链接等新内容。

本书的出版曾得到湖北省自然科学基金重点项目(2008CDA082)、湖北省科技厅研究与开发计划项目(2009EGB003)、武汉市人事局武汉市创新人才开发基金(武人[2008]84号)、湖北省品牌专业生物科学特色专业建设项目(080—015602)的资助,并得到湖北大学生命科学学院领导的大力支持和帮助,在此致以最诚挚的谢意。

该书的作者均是多年从事生物科学教学和科研的教师或实验技术人员,有着丰富的实验教学经验和实践经验;杨星宇编写第三、四章,彭宇编写第二章,杨艳燕、汪平尧编写第六章,杨建明编写第一、五章并负责全书统稿整理。由于编者水平有限,书中难免存在不足,敬请读者批评指正。

编　者

2010.6.16 于武汉

目 录

第1章 显微技术发展历史 (1)
1.1 显微镜的发明史 (1)
1.1.1 显微技术的概念 (1)
1.1.2 显微镜的发明史 (1)
1.2 显微解剖切片机发展史 (3)
1.3 染色技术发展史 (6)
1.3.1 显微技术的用具及其方法演进 (6)
1.3.2 染色技术发展史 (7)

第2章 显微镜及其附加设备 (10)
2.1 显微镜的光学原理 (10)
2.1.1 显微镜的光学原理 (10)
2.1.2 显微镜的光学性能 (12)
2.1.3 复式显微镜的光学原理 (13)
2.2 显微镜的基本构造 (14)
2.2.1 物镜 (14)
2.2.2 目镜 (17)
2.2.3 聚光镜 (19)
2.2.4 载物台和光源 (20)
2.3 生物光学显微镜的种类 (21)
2.3.1 生物光学显微镜 (21)
2.3.2 其他观测附件 (29)

第3章 显微解剖及切片技术 (34)
3.1 生物显微解剖的一般方法 (34)
3.1.1 切片法 (34)
3.1.2 非切片法 (35)
3.2 解剖工具——切片机 (36)
3.2.1 切片机概述 (36)
3.2.2 切片机的使用方法 (39)
3.3 切片技术方法 (41)
3.3.1 材料的采集与分割 (41)
3.3.2 固定与固定剂的配制 (41)

   3.3.3 洗涤和脱水 …………………………………………… (48)
   3.3.4 透明 ………………………………………………… (52)
   3.3.5 透蜡和包埋 ………………………………………… (54)
   3.3.6 切片和贴片 ………………………………………… (58)
   3.3.7 脱蜡 ………………………………………………… (60)
   3.3.8 染料和染色 ………………………………………… (60)
   3.3.9 封藏 ………………………………………………… (69)
  3.4 冰冻切片技术 …………………………………………………… (71)
   3.4.1 使用仪器 …………………………………………… (72)
   3.4.2 冰冻切片制片方法 ………………………………… (72)
  3.5 半超薄切片技术 ………………………………………………… (74)
   3.5.1 使用仪器 …………………………………………… (74)
   3.5.2 半超薄切片制片方法 ……………………………… (74)

第4章 荧光显微技术和荧光染色 ……………………………………… (82)
  4.1 荧光显微技术的原理、方法和应用 …………………………… (82)
   4.1.1 荧光的产生及种类 ………………………………… (82)
   4.1.2 荧光的机理 ………………………………………… (85)
   4.1.3 荧光显微技术的特点及运用 ……………………… (85)
  4.2 荧光染色技术 …………………………………………………… (89)
   4.2.1 染色原理 …………………………………………… (89)
   4.2.2 荧光染色原理 ……………………………………… (91)
   4.2.3 组织细胞的染色 …………………………………… (92)
   4.2.4 荧光素 ……………………………………………… (93)
   4.2.5 免疫荧光细胞化学染色方法 ……………………… (97)
  4.3 荧光素的选用 …………………………………………………… (100)
  4.4 荧光显微镜 ……………………………………………………… (103)
   4.4.1 荧光光源 …………………………………………… (105)
   4.4.2 光的吸收和滤光片 ………………………………… (107)
   4.4.3 滤光片的性能 ……………………………………… (109)
   4.4.4 滤光片的使用方法 ………………………………… (110)
   4.4.5 荧光显微镜的光路系统 …………………………… (111)
  4.5 荧光显微摄影术 ………………………………………………… (112)
   4.5.1 荧光标本制作中的要求 …………………………… (113)
   4.5.2 荧光显微观察及摄影 ……………………………… (113)
  4.6 荧光显微镜的应用 ……………………………………………… (115)
   4.6.1 直接免疫荧光法 …………………………………… (116)

         4.6.2 间接免疫荧光法……………………………………………(116)
         4.6.3 补体免疫荧光法……………………………………………(117)
    4.7 荧光细胞化学……………………………………………………(118)
第 5 章 显微操作技术……………………………………………………(119)
    5.1 显微操作仪………………………………………………………(119)
         5.1.1 显微操作仪的显微镜…………………………………………(120)
         5.1.2 显微操作仪……………………………………………………(120)
    5.2 细胞显微注射实验………………………………………………(124)
         5.2.1 材料、设备的准备……………………………………………(124)
         5.2.2 方法与步骤……………………………………………………(124)
         5.2.3 植物外源基因导入实生苗实验基本流程示意图………………(125)
    5.3 显微切割与摘取实验……………………………………………(125)
第 6 章 显微记录方法……………………………………………………(127)
    6.1 胶片显微照相术…………………………………………………(127)
         6.1.1 照相原理和照相机的构造……………………………………(127)
         6.1.2 感光材料………………………………………………………(129)
         6.1.3 滤色镜…………………………………………………………(134)
         6.1.4 曝光和放大率…………………………………………………(137)
         6.1.5 暗房技术………………………………………………………(138)
    6.2 数码显微摄影技术………………………………………………(147)
         6.2.1 数码相机的结构和性能………………………………………(148)
         6.2.2 数码相机和普通相机的区别…………………………………(152)
         6.2.3 数码显微摄影的要素…………………………………………(154)
         6.2.4 数码显微摄影的白平衡控制…………………………………(156)
         6.2.5 数码摄影的微距拍摄…………………………………………(157)
         6.2.6 数码显微摄影方法……………………………………………(158)
         6.2.7 数码相片的计算机处理………………………………………(160)
附录 A 显微技术相关网络链接…………………………………………(163)
附录 B 常用试剂、溶液的配制方法……………………………………(165)
附录 C 生物学实验室各种培养液的配制………………………………(169)
附录 D 常用缓冲液的配制………………………………………………(178)
附录 E 常用染色液和指示剂的配制……………………………………(181)
附录 F 常用消毒液的配制………………………………………………(189)
附录 G 常用洗液的配制…………………………………………………(190)
附录 H 普通固定离析液的配制…………………………………………(192)
参考文献……………………………………………………………………(193)

第1章 显微技术发展历史

1.1 显微镜的发明史

1.1.1 显微技术的概念

生物学显微技术是基于生物学基础理论知识,以生物体为材料,在光学显微镜观察的范围内所开展进行的实验操作技术,它主要包括生物的组织、细胞化学,生物的显微制片技术,生物的显微观察,测量绘图及显微摄影技术,显微注射、切割、挑离等显微操作技术,相应的辅助技术还应包括各种显微镜的使用和保养,相应设备仪器的使用和保养等。作为技术,它是从16世纪末期以后,随着显微镜的发明和化学染料工业的发达而发展起来的,它的产生和发展有力地推动了动植物形态学、动植物解剖学的发展,并直接导致生物细胞学、动植物胚胎学、微生物学的产生和发展。可以认为,从1665年英国物理学家罗伯特·虎克(Robert Hooke,1635—1703)用削笔小刀将木栓切成薄片,在他自己制造的一架筒式显微镜(放大40~140倍)下观察发现并命名软木(木栓)细胞(cell)开始(《Micrographic》,Robert Hooke,1665),就产生了显微技术(microtechnique),罗伯特·虎克因此也被公认为世界上第一位显微技术学家。可以设想,如果没有显微镜的出现,就无所谓显微技术,显微技术简单地讲,就是在显微镜所能观察的范围内的一切实验操作和其产生的原理知识及方法技术。

生物显微技术(biological microtechnique)是指在显微镜的观测范围内用生物材料作实验对象的专门技术。显微技术的再发展是超显微技术,也称电子显微镜技术,顾名思义是指在电子显微镜所观测范围内的实验方法技术,本教材所述的主要是生物显微技术。

1.1.2 显微镜的发明史

学习生物显微技术,自然而然会首先想到显微镜是何人发明的?切片机最初是什么样的?一开始人们是怎样制片、镜检?等等。这些必备工具及技术发明创造,代表和反映了生物显微技术发展的里程碑,查找考证这些实物和资料可能是相当费力的,然而作为一般了解,对于启发思路,促进显微技术发展,无疑是有益的。

显微镜(microscope)一词,是1625年由法布尔首先提出来并使用的,一直沿用至今,成为这类仪器的定名。显微镜的使用时间,至今无确切的记载。因为它是古代透镜研磨工匠们的集体智慧和后人不断改进的产物。透镜的磨制早在公元 12 世纪就有人在进行了(如阿拉伯人 Al-Hagen),而显微镜最初的开拓者是英国的狄更斯(Digges)和荷兰的詹森父子(Hans and Zachrias Janssen)。詹森父子在1590年制造了世界上第一台放大率约 20 倍以内的原始显微镜。1609 年意大利物理学家、天文学家伽利略(Galileo)制造并定名了望远镜,次年又制造了具有物镜、目镜及镜筒的复式显微镜,并把整个光学系统固定在一个支架上进行调焦,观察微小的物体。1611年德国天文学家开普勒(Johannes Kepler)说明了显微镜的原理。近代显微镜的原形可能是在 1628 年前后由舒纳(C·Scheiner)在开普勒设计原理基础上制造的。17世纪中叶后,显微镜的制造有了较大的发展。当时的欧洲宫廷贵族将此作为一种装饰或高级玩具而互相炫耀。而英国的物理学家罗伯特·虎克正是在这种情况下于1665 年制造了一台设有基本的简易装置,性能稍高并有物镜与目镜之分,能放大到140 倍的复式显微镜(见图 1-1)。他用这台显微镜观察栎木软木塞切片,发现了许多小蜂房状结构,他把每一个小蜂房空间称之为"细胞"(cell)。至此,"细胞"这一名词开始运用。在虎克的发明后不久,微生物创始人、植物解剖学家荷兰人安东尼·范·雷文霍克(Antony Van Leeuwenhoek,1632—1723)创造出放大率约达 280 倍的显微镜,还用他自己发明的显微镜观察了微生物和血球等,并发现了细菌(1683)。在他的一生中制造了约 400 台显微镜,为显微镜的改进作出了巨大贡献。荷兰雷敦大学博物馆至今还珍藏了一台他的显微镜。1695 年荷兰学者惠更斯(Christian Huygens)设计并制造出结构简单但效果更好的双透镜目镜——惠更斯目镜。这种目镜至今仍广泛地应用于各种普通型显微镜上。如果把 16 世纪末划为显微镜的发明时代,那么17 世纪、18 世纪就是显微镜不断得到制造和实际应用的时代,不过在此期间还没从基本理论上来解决显微镜的设计制造和改进等问题。直到 19 世纪中叶,杰出的德国物理学家、数学家及光学大师——耶拿大学的教授恩斯特·阿贝(Ernst Abbe,1840—1905)提出了显微镜的完善理论,说明了其成像原理、数值孔径等问题。受卡尔·蔡斯(Carl Zeiss,1866—1888)厂主的邀请,在 1866—1876 年期间,他作为蔡斯光学工厂的一名合股人,发明并制造了消色差物镜和油浸物镜等。他对光学玻璃、光具、显微镜的设计制造和改进作出了重要贡献。从 19 世纪至 20 世纪上半叶,欧洲的一些科学家主要是致力于提高显微镜的分辨率及观察效果,设计和制造出了反射镜、消色差物镜、大数值孔径物镜、油浸物镜、石荧玻璃校正的复消色差物镜、暗场聚光镜、偏光附件及补偿目镜等光学部件,使显微镜的性能不断得到提高并扩大了其应用范围,同时显微镜的造型也日趋完善。随后又利用光波的特性和规律对成像光路作了改进,如 1902 年艾夫斯(E. Elves)奠定了现代双目镜的基本系统。1935 年荷兰学者泽尼克(Frits Zernike)发现相衬原理,成功地将相衬法用于显微镜上,于 1941 年在德国的蔡斯(Carl Zeiss)厂诞生了第一台相衬显微镜。他对显微镜中的光学信息进行了有效的处理,从而获得了 1953 年度的诺贝尔奖。从此以后,显微镜就有了明

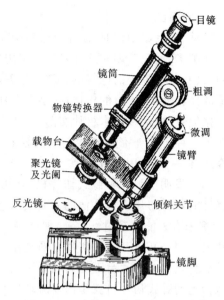

图 1-1 罗伯特·虎克制造使用的显微镜　　图 1-2 19 世纪 80 年代的 Zeiss 显微镜

场、暗场、相衬、偏光、干涉、紫外、荧光、体视、倒置等类型的发展。光学显微镜的机械部件的基本构型约在 19 世纪 80 年代完成定型(见图 1-2)。目前使用的小型生物研究显微镜几乎全部保持着 19 世纪 80 年代 Zeiss 显微镜的原型。

近代,由于新技术、新理论应用在显微镜中,20 世纪 60 年代中期又研制出诺马斯基(Nomarski)微分干涉相衬显微镜,它在许多学科的研究工作中已显示出其优越性。目前各类显微镜及显微技术都还在不断发展,无论是在光源、光路设计、多用途附件联机使用等方面都还不断有新的改进。为了提高显微镜的使用效果,扩大其应用领域,使传统的显微镜从单纯的目视、人为定性判断向客观的定量、自动化方面发展,显微镜开始渐渐与其他仪器设备配合使用,例如,它和摄像系统联机组成摄影显微镜,和电视摄像机联机组成电视显微镜,和分光仪联机组成显微分光光度计、图像仪,和计算机联机组成显微图像分析仪等。由此可见,显微镜的发展还尚无止境,相应的显微技术也在不断发展。

1.2　显微解剖切片机发展史

最初对显微镜下所观察的材料的处理是非常粗糙原始的,如撕碎、粘涂等。1665 年罗伯特·虎克在他著名的《显微镜图志》一书中提到他用削鹅毛笔的小刀,将木栓切成薄片再观察。之后,1682 年英国的植物学家格雷韦(Nehemiah Grew,1641—1712)出版了世界上最早的一本《植物解剖学》一书,对显微镜观察所需要的大量植物材料,他只笼统地说到他是用刀斜切、直切、横切来制作的,并提到对于观察植物的各细微部分,显微镜和刀子是必需的;有些材料不用刀子,就用撕碎、破裂等方法来分割材料,仅此而已。

可见17世纪中期时,制作显微镜所观察的材料方法仅仅只是原始的徒手操作,一直到了18世纪后期才逐渐发展出了用机械手段进行切片,其产生演进的过程比较模糊,只有一些零碎的记载,如1770年著名的木材解剖学家John Hill(1716—1775)在他的经典著作《木材的构造》一书中提到的,由他首次发明制作的一种圆筒式切片机。据他叙述,可以把木材片切薄至12.7 μm。他在书中还叙述了将木材进行离析,来作为一种研究纤维的方法,这一方法在1812年经过Moldenhawer改进,发展成为至今还在一直沿用的木材离析的标准方法。Hill逝世的那一年(即1775年),Custance发明了另一种卧式切片机,并用这一自己设计的切片机,制作出在当时最为优良的木材切片出售。他的木材切片曾风行30年,其切片的精致水平在他死后50年都未有人能够超过。生前,他严格保密他的机械,死后才被人发现。原来,他的切片机是用一又长又大的切片刀平放在切片台上,用手推动可以斜向地切割木本材料。材料是放在切片台下的椭圆形深坑里,由一系列螺旋杆控制,固定上升切片。可以认为他的卧式切片机就是当今滑动切片机的最早雏形。1787年Adams设计出一种比Hill圆筒式切片机和Custance卧式切片机更易操纵,切片更好的切片机,并把它作为一种商品在18世纪末期大量出售。1830年前后,Pritchard又制造了一种切片机,这可能是继Hill、Custance和Adams切片机之后的第4种著名的切片机。

上述四种切片机是比较早期的著名例子。其实从19世纪初期以后,切片机的制造就有了许多种,在此不一一赘述。至于切片机(microtome)这一通用名称,于1839年法国的Chevalier的著作中首先提到。切片机的首创问题,还有很多争论。而"显微镜切片学"这一名词,是在1885年出版的李氏《显微切片学家手册》(Lee, The Microtomist's Vade—mecum,1885)问世后,才正式被肯定下来,该书也是国际上被公认的现代显微技术的最早、最著名的典籍(从1885年出版以来,到1950年已经过11次修订再版)。

另外,关于手持切片机(hand microtome)、冷冻切片机的产生和发展情况也需补充一点。1853年英国的Currey在翻译德国Schacht的《植物显微镜学》时,吸取了Schacht的原来设计,提出了一些改进的想法,并由另一位名叫Ross的人用铜管制成了一种中间用一螺旋杆推动材料上升而切片的机械,当时称Ross切片机。1855年又由一位名叫Ravier的人在Ross切片机上加装一圆盘,用于支持切片的刀子。如此,Ravier切片机就成了一种上面有一圆盘,焊接在下面的铜管上,圆盘中央有一孔,直通下面铜管,管筒内可装入所切树木枝干等材料,放材料的下面有一螺旋杆装置,转动螺旋杆就推动材料上升,在圆盘上用剃刀或其他切片就可进行徒手切片了。这一装置原理,一直应用到今天的手持切片机上。手持切片机再加以改进就成了台式切片机(table microtome),原理还是一样,但可放置在桌上,切片时稳定性更好,进料装置的调节精密度也更高了一些。据载这种简单小型的台式切片机,最早是于1856年由一个叫Welcker的人设计并制作的。这种台式切片机在19世纪后期曾风行一时。至于冷冻切片机,需要说明的是冷冻切片机的发明是与冷冻切片的发现和冷冻切片方法的思考分不开的。1859 年由 Stilling 编著的《脊髓结构的新观察》一书中,详细介绍了他自己的发现,即他在 1842 年 1 月 24 日晚上,偶然将一块人的脊髓忘记在实验室窗槛上,次日清晨发现已冻成了硬块,他用此冷冻后的脊髓做了徒手横切片,放在 15 倍的显微镜下观察,清楚地看到了脊髓上的放射束状神经与其中央束,他立即意识到此法是揭开脊髓奥秘的关键,随后他用这一方法做了大量的脊髓研究并出版了上述这本书。他发现的这一冷冻切片方法,对动物软组织切片是非常有用的,可惜当时的冷冻方法还没能较好地与切片机件相结合。一直到了 1871 年才有了新突破,一位叫 Rutherford 的人,在他的切片机上夹持材料的周围设置了一冷冻槽,槽内加入 0.75% 盐水和冰块,这样就起到了冷冻材料的作用,但其冷冻程度不易控制,冷冻的材料往往切片时易成冰屑碎开,后来他又进行了改进,在切片时向刀刃吹冷气,并用阿拉伯树胶液代替水作材料包埋剂,这样切片时材料就不碎了,这种方法一直沿用到今。1876 年 Hughes 设计出一种用乙醚(ether)挥发扩散吸热的方法来冷冻材料的切片机,但由于乙醚有极强的麻醉性,并易燃烧,且制造装置也不容易,所以极大地限制了其应用范围。直到 20 世纪初,1901 年由 Bardeen 将乙醚改为用液态二氧化碳(CO_2)作为冷冻剂之后,才进入到冷冻切片机的一个新时代,这种应用二氧化碳从一个可控制的喷管喷出,利用其扩散适当冷冻材料后切片的机械,一直沿用到今。20 世纪 60 年代以后,出现了应用半导体或其他电制冷装置,逐渐代替了笨重的液态二氧化碳钢瓶和与之联结的软管等附件,大大方便了其运用。近年来又出现了全封闭电制冷精密冷冻切片机,其冷冻室能保持在 -40～-30℃,切片厚度在 2～20 μm 之间可调,并且可进行全自动切片,这种切片非常适于细胞化学和组织病理学快速检测制片需要。

当今在生物学上所用最多的切片机是滑动切片机(sliding microtome)和旋转式切片机(rotary microtome),这两种类型切片机的最大区别在于:滑动切片机是刀动,而材料不动,切片刀较长较大,适合作稍大稍硬材料,如木材切片等;而旋转式切片机是材料动,刀不动,适合作石蜡切片等。国内许多单位进口切片机常见的有美国 AO(American Optical Corporation)滑动切片机(见图 1-3)、旋转式切片机(见图 1-4)和

图 1-3　AO860 滑动切片机

图 1-4　AO 旋转式切片机

Leitz转动切片机。50年代初我国仿制生产切片机最早的是上海双钱公私合资有限公司生产的一种双钱牌切片机。现已有多家厂家生产切片机,如浙江金华无线电厂生产的半导体冷冻切片机、山西医学院仪器厂生产的电制冷推拉切片机、浙江象山科学精密仪器厂生产的振动式切片机等。国际上名牌产品除美国的AO系列、德国的Leitz系列外,还有英国的Shandon系列和日本岛津制作的系列产品。这些系列产品中,数德国Jung切片刀和美国的AO切片机及Shandon磨刀机等最为优良。另外在这些切片机系列中产生并发展出了Shandon和AO等牌号的组织自动脱水机、处理仪、包埋仪及许多专门的零配附件。至今,人们已能利用超薄切片机切制出仅有0.1 μm左右厚的切片,以供电子显微镜观察需要。由此可见,切片机及相应的配件还正处于不断改进、不断发展的阶段,我们认识到这一点,正是为了更好地掌握、使用和完善我们手中的工具,以满足不断提出的工作需要。

1.3 染色技术发展史

1.3.1 显微技术的用具及其方法演进

显微技术的发展除主要依赖于显微镜和切片机这2种仪器设备外,还包括载玻片(slide)、盖玻片的使用,制片方法技术的改进,固定剂、脱水剂、包埋介质、封固剂及染料的利用,等等。据Bonanni(1691)书中描述,最早用以观察的载玻片是在象牙片或硬木片中间钻孔,孔中安上二片云母片,然后将所要观察的材料夹在平卧显微镜的物镜与灯光之间进行观察。18世纪后期(1780—1790)有人把嵌上的云母片改为薄玻璃片。19世纪初期(1820—1825)废去了硬木片,而直接在一块玻璃片上贴上有孔的纸片,将材料放入孔内后,再用剪成圆形小块的云母片覆盖在上面,或者用2片玻璃片夹入有孔纸片和材料,这可以说就是使用载玻片的雏形了。19世纪中期后,基本上都已用一片玻璃片作为载玻片使用了,但其宽度、厚薄最初却差别很大,直到19世纪末才逐渐日趋一致。现今标准化的载玻片长宽为75 mm×25 mm,厚度为0.96~1.06 mm,或1.16~1.27 mm,然后又发展出有凹形的载玻片和刻槽方格等特殊用场的载玻片,其大小厚薄就比较多样了。至于盖玻片,即如上述所提到的,最初(17世纪末)是由云母片来充当的。18世纪中期后就有人开始利用玻璃盖玻片来代替云母片了,如1774年木材解剖学家Hill、1825年法国的Chevalier制片就已用到了盖玻片,不过他们当时只是临时性地使用。直到19世纪中期,随着各种树脂类封固剂的应用,盖玻片才成为永久制片所必需的物体,形状有圆形、方形、长方形等多种类型,但厚薄不统一。至目前盖玻片的国际标准厚度为0.17 mm,允许范围在0.16~0.18 mm,不合这一规格的盖玻片会产生覆盖差(difference of cover glass)影响成像质量。

染色片架和染色缸的研制始于1895年,由Borinmann首先创制出一种长条形、可装60片的染色片架,再放入一长条玻璃缸进行染色。后在1897年由Coplin又重新设计出一种直接把玻片插入中间有四条纵槽,可装4片或背靠背装8片的玻璃染色缸,特称之为"科普林染色缸"(Coplin staining jar)。我们今天所用的染色缸与100多年前创制的完全一样,有卧式、立式之分(见图1-5)。染色架、染色缸、培养皿(petri dish)、烫板、包埋模具、温台、温箱等都是从19世纪末期后逐渐发展起来的。

图1-5 卧式和立式染色缸

1.3.2 染色技术发展史

如果新鲜的组织材料不经过处理,就会干枯萎缩,就会改变细胞、组织原来的状态,所以需要预先进行固定处理。切片中没有介质渗入细胞中作衬垫,柔软的材料就不能切成薄片,这就涉及脱水剂、渗透剂、包埋剂的使用。据说预处理最早于1666年,Malpighi将人脑煮熟变硬后,再刷上墨水,以利观察各部分的结构,这可视为将生物材料有意识地作预先变性处理再加以结构观察的开始。而植物学上最早是从John Hill(即Hill圆筒式切片机发明者,1770年)用其沤制方法预先处理木材材料开始的。他的做法是将木材劈成小条(分割),装在柳条篮中,放入小溪里,使木条沤制变软,再将这变软的小木条投入明矾水中处理,清洗,漂白,待干后,再投入酒精中固定硬化储存。他还记述到,沤制变软的木材如不经过这样固定、硬化处理就易变质,等等。这可视为是一种最早较粗糙的软化、固定再硬化处理切片的方法。

1867年以前的制片染色全为单染(即用一种染料染色制片)。1867年Schwartz用苦味酸胭脂红染色后,开创了双重染色法。1891年Flemming用沙黄、结晶紫、橘黄完成了三重染色法。现在植物制片中常用的Johansen四重染色法是美国斯坦福大学的Johansen于1940年提出的。实际上,染料在我国很早就开始利用了。我们的祖先早在黄帝时代至周朝初期(公元前1122年至公元前225年),继巢丝织布之后,就用靛青、铅粉、朱砂、雄黄、石青等进行织物印花染色了。1676年英国从印度传入织物印花技术时,已是中国的明末清初。中国的靛青(蓝靛)染料在中世纪(10—14世纪)时就由阿拉伯商人带至并销售于欧洲。

至于将染色应用于显微技术方面,据近代学者Lewis 1942年考证,最早应用染料将组织着色的是雷文霍克(Leeuwenhoek),他于1714年致英国皇家学会的一封信

(1719年出版)中,提到用藏红花(saffron)浸液染色比较好观察肥牛肉与瘦牛肉的肌肉纤维。Trembly报导将水螅(hydra)饲喂各种染料液后,可得染色的标本。而在植物学方面,最早应用于染色观察的还是植物解剖学家John Hill,他将胭脂虫(coccus cacti)粉溶于酒精,然后过滤,将滤液染植物的枝干组织。他还用一种所谓的"媒染方法"促使组织着色,即先将小条木材浸在乙酸铅(铅糖)溶液中浸泡2天后,转入氧化钙(生石灰)与三硫化二砷(雌黄)的混合液浸泡2天,无色的小木条逐渐呈深褐色,制片后再镜检观察就可看到原本无色的木材结构清楚地显现出来了。随后,1838年Ehrenberg用上述的胭脂红染液及靛青染液对微生物染色,1849年Goppert及Cohn又进行了柔曲丽藻(*nitella flexilis*)细胞内容物染色观察,1854年Hartig用胭脂红染液染各种植物材料。而被德国人推崇为"染色之父"的Gerlach(主要是动物组织细胞的染色),他的一篇组织学中使用染色法的重要文章发表时已是1858年。无可否认,文章发表的染色理论具有重大意义,但染料的应用却早在文章发表之前许多年就开始了。

由上述可见,最早开始使用的染料全是天然染料(主要直接来自于动植物体),如胭脂红染料(卡红、洋红)、苏木精、靛青、地衣红、藏红花、茜草黄等。1856年18岁的Perkin在合成奎宁试验时首先从煤焦油中的苯胺(aniline也称亚尼林)原料中合成得到了一种不纯净的染色物质,他称之为苯胺紫(mauve)。他的这一发现开辟了人工合成染料工业的新领域。与此同时,人工染料(或称煤焦油染料,苯胺染料)的利用也极大地影响到生物显微技术的染色方面的发展。

Perkin在发明合成苯胺染料的同年又合成了碱性品红(1856年),之后陆续合成了番红(1859年)、甲基紫(1861年)、曙红(1871年)、甲基绿及亚甲蓝(1876年)、酸性品红(1877年)、橘红G(1878年)、苏丹Ⅲ(1880年)、结晶紫(1883年)。相应的把这些染料引入到生物显微技术中进行制片染色的最早创始人及应用开始年代如表1-1所示。

表1-1 合成染料年代信息

染料合成年代/年	人工染料名称	引入应用的年份/年	引入应用的作者
1856	紫丁香苯胺(lilacaniline同苯胺紫)	1862	Beneke(染动物组织)
1862	苯胺蓝	1863	Frey
1856	碱性品红	1863	Waldeyer、Frey、Roberts
1861	苦味酸	1863	Roberts
1861	甲基紫	1875	Carnil
1871	曙红	1875	Fischer
1859	番红	1877	Ehrlich
1871	甲基绿	1877	Calberla
1871	俾士麦棕	1878	Weigert

续表

染料合成年代/年	人工染料名称	引入应用的年份/年	引入应用的作者
1871	甲基蓝	1879	Ehrlich
1877	酸性品红	1879	Ehrlich
1878	橘红 G	1879	Ehrlich
1876	亚甲蓝	1880	Ehrlich
1876	孔雀绿	1884	Beneden&Julin
1876	真曙红	1885	Gierke
1876	亮绿	1886	Giesbach
1876	刚果红	1886	Griesbach
1876	龙胆紫	1890	Stirling
1876	中性红	1893	Ehrlich
1880	苏丹Ⅲ	1896	Daddi(染脂肪)
1875	贾纳斯绿	1898	Ehrlich
	苏丹Ⅳ	1901	Michaelis
1883	结晶紫	1920	Atkins
	地衣红	1928	Unna
	氯唑黑	1937	Canon
	固绿	1940	Johansen(染植物)

在显微技术中，除比较注重染料的应用外，还有一些试剂的应用也很更要，这些染料、固定剂、脱水剂、包埋剂、封藏剂的应用都是随着显微技术的发展而逐渐产生发展起来的，主要的一些试剂染料在后面的章节里将分别提到。

综上所述，生物显微技术是从16世纪末期随着显微镜的发明而产生的。17世纪初创阶段，人们开始是用徒手的方法切片；18世纪末期产生发展成机械（切片机）方法切片。初创时期人们用天然的染料进行制片染色，19世纪中期后广泛运用人工合成染料。从19世纪中期至20世纪初期，以光学显微镜、切片机及化学工业染料的应用发展为代表，见证了生物显微技术蓬勃发展的时期。至20世纪中期，生物显微技术基本定型为一门专门的技术学问。

当今生物显微技术领域，一方面继续沿用着一些19世纪的经典方法，如木材离析法、马氏显微注射染色法等；另一方面又在新的科学进展推动下，不断更新改进，发展出一些新的技术方法，如电子显微镜技术、声学显微镜技术、显微图像仪分析术、显微分光光度术、超薄切片技术等。我们学习了解显微技术发展史，目的在于启发和促进显微技术的改进和发展。从哲学意义上讲，理论的发展脱离不了实践；实践与理论相比较，实践是第一性的；理论来源于实践，又指导贯穿其中；实践推动理论的发展，同时又是检测理论真理的标准之一。理论与实践的和谐统一才能达到客观事物的完美发展和进步。

第 2 章 显微镜及其附加设备

2.1 显微镜的光学原理

2.1.1 显微镜的光学原理

人眼的观察分辨能力是有限的,好的眼睛最小分辨距离约为 0.1 mm。人眼感受的光谱也是有限的,为 400~700 nm 这一狭窄部分的可见光波段。光学显微镜的出现把人眼的分辨能力大大提高了,延伸到了最小分辨距离 0.2 μm。那么,人们在空间上是怎样利用可见光来观察到如此小的距离呢?这个问题可由显微镜的成像基本原理来解释。

在普通物理学中我们了解到凸透镜具有使光线会聚的作用,凹透镜具有使光线发散的作用。凸透镜具有放大成像的作用,而显微镜的物镜和目镜实际就相当于两个凸透镜。若将观测物置于物镜前的 1~2 倍焦距之间,则物镜后形成一个放大的倒立像,如这个像恰好位于目镜前的焦距以内,就会在目镜后通过人眼看到一个更为放大的像,图 2-1 是显微镜放大原理光路图。显微镜的作用在于对被检物的放大观察,但放大率(magnification)并非是无限的,显微镜的放大倍数是指线性长度的放大,而不是指面积的放大,物镜和目镜的放大倍数均标识在其外壳上。显微镜镜检时的总放大率(M)=物镜放大率(Mob)×目镜放大率(Moc)。

$$M = \frac{\Delta}{F_1} \times \frac{250}{F_2}$$

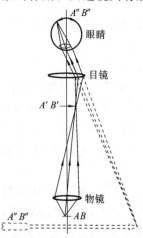

图 2-1 显微镜放大原理光路图

式中:Δ 为标准镜筒长度;F_1 为物镜的焦距;250 为人眼的明视距离(mm);F_2 为目镜的焦距。

由公式可知,物镜的放大率不仅受物镜焦距的影响,而且与镜筒长度有关。国际上将显微镜的标准筒长定为 160 mm(西德 Leitz 定为 170 mm)。使用显微镜时,在考虑其总放大率时,必须要与所使用的物镜分辨率(resolving power)相联系,因为物镜的分辨率决定了显微镜的成像质量,物镜不能分辨清楚的细微结构,目镜的放大率再大,也是看不清的。由此可知,总放大率与分辨率是密切相关的,显微镜的分辨率是由照明光线的波长(λ)和物镜的数值孔径(numerical aperture,NA)所决定的,是有限的,所以显微镜的总放大率也是有限的。显微镜的最适当的总放大率,原则上是指在标准筒长下所使用的物镜 NA 值的 500~1000 倍,在这个范围内的总放大率称为"有效放大率"或"合理放大率",超过这个范围的放大率则为"无效放大"或"空虚放大"。数值孔径(或称"镜口率",简写为 NA 或 A)是物镜前透镜与被检物体之间介质的折射率(η)和孔径角(α)半数的正弦之乘积,用公式表示如下:

$$NA = \eta \cdot \sin\frac{\alpha}{2}$$

孔径角又称"镜口角",是物镜光轴上的物体点与物镜前透镜的有效直径所形成的角度。孔径角越大,进入物镜的光通量就越大(见图 2-2)。它与物镜前透镜的有效直径成正比,与焦点距离成反比。孔径角的最大值不能达到 180°,那么$\frac{\alpha}{2}$就小于 90°,$\sin 90°=1$,所以这里的 $\sin\frac{\alpha}{2}$ 也就小于 1,因为空气的折射率为 1,这样 η 和 $\sin\frac{\alpha}{2}$ 的乘积也就一定小于 1。所以干燥系物镜的 NA 值始终小于 1。观察显微镜时,若想增大 NA 值,孔径角是无法增大的,唯一办法是增大介质的折射率 η 值,基于这一原理,因此就产生了水浸系(水折射率为 1.333)和油浸系(香柏油折射率为 1.515)物镜,介质的折射率 η 值大,物镜的 NA 值就大。表 2-1 中列出了常用的不同介质的折射率。

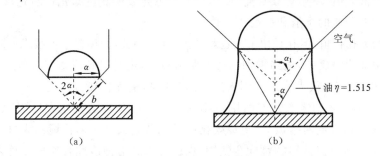

图 2-2　干燥系物镜和油浸系物镜的孔径角和数值孔径

(孙业英,光学显微分析,1996)

数值孔径最大值为 1.4,这个数值在理论上和技术上都已达到了极限(溴化萘的折射率为 1.66,NA 值可大于 1.4,这是一个特例)。为了充分发挥物镜数值孔径的作用,观察时,聚光镜的 NA 值应等于或略大于物镜的 NA 值(聚光镜的 NA 值在 0.05~1.4,可通过调节其孔径光阑的大小,稍加改变其 NA 的大小)。NA 值增大,视场宽度与工作距离都会相应变小,它与焦深成反比,但与分辨率和放大率成正比。另外 NA 值的平方与图像亮度也成正比。显微镜的分辨率用公式表示为 $d=\lambda/NA$,d 为最小分辨距离,λ 为光线的波长,NA 为物镜的数值孔径。可见物镜的分辨率是由物镜的 NA 值与照明光源的波长这两个因素所决定的,要提高分辨率,可采取以下措施:

表 2-1　不同介质的折射率

名　　称	折射率 η
空气	1(与真空仅差 0.00029,故算作 1)
水	1.33
蒸馏水	1.336
1/2 甘油＋1/2 水	1.397
甘油	1.450
石蜡油	1.471
二甲苯	1.492
香柏油	1.515
无机玻璃(冕牌玻璃)	1.518
加拿大树胶	1.51～1.535(干燥时)
丁香油	1.535
铅玻璃(火石玻璃)	1.56
石英	1.544
溴化萘	1.66
萤石玻璃	1.72

(1) 降低 λ 值,使用短波长光(如用短波单色光或加蓝色滤光片的光);
(2) 增大介质的 η 值和提高 NA 值;
(3) 增大孔径角,但孔径角最大也难达到 180°,因此,此项是生产技术所限定了的;
(4) 增加明暗反差,适当增加图像的明暗对比,也对提高清晰度有效。

镜检中,在有效放大率的范围内选择适当的物镜和目镜配合是非常需要的。目镜倍数太小(如 5×、4× 等),有时则达不到人眼可能分辨的大小;目镜倍数太大,有时物镜残留像差也同时被放大,造成模糊或是无效放大。10× 目镜称为"标准目镜",是因为通常它适合与低倍物镜配合使用,也适合与高倍物镜配合使用。总之,在有限的放大率范围内,先要强调分辨率,也即重视 NA 值,宁选高 NA 值、低倍率目镜,也不选低 NA 值、高倍率目镜。

2.1.2　显微镜的光学性能

显微镜基本光学性能除了放大率、分辨率和数值孔径需要强调外,还有一些其他的光学性能需要掌握。

1. 焦深

焦深也称焦点深度,指在使用显微镜时,当焦点对准标本的某一点时,不仅看清楚的是这一点,而且它的上下两侧也能同时看清楚,看到的物体不仅仅只是一个平面,而且还看到有一定的厚度,这个清晰的厚度部分即是焦深。焦深(μm)的计算公式为

$$D = k \cdot \eta / (M \cdot \mathrm{NA}) \qquad ①$$

式中：k 为常数，约为 240 μm；η 为被检物体与物镜间介质的折射率；M 为总放大率；NA 为物镜的数值孔径。

由式①可知，总放大率愈高，数值孔径值愈大，焦深愈浅。焦深与显微照相关系密切，例如，一个用加拿大树胶（折射率 1.5）封埋的 6 μm 厚的标本，当用 40×，NA 为 0.65 物镜和 16× 目镜观察时，按式①计算，其焦深为 2.8 μm，要看清这个标本的全厚度景像需要进行两次调焦；而当用 100×，NA 为 1.25 物镜和 10× 目镜观察时，其焦深为 0.29 μm，要看清这个标本的全厚度需要进行 20 次调焦。因此在显微摄影中，为了加大景深，照顾到多一点的内容，有时就用 NA 值低、放大率小的物镜和采用折射率较高的封藏剂。

2. 镜像亮度

镜像亮度是指显微镜观察中的图像明暗程度。一般镜检中，镜像亮度要求使眼睛既不感到暗淡，又不耀眼为好，这样才使眼睛不感到疲劳。物镜的 NA 值大，镜像的亮度越大，总放大倍数越高。镜像亮度对显微摄影和投影尤为重要，亮度不够，不仅延长曝光时间，照片图像灰淡，投影时也不清楚。

3. 视场亮度

视场亮度是指显微镜所观察的整个视场（或视野）明暗程度，视场亮度不仅仅与物镜、目镜有关，也与聚光镜、视场光阑和光源等因素有关。在不更换物镜和目镜的情况下，视场亮度增大，镜像亮度也增大。显微摄像时，要注意的是镜像亮度，应使镜像突出、视场亮度比例合适为宜。

4. 视场直径

视场直径是指显微镜观察时，所看到的明亮的圆形范围的场野和视域。它的大小是由目镜里的视场光阑所限定的。增大物镜放大率，则视场直径减小。视场直径的计算公式为

$$F = F_n / \mathrm{Mob}$$

式中：F 为视场直径；F_n 为视场数；Mob 为物镜放大率。

视场数 F_n 常标刻在目镜的镜筒外侧或端面上。不同厂家制作的目镜和不同类型的目镜，其视场数不同，倍率高的目镜，视场数小。视场直径与视场数成正比，广角目镜的视场数大，视场直径也就大。

5. 工作距离

工作距离是指物镜前透镜的表面到被检物体之间的距离。工作距离短，物镜的孔径角则大。换言之，数值孔径大的高倍物镜，其工作距离小，如 40× 物镜的工作距离不超过 0.6 mm，100× 油浸系物镜的工作距离不足 0.2 mm。

2.1.3 复式显微镜的光学原理

显微镜一般可分为光学显微镜和非光学显微镜两大类，光学显微镜又可分为单

式显微镜和复式显微镜,非光学显微镜为电子显微镜。实验室中常用的是复式显微镜,其结构较复杂,放大倍数也高,由两组以上的透镜所构成,它的主要部分包括物镜、目镜和集光器等光学系统。

复式显微镜的成像原理如图2-3所示。物体放置在集光器与物镜之间,平行的光线自反射镜折射入集光器,光线经过集光器穿过透明的物体进入物镜后,即在目镜的焦点平面(光阑部位或在它的附近)形成了一个初生倒置的实像。从初生实像射过来的光线,经过目镜的接目透镜而到达眼球(目镜透镜下面为接物透镜,上面为接目(眼)透镜),这时的光线已成平行或接近平行,这些平行光线透过眼球的水晶体就在视网膜上形成了一个直立的实像,这样,眼球就成为显微镜系统的一个组成部分。这时,我们在显微镜中所看到的是放大了的倒置的虚像,和视网膜上所造成的实像是吻合的。

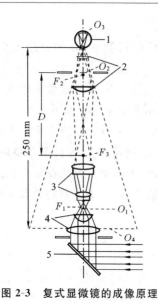

图 2-3 复式显微镜的成像原理
1—眼球;2—目镜;3—物镜;
4—聚光镜;5—反光镜;
O_1—物镜焦点;O_2—目镜焦点;
O_3—人眼焦点;O_4—聚光镜焦点;
F_1—物镜下焦面;F_2—目镜中焦面;
F_3—物镜上焦面;D—光学筒长;
250 mm—明视距离

从眼球的水晶体到放大的虚像之间的距离叫做明视距离,它的长度为250 mm,这是观察显微镜中物像最适宜的距离。从镜筒的抽管上缘到物镜螺旋肩基部之间的长度,就是机械筒长(mechanical tube length),一般它的长度为160 mm,也有的长170 mm。由物镜上焦面到目镜中焦面之间的距离为光学筒长(optical tube length),其长度随机械筒长及物镜而异。

2.2　显微镜的基本构造

生物显微技术所应用的观察仪器,主要是生物光学显微镜(见图2-4)。生物光学显微镜按其功能和应用范围不同可分为明视场、暗视场、相衬、偏光、微分干涉、荧光、体视、倒置、分光摄影摄像等显微镜。但不管是哪种显微镜,最基本的骨架是由光学系统和金属(或塑料)机械装置系统所组成的,光学系统包括物镜、目镜、聚光镜及光源,机械装置系统包括镜座、镜臂、载物台、镜筒、物镜转换器、调焦螺旋、聚光镜调制装置。

2.2.1　物镜

物镜(objective)是显微镜最重要的光学部件,它利用光线使被检物体第一次造像,直接关系和影响着成像质量和各项光学技术参数,所以是衡量一台显微镜质量的首要标准。物镜的结构复杂、制作精密。为了对像差进行校正,在物镜筒内按不同间隔固定成透镜组,每组透镜又由不同材料、不同参数的一至数块透镜胶合而成。物镜

第 2 章 显微镜及其附加设备

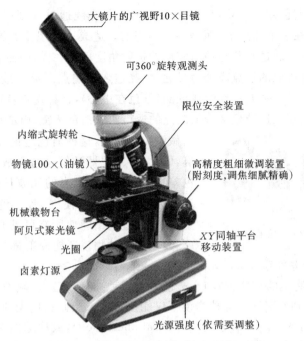

图 2-4 生物光学显微镜的基本构造

最前面的透镜称"前透镜",最后的透镜称"后透镜",物镜复合透镜组的总焦距为物镜的焦距,物镜前透镜与被检物体之间的距离为工作距离。在高倍镜检时,为防止物镜与制片相碰触而压碎玻片和损伤镜头,除物镜的先端装有弹簧装置外,好的显微镜的整套物镜由低倍至高倍时必须齐焦。所谓齐焦,是反映某一倍率的物镜观察图像清晰后,在转换至另一倍率的物镜时,其成像亦应基本清晰,而且物镜光路也基本合轴,中心不偏离。齐焦性能的优劣和合轴程度的高低是显微镜质量的一个重要标志,它是与物镜本身质量和物镜转换器的精密性能有关的,优质的显微镜是合轴的、齐焦的。根据物镜前透镜与盖玻片之间的介质不同,物镜可分为干燥系物镜(介质为空气,$\eta=1$)、水浸系物镜(介质为水,$\eta=1.333$)和油浸系物镜(介质常为香柏油,$\eta=1.515$;无荧光油,$\eta=1.515$;甘油,$\eta=1.450$;石蜡油,$\eta=1.471$)。油浸系物镜的外壳上常标有"oil"或"IL"或"HI"字样。油镜在使用后,须立即擦拭,不能久置,否则将有损于镜头,而且浸油干涸后也不易擦拭。擦拭的方法是将脱脂棉球蘸少许乙醚-酒精混合液(乙醚 7 份+纯酒精 3 份)或纯二甲苯轻轻擦去浸油,再用干净的镜头纸轻擦即可。根据物镜的放大率,又可分为中、低倍物镜($25\times$、$20\times$、$6\times$、$4\times$),高倍物镜($63\times$、$40\times$、$45\times$),油浸物镜($90\times$、$100\times$)。另外,还可根据物镜的像差校正情况来分类,具体分类如下。

1. 消色差物镜(achromatic objective)

这是最常见的物镜,外壳上常有"Ach"标记,结构较简单,由 2 片或 2 片以上透镜胶合而成,这类物镜可使红、蓝二色光在透镜光轴上的焦点重合,因而可校正红、蓝光的色差。所谓色差(chromatic aberration)是指光线通过一个透镜后,不能使所有颜色的光都聚在一个焦点上,而是参差不齐的。造成这种现象的原因是由于各种颜色的光波长不同,通过双凸透镜后它们的折射角度也不一样,因而造成了各种不同的焦点,通常红光造成的焦点离透镜最远,紫光造成的焦点离透镜最近,如此所造成的像是不清晰的,是一个五彩环组成的圈(红色在中心),这种现象就称之为色差。色差是可以校正的,校正这种色像分散缺点的透镜叫做消色透镜,由消色透镜构成的物镜叫做消色差物镜,这种消色透镜多由含铅的火石玻璃(fire glass)单凹透镜粘合而成,图 2-5 所示为消色差物镜。这样七色光的光波长虽然不等,但经过这个透镜校正后,就使红、蓝二色光线的焦点互相重合了,不过仍不能使所有可见光线的焦点都汇合一起,同时这种物镜还能校正黄、绿色的球面差。

图 2-5　CFI 消色差物镜

2. 复消色差物镜(apochromatic objective)

复消色差物镜的结构较复杂,透镜采用特种玻璃或萤石、氟石等材料制成,物镜外壳上标有"APO"字样。这种物镜不仅能校正红、绿、蓝三色光的色差,而且能校正红、蓝二色光的球差。所谓球差(spherical aberration),或称球面差、球面像差,是指透过透镜边缘的光线曲折度略大于透过中央部分的现象,因此会聚的焦点就参差不齐,这样就使成像不清晰,而且还使它变形。这种缺点也可用校正色差的复合透镜来校正,这种透镜称消球差透镜(aplanatic lens),它既可校正球面像差,同时起校正色像差的作用,适用于高级研究用显微镜和显微照相。由于复消色差物镜也不能完全将色差消除,所以理论上讲应除去这种物镜所留下来的色差,否则图像质量会下降。

3. 半复消色差物镜(semi apochromatic objective)

半复消色差物镜又称氟石物镜,物镜外壳上常标有"FL"(flelorite 氟石)字样。其结构上透镜的数目比消色差物镜多,但比复消色差物镜少,能校正红、蓝二色光的色差和球差,成像质量远较消色差物镜好,接近于复消色差物镜,镜检时也应与补偿目镜配合使用。

4. 平场物镜(plan objective)

平场物镜是在物镜的透镜系统中增加了一块半月形的厚透镜,以达到校正场曲缺陷的目的。所谓场曲(curvature of field),也称"像场弯曲",它是指整个像平面是一个曲面,这样的像平面是不清晰的。平场物镜的视场平坦,视场较大,工作距离也相应增大,非常适用于显微照相。平场物镜一般可分为平场消色差物镜(镜头外壳标有"Plan Ach")、平场复消色差物镜(镜头外壳标有"Plan Apo")以及平场半复消色差物镜,更高级的还有超平场物镜(镜头外壳标有"S plan")和超平场复消色差物镜(外壳镜头标有"S Plan Apo")。

5. 特种物镜

1) 带校正环物镜(correction objective)

在物镜的中部装有环状的调节环,当转动调节环时,可调节物镜内透镜组之间的距离,从而校正由于盖玻片厚度不标准而引起的覆盖差。调节环上的刻度写着"0.11~0.23",即表明可校正盖玻片从0.11~0.23 mm厚度之间的误差。标准盖玻片厚度为0.17 mm,镜检时应将刻度置于0.17的位置上;若盖玻片的厚度不为0.17 mm,则可利用校正环予以校正。使用中应掌握校正环的使用方法。

2) 带虹彩光阑的物镜(iris diaphragm objective)

在物镜镜筒内的上部装有虹彩光阑,外方也有可旋转的调节环,转动时可调节光阑孔径的大小。这种结构的物镜是高级油浸物镜,其作用是:在暗视野镜检时,往往由于某些原因而使照明光线进入物镜,从而使视场背景不够黑暗,造成镜检质量下降,此时调节光阑的大小,可使背景黑暗,而被检物体更明亮,增强镜检效果。另外还有一个作用是缩小光阑时,物镜的有效直径也随之缩小,孔径角改变了,从而相应地起到降低数值孔径而增大景深的作用。

3) 相衬物镜(phase contrast objective)

这是用于相衬镜检的专用物镜,其特点是在物镜的后焦点平面处装有相板,这种物镜外壳常标有"ph"字样。

4) 无应变物镜(strain-free objective)

这种物镜在透镜组的装配中克服了应力的存在,是专作透射或偏光镜检时用的物镜,其外壳上常标有"PO"或"POL"字样。

5) 无荧光物镜(non-fluorescing objective)

这是专用于落射式荧光显微镜用的物镜,这种物镜即使受到很强的激发光源也不发生荧光。因此,视场背景不发光,图像就明亮清晰,其外壳上常标有"UVFL"。

6) 无罩物镜(no cover objective)

有些被检物,尤其是涂抹制片等,上面不加盖玻片,这样在镜检时应使用无罩物镜,否则图像质量将明显下降,特别在高倍镜检时尤为显著。这种物镜外壳上常标有"NC"字样,同时没有0.17数字而是标有"0",此即是无罩物镜。

7) 长工作距离物镜(long working distance objective)

此为倒置显微镜专用物镜,是为了满足组织培养、悬浮液材料等镜检而专门设计制造的。由于这类被检物体是置于培养皿或培养瓶内的,所以必须要求物镜的工作距离长,才能达到镜检的目的。40×物镜的工作距离可达7.4 mm(其他普通的40×物镜工作距离约为0.6 mm)。

2.2.2 目镜

目镜(eyepiece)的作用是把物镜放大的实像(中间像)再放大一次,并把物像映入观察者的眼中,实质上目镜就是一个放大镜。已知显微镜的分辨能力是由物镜的数值孔径所决定,而目镜只是起放大作用,因此,对于物镜所不能分辨出的细微结构,目镜放得再大,也仍然不能分辨出。目镜的结构简单,一般由2~5片透镜分二组或一组构成。最上端的一块透镜称接目镜,最下端的透镜称场镜。在目镜筒内,目镜的内焦点平面处装置一金属的光阑称视场光阑,它的作用是限定有效视场的范围,而舍弃四周的模糊像,物镜放大后的中间像就落在这个视场光阑的平面处,所以目镜中的指针标识、目镜测微尺及分划板均置于这个位置上。从目镜透射出来的光线,在目镜的接目镜以上相交,这个相交点称眼点(eye point,或称接目点)。观察时眼睛应处于眼点位置上,这样才能接收从目镜射出的全部光线,看到最大的视场,否则就会产生图像的视觉晃动和不适感,从而影响观察效果。另外镜检中,物镜和目镜的配合使用要适当,根据所用物镜选择最合适的目镜,可依下列公式:

$$100 \times \frac{物镜的镜口率}{物镜的放大倍数} = 最适目镜的倍数$$

现将目镜的种类简述如下。

1. 惠更斯目镜(Huygens eyepiece)

惠更斯目镜是最常用的一种目镜,是以荷兰的发明者惠更斯命名的。这种目镜的结构特点是接目镜和场镜都是由平凸单透镜组成,凸面都朝下,视场光阑位于两透镜之间,即场镜焦点平面处。其结构较简单,易于设计和制造,广泛用于普通生物显微镜上。惠更斯目镜视场较小,眼点较低(仅 3 mm),观察较不方便。

2. 冉姆斯登目镜(Ramsden eyepiece)

冉姆斯登目镜是以发明人冉姆斯登命名的,其特点是两块平凸透镜的凸面相对,视场光阑位于场镜的下端(即焦点平面位于整个目镜的前方),这种目镜眼点较高(约 12 mm)。

3. 凯尔勒目镜(Kellner eyepiece)

凯尔勒目镜的接目镜由两片透镜胶合而成,实质上是一种消色差的冉姆斯登目镜。其特点是图像质量进一步得到改善,其眼点介于上述两种目镜之间。

4. 补偿目镜(compensate eyepiece)

所谓补偿是指将物镜的放大色差加以补偿,因物镜对蓝光有比较强的放大作用,补偿目镜有相反的纠色能力,所以配合使用能达到更佳的成像质量。补偿目镜应与复消色差物镜(APO)配合使用,也可与半复消色差物镜(FL)或高倍消色差物镜(Ach)配合使用。补偿目镜不能与数值孔径低于 0.65 的物镜配合使用,这样反而使镜检效果下降,这主要是因为补偿目镜的色差纠正与这些物镜不配。补偿目镜的外壳上常标有"K"字样,其透镜组合结构也较复杂。

5. 照相目镜(photo eyepiece)

照相目镜专供显微照相和投影之用。它是一种负焦距目镜,眼点位于目镜内,因而不能用于观察。它的特点是视场平坦,并可校正物镜的放大色差,其放大倍率不高,通常为 2.5× 至 6.7× 之间。西德 Zeiss 厂生产的照相目镜为 Homal 目镜,日本 OLYMPUS 厂生产的为 NFK 摄影目镜。

6. 平场目镜(complanatic eyepiece)

平场目镜的接目镜与惠更斯目镜相比增加了一块负透镜(或称凹透镜、发散透镜),故能校正场曲的缺陷,从而使视场平坦。与同倍率的惠更斯目镜相比,平场目镜具有视场大而平的观察效果。其目镜壳外常标有"plan"或"p"字样,一般与平场物镜配合使用,用于显微照相。

7. 广视场目镜(wide field eyepiece)

目镜的放大倍率越高,视场越小。广视场目镜则是通过复杂的透镜组合形成具有较大视场角的目镜,并且视场平坦,眼点也较高(为 12 mm 左右),多用于高级研究用显微镜上。目镜外壳常标有"W"(wide angle)或"WF"、"WHF"(wide field)字样。另外还有超广视场目镜(super wide field eyepiece),外壳标有"SWF"。如果 10× 超广视场目镜配 40× 物镜使用,其视场直径可达 0.66 mm(即实际被容纳的范围),而一般目镜则仅为 0.4 mm 左右。另外还有偏振光目镜(外壳标有"POL")、戴眼镜人用的目镜(外壳标有"BR")、测微目镜和网格目镜等,这些都是专用于某项特殊用途的目镜,在显微镜成套仪器中作为附件出售。

2.2.3 聚光镜

聚光镜(condenser)也称集光器或聚光器,是显微镜光学系统中的一个重要组成部分。其作用不仅是把从光源射来的光线聚集成束,照射到一个被检物体上,增强照明亮度,而且还可适当改变光锥形状范围,以利于使被检物更突出。

聚光器位于显微镜载物台的下方,其构造是由透镜组与孔径光阑装置组合而成的。孔径光阑是可变的,它的开大与缩小能使光束直径也随之增大和减小,从而改变光锥孔径的大小,因此称为"孔径光阑"(aperture diaphgram),或称"视场光圈"。其圆框上刻有表示口径的标尺,可预先测定各种物镜镜口率与聚光镜镜口率一致时的分度,使用时对准这个分度即可。

聚光镜的高低可以调节,使焦点落在被检物体上,以得到最大亮度。一般聚光镜的焦点在其上方 1.25 mm 处,上升限度为镜台平面下方 0.1 mm。因此载玻片厚度应在 0.8～1.2 mm(标准厚度为 1 mm)之间,否则会影响镜检效果。另外聚光镜在使用中,一定要与所用物镜相匹配,因为物镜的分辨率受聚光镜镜口率的影响,物镜的有效镜口率等于物镜的镜口率加聚光镜的镜口率再除以 2。如镜口率为 1.2 的物镜,与镜口率为 0.5 的聚光镜配合使用,则物镜的有效镜口率降低为 0.85,因此,在实际使用中,原则上是聚光镜的镜口率应与所用物镜镜口率一致。聚光镜镜口率在 1.0 以上时,要用香柏油浸没在聚光镜上面镜片与载玻片之间,以便使高倍物镜发挥应有效力。观察中,照明光线过强时,可以降低聚光镜或缩小光圈,但这样会降低显微镜的分辨能力,所以最好是调节灯源亮度,或利用深色滤光片。在观察对比度小的标本(如活体标本或未染色标本)时,则需缩小聚光镜的光圈,因为这样可使明暗对比加大。但为了减小物镜分辨率的降低,必须同时加强灯源光线强度。聚光镜的应用,应根据标本性质和观察效果灵活掌握。聚光镜的类型有多种,下面做个简单介绍。阿贝氏聚光镜(Abbe condenser)是德国光学大师恩斯特·阿贝(Ernst Abbe)于

19世纪30年代设计而成的,其构造是由两片透镜组成,有较好的聚光能力,缺点是用于物镜的NA值高于0.60时,色差、球差就明显地显示出来了。一百多年来仍广泛运用于普通显微镜上(见图2-6)。消色差等光程聚光镜(achromatic aplanatic condenser),或称"消色差消球差聚光镜"或"齐明聚光镜",它由一系列透镜组成,NA值达1.4,是高级研究用显微镜常配有的聚光镜,但不适合配4×以下物镜使用,否则光源不能充满整个视场。鉴于以上原因,又产生出一种摇出式聚光镜(swing-out condenser),在其与低倍物镜配合使用时,可将聚光镜的上透镜从光路中摇出,以致使视场充满照明(老式的聚光镜

图2-6　阿贝氏聚光镜
（现代光学显微镜）

也可用下降聚光镜的办法来达到视场充满照明,但这是一种消极办法,影响了显微镜的分辨率)。上述都是明场聚光镜,此外还有暗场聚光镜(darkfield condenser)和一些特殊用途的聚光镜,如相衬聚光镜(phase contrast condenser)、偏光聚光镜(polarization condenser)、微分干涉聚光镜(differential interference contrast condenser)及长工作距离聚光镜(long working distance condenser)等。

2.2.4　载物台和光源

1. 载物台

普通的载物台通常由两层金属板构成,中央有圆孔或椭圆孔,下层板固定在载物台支架上,而上层板以燕尾滑轨嵌入下层板轨槽内。现代显微镜的载物台发挥着多种功能,它不仅要承载标本,而且还依靠升降运动为显微镜调焦。由于显微镜技术的进步,载物台种类愈来愈多,结构愈来愈复杂,功能愈来愈先进。根据偏光技术、细胞培养技术、显微解剖和显微注射技术、显微光谱扫描定量技术等需求,生产出各种专用载物台,常用的有机械移动式载物台、数控载物台(见图2-7)、滑动式载物台和保温载物台。

图2-7　数控载物台（现代光学显微镜）

2. 光源

镜检时都需要有光源。光源有两种:自然光源和人工光源。自然光源(日光)和外置人工光源(日光灯、显微镜灯等)是通过显微镜的反光镜(mirror)把光线反射投入聚光镜,然后再聚集成束照到被检物上。反光镜的两个面,一面是凹面,一面是平面。用高倍物镜时弱光线下使用凹面;用低倍物镜时或配有聚光镜用油镜时,强光线

下用平面反光镜。研究用的显微镜一般都配有整装的光源,这种光源按照明光束形式分"透射式照明"和"落射式照明"两种。前者适合于透明或半透明的被检物体,后者光束来自上方,是落射式的。

此外,镜检中需显微摄影时,往往需要选择某一波段的光线而排除不需要的光线,或者在光线太强时需要减弱,这样就要在光源和聚光镜之间安置适宜的滤光镜片。滤光镜片分有色玻璃滤光片、中性滤光片和干涉滤光片等多种,可根据具体镜检需要灵活使用。

2.3 生物光学显微镜的种类

2.3.1 生物光学显微镜

生物学中平常所用最多的是明场显微镜,其基本构造与前述相类似。其运用特点是镜检操作简便,使用广泛。除此之外,生物学中还有一些专门用途的显微镜,如荧光显微镜、倒置显微镜、偏光显微镜、暗视野显微镜、相衬显微镜、微分干涉差显微镜和高级万能研究用显微镜、体视显微镜等,现简单分述如下。

1. 荧光显微镜(fluorescence microscope)

什么是荧光?物质受激发(如紫外线等照射)发射出不同颜色和不同强度的可见光,当照射停止后,这种可见光随即消失,这种光即称"荧光"。荧光可分为自发荧光和诱发荧光,前者为物体本身受激发后就能发出荧光,如植物叶绿体等;后者指某些物体本身虽不能发荧光,但可经荧光染料染色处理后,在其"着色"的部位即能受激后发出荧光,此为诱发荧光。荧光色素染色比普通染料染色的灵敏度要高得多。荧光素在 10^{-13} 这样低的浓度下,即可受激发出可见荧光,一般荧光色素染色液只需1:(10000~100000)的浓度,而普通染色剂则一般需1:100的浓度,由此可见荧光显色的灵敏度之高了。

早在1840年就有人提出利用光学显微镜观察生物体组织荧光的设想。1908年诞生了世界上第一台荧光显微镜(见图2-8)。1914年人们用荧光显微镜观察纤毛虫时,第一次采用了荧光染料,他们用喹啉处理纤毛虫,使观察到的生物样品荧光强度大大提高,开拓了荧光染料染色法的运用范围。1941年显微观察术与灵敏的免疫技术结合,使荧光抗体技术得到创立。1958年,两种新型高效生物荧光染料被发现和合成,即异硫氰酸荧光素和罗丹明B200(四乙

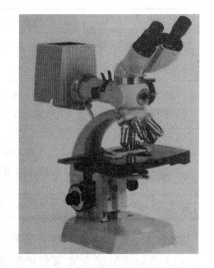

图2-8 标准荧光显微镜

基若丹明)。这些荧光染料很容易与蛋白质结合,结合后在紫外光照射下,发出特异荧光。随后荧光显微术在医学检测中得到广泛的运用和发展。现今这方面的运用和研究涉及植物光合机制研究、酶化学动力学研究、偏振荧光术对生命分子结构的检测研究、荧光探针技术及显微分光光度术等。荧光显微术是当前生命科学研究中重要的方法技术,而且呈现出迅速发展的趋势,掌握和运用好荧光显微镜非常重要。

荧光显微镜与普通光学显微镜最主要的区别在于光源。普通光源显微镜,光源起照明作用,看到的是被检物体的自身形态和本色,而荧光显微镜所观察的是除被检物体的自身形态外还有在外界激发光的照射下所发出的特异荧光。因此作为荧光显微镜的光源,必须满足两项基本需要,作为照明的需要和作为外界激发光的需要。按照荧光发射规律,荧光光谱始终比吸收光谱的波长要长。因此为了产生荧光,必须采用短波长的激发光才行,生物荧光显微镜多采用高压汞灯作为激发光的发生装置,如蓝光可激发产生绿光,用绿光激发可产生橙光,反之则不能。为了提供特定波长的激发光,使被检物体得到理想的激发光而发生强烈荧光,必须借助激发滤光片(exciter filter),使光线通过滤光片后产生出特定波长的激发光,激发滤光片性能见表 2-2。被检物被照明激发产生荧光后,不能直接观察。为了保护人眼或光电接收仪器,进入目镜的光线必须要阻断那些 470 nm 以下的短波辐射(如紫外线等),因此要加阻挡滤光片(barrier filter),这样有害的紫外线等被滤去,所观察的是安全的可见光和荧光。阻断滤光片也有多种,它能有选择地让某些波长的光通过,而将非专一性的光挡住。如 K-580 只让波长为 580 nm 以上的光通过,还有 Y-495、O-515、O-530 等,这些都是根据荧光染料特性而选择运用的。标准荧光显微镜均配置有标准成套的激发滤光片和阻断滤光片。

表 2-2 荧光显微镜激发滤光片性能应用范围

激发滤光片	激发光主波长	应 用 范 围
UV 滤光片 (紫外激发)	334 nm 365 nm	一般病理,细菌 FITC(异硫氰荧光素)染色,自发荧光观察,一般荧光抗体法观察
V 滤光片 (紫色激发)	405 nm 435 nm	邻苯二酚胺、5-羟基色胺等观察。四环素染色:牙齿和骨质的观察研究
B 滤光片 (蓝色激发)	405、435 和 490 nm 附近的连续光谱	荧光抗体法(EITC)。免疫学吖啶橙(黄)染色:癌细胞、红血球、蛔虫等的观察;金胺染色:菌检;喹吖因染色:染色体检查
G 滤光片(绿色激发)	546 nm	孚尔根染色:细胞内 DNA 检查

荧光显微镜的灯源照射有透射式和落射式两种(见第 4 章)。

(1) 透射式的激发光来自被检物体下方(非透明标本不适用),聚光镜为暗场聚光镜,这种聚光镜使激发光不进入物镜,其特点是低倍镜检时较明亮,而高倍镜检时则暗,照明范围难以限定,油浸镜观察时和调中时,也较难操作。另也可用明视场聚光镜,它与普通显微镜光路不同之处是光源不同(能产生紫外光等),光源经过激发滤光片,进入物镜,又经过阻挡滤光片进入目镜。老式显微镜多半是此种。

(2)落射式照明:新型的荧光显微镜多为落射式,其光路中,照射光束通过分光镜,从被检物体上方射下,物镜起到了聚光镜的作用,从低倍到高倍,整个视场均匀照明,操作简便,对透明或非透明的被检物都适用。

荧光显微技术的样品制作同一般制作方法,但以新鲜材料为好。另外制片中不要用本身能产生荧光的药剂,如苦味酸本身发出荧光,能使组织发出绿色荧光。酒精、苯、丙酮等溶液长时间处理材料时可产生大量荧光物质。另蛋白粘贴剂也不适用,因蛋白能使荧光色素染色。石蜡具青色荧光,脱蜡应彻底。另载玻片最好用萤石玻璃制成的,必须洗净,否则灰尘及有机物质均可发出荧光干扰。不能用加拿大树胶,因其有青黄色荧光,可用甘油、糖浆及阿拉伯胶封片。在用荧光显微镜时要注意,激发光长时间照射,会发生荧光衰减或消失现象,因此应尽可能缩短观察时间,暂不观察时,应用挡板遮挡所用激发光源。作油浸观察时,应用"无荧光油"(香柏油带有青色荧光)。荧光镜镜检时,适宜在较暗的室内进行,作荧光显微照相时,应选用特快片。如 24DIN(200ASA)、27DIN(400ASA),人眼应避免直接看到照明光源。电源应装备稳压装置。

2. 倒置显微镜(inverted microscope)

倒置显微镜主要适用于组织培养、细胞培养、浮游动植物微小有机体(如藻类、水螅)及流质沉淀物、食品检验等。被检物体均放置于培养皿中(或培养瓶中)就可直接进行显微观察,但到目前为止,其一般物镜最大放大率仅限于 $40\times$ 以内,这是因为在光学设计中,无法同时解决大数值孔径和长工作距离的要求。目前 $40\times$ 物镜工作距离最大可达 7.4 mm(普通 $40\times$ 物镜仅 0.6 mm),同时聚光镜工作距离也要求更长,其超长工作距离聚光镜可达 55 mm 的工作距离。

所谓倒置显微镜是指这类显微镜其物镜、聚光镜和光源的位置均颠倒过来(见图 2-9),这有利于被检物的直接观察。研究用倒置显微镜都配有 $4\times$、$10\times$、$20\times$、$40\times$ 长工作距离、平场消色差物镜,目镜也为广视场、高眼点、补偿 $10\times$ 目镜,聚光镜也为长工作距离消色差聚光镜。为了特殊需要,有些配有恒温控制箱、荧光、相衬、微分干涉、偏光镜检附件及显微照相、电视录像等显微记录系统。

图 2-9 Motic AE20/21 倒置显微镜

3. 暗视野显微镜(darkfield microscope)

光学上有种丁达尔(Tyndall)现象:微细颗粒在强光的直射下,不能为人眼所见,这是因为光线过强及绕射现象等因素所造成;把光线斜射,则由于光的强烈反射或衍射结果,细微颗粒似乎增大了体积而被人眼所见。这就像平常室内本有许多灰尘飞扬,可我们看不见,但在暗的房内有一束光线(太阳光或强烈的灯光)从门狭窄缝中斜射进来,微尘就可见了,所谓暗视野照明就是类似情况。

暗视野显微镜能观察到在通常明视野显微镜下观察不到的微细物体,其分辨率可为 0.2～0.004 μm,因此暗视野显微术也可称"超显微术"。暗视野显微镜与明视场显微镜结构上的不同主要在于聚光镜,并且其物镜的 NA 值一般也较小,这样是为了使照明的光线不直接进入物镜,从而造成暗视野。强大的光线斜照在标本上,标本遇光线发生反射或散射(衍射),散射的光线投入物镜内,而被人所观察。由于是利用被检物体的表面散射光来观察物体,所以通常只能看到物体的存在和运动,而看不清物体的细微结构(非均质或加方位光阑等情况除外)。暗视野聚光镜种类很多,生物学上常用的是抛物面暗场聚光镜(见图 2-10),另还有心形面聚光镜(见图 2-11)、明暗两用聚光镜、辉光聚光镜、同心球面聚光镜(见图 2-12)和超聚光镜(见图 2-13)。

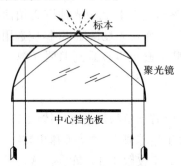

图 2-10 抛物面暗场聚光镜及其光路示意

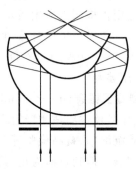

图 2-11 心形面聚光镜

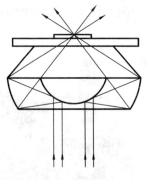

图 2-12 同心球面聚光镜

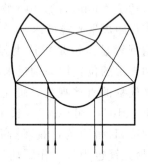

图 2-13 超聚光镜

暗视野显微镜在镜检中,最忌载玻片、盖玻片不洁或有疵痕,这样会造成乱反射干扰。载玻片厚应在 0.7～1.7 mm 内,另外,无论干燥系或油浸系物镜,镜检时应在聚光器和载玻片之间加一滴香柏油,以免光线全反射而不能到达被检物体上,物镜与盖玻片之间不能放油,否则会变成明视场。此外,物镜 NA 值选用不合适也会变成明视野,NA 值应为 1 以下,聚光器、物镜、目镜的光轴也需严格地在一直线上,并选用强光源作照明。

4. 相衬显微镜(phase contrast microscope)

相衬显微镜是一类什么样的显微镜呢？它基于的主要光学原理是什么？它结构上有什么不同？适合于哪些场合？运用中需要注意哪些事项？弄清这些问题是本节的主要目的。生物研究中相衬显微镜主要用于观察未经染色的活体标本,如透明无色的活细胞,虽是透明无色的,但内部有许多结构单位,普通显微镜不易观察到,而相衬显微镜(见图 2-14)却能轻易地观察到,这主要是基于光波在通过被检物体时,由于物体各部分结构的折射率不同而产生了相位差,从而可进行镜检分辨。它有效地利用光的干涉现象将人眼不可分辨的相位差变成可分辨的振幅差,从而使无色透明的物质变成清晰可见。

图 2-14　Motic B1-220PH/B1-223PH 相衬显微镜

我们知道人眼只能根据感受到的光波波长(颜色)和振幅(亮度)的变化来区别物体。颜色或亮度的反差愈大,物体之间区别愈清楚和愈易辨认。无色透明的生物体,在光线通过时其波长和振幅的变化不显著,但因其结构中各部分的介质成分、浓度、形态、大小、厚度存在区别,因此其产生的折射率是不同的,光程也不同(折射率与物体厚度之乘积),这样通过它的各组光线会产生一定的相位差。所谓相位,是指光波通过光学均质体时,在单位时间(t)内光波所能达到的位置。例如,有两束光,其中一束光只经过空气介质,另一束光通过空气介质后,还通过一块透明玻璃介质,后者由于增加了玻璃介质,其光的传导速率由于阻滞而减慢了,这样两束光便产生了一定的相位差,如果在后者玻璃上涂以吸光物质(如染色),光波的振幅就会减小,使光的亮度减弱,两束光就会变成一束暗光和一束亮光,因而容易区别开。由此可见,仅存在相位差是不能分辨的,只有变为振幅差才能分辨开。如何变为振幅差？我们知道,光线通过被检物体时,如果某部分完全是均质透明体,则光线将继续前进,称为直射光;若某部分含有折射率或厚度不同的均质体时,一部分光仍为直射光,另一部分则由于光的衍射现象向周围分散前进,这一部分光线就称为衍射光;当直射光和衍射光相遇时,得到光的叠加,使光的振幅发生变化呈现明暗的区别,这样就和原来均质体形成了振幅差,这就是相衬显微镜成像的光学基本原理。

相衬显微镜在结构上与普通显微镜的区别,主要在于聚光镜下方用一环状光阑(ring slit)代替了可变光阑,物镜中安装有相板成为专门的相衬物镜,外壳常标有"PH"、"NH"等字样,另配有合轴调正望远镜,对光源和滤光片要求也较高。环状光阑装在聚光镜的下方,与聚光镜组合成一整体。相衬聚光镜大小不同的环形光阑装在一个圆盘内,外面标有10×、20×、40×、100×字样,可以与不同倍率的物镜匹配使用,符号"0"是明视野用的,如图2-15所示转盘聚光镜示意图。在相衬物镜的后焦点平面处装有相板,相板可分为两部分,一部分是通过直射光的部分,为半透明的环状,称为"共轭面";另一部分是通过衍射光的部分,称为"补偿面"。用玻璃制成的相板上镀有两种不同的膜:吸收膜和相位膜。吸收膜为铬、银等金属蒸发喷镀而成,能把通过它的光线吸收60%~93%,其吸收程度应根据被检物体和观察的目的来适当选择,通常透过率可分为7%、15%、20%、40%四种,按顺序标为高(H)、中(M)、低(L)、低低(LL)。吸收直射光用符号A表示,吸收衍射光用符号B表示。相位膜为氟化镁等蒸发喷镀而成,通过它的光线,相位被推迟,一般可分为1/2、1/3、1/4、1/5波长等多种相位推迟,通常多采用推迟1/4波长的相位膜相板,这样形成的像与背景明暗之差最大。推迟直射光者为明反差或称负相衬(negative contrast),用符号"D.N"或"N"表示,表示镜检视野中物像亮度大于背景亮度。推迟衍射光相位者为暗反差或称正反差、正相衬(positive contrast),用符号"D.P"或"P"表示,表示镜检视野中物像亮度小于背景亮度。相衬物镜分正相衬物镜和负相衬物镜,还有不同透光率(H.M.L.LL)的相板,可根据需要选用。

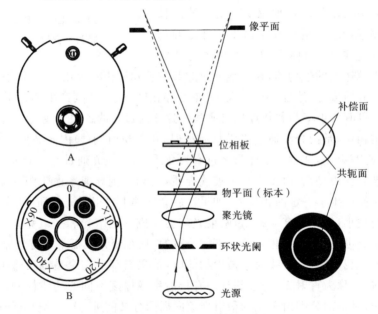

图2-15 转盘聚光镜示意图和光路图

在合轴调中望远镜中,为了使相差达到应有效果,环状光阑的中心与物镜光轴必须完全在一条直线上。虽然在设计时,已经使光阑大小与物镜倍率相匹配,但实际中免不了有点误差。一般情况下,当取下目镜,从镜筒中看到环状光阑所造成的像(亮环)与相板的圆环不一致,由于差别极小,所以要用长工作距离的望远镜(实际上是放大倍数为 4～5 倍的放大镜)安装在镜筒上,用以调正环状光阑所造成的像与物镜后焦点相板共轭面完全吻合。合轴调中望远镜外壳标有"Ph"或"CT"标记。

使用相差显微,关键在于标本的制作与相板的选择及精确调中,为了达到好的相差效果,应使用波长范围窄的近似于单色的光源,可采用专门的绿色滤光镜片来满足此要求。另外光源要强(200～300 W 高压汞灯),这是因为环状光阑遮住了大部分光线。切片不能厚,以 5～10 μm 为宜,载玻片、盖玻片应取用标准厚度的,不宜用凹载玻片,不应有疵痕,因其各部分光程不一致。封埋剂的折射率应比被检物体折射率稍低。

5. 偏光显微镜(polarizine microscope)

偏光显微镜(也称干涉显微镜,见图 2-16)广泛应用于矿物学、化学等领域,也适用于不经染色的细胞生物体内化学物质的定性观测,特别是对含有双折射性质的物体(如晶体淀粉粒、纤维素、染色体)能够起到很好的镜检效果。它是一种鉴定物质细微结构光学性质的显微镜。它与普通显微镜主要不同之处在于聚光镜下安装了一个偏振器(起偏镜),在物镜与目镜之间安装了一个检偏器(检偏镜)。另还附有专供微弱双折射性质的生物体镜检用的石膏(或云母,或石英)补偿片,以及可旋转的圆形载物台和单色光光源。物镜使用无应变消色差物镜(因复消色差和半复消色差物镜本身能发生偏振光)。目镜采用的有十字线的目镜,在检偏器与目镜之间,还装配有能把物镜所造的初级像再次放大为次级像的辅助性透镜——伯特兰透镜(Brtytrand lens)。

图 2-16 Motic POL280 偏光显微镜

偏光显微镜镜检基于的光学基本原理是:通过由天然方解石或人造硫酸碘喹啉(herapathite)晶体制成的起偏镜,把光源射来的光线变为直线偏振光(即只在一个方向上振动的光波)。直线偏振光射入具有双折射性被检物体时,会产生振动方向互相垂直的两种直线偏振光,当这两种光到达正交检偏位状态的检偏镜时(检偏镜同起偏镜是相同材料制成),由于是互相垂直的,所以或多或少能透过检偏镜而形成明亮的像。光线通过双折射性的物体时,所形成的两种偏振光振动方向依物体种类、性质不同而有所不同。所谓"正交检偏位状态"是指偏光显微镜的起偏镜所形成的直线偏振光,如其振动方向与检偏镜的振动方向垂直,则完全不能通过,视场完全黑暗。如处于"平行检偏位"则能完全通过,视场最为明亮。如果偏斜,则只能透过一部分,视场表现出中等强度的亮度。

运用偏光显微镜时,应注意光轴与载物台通光孔的中心必须照在一条直线上,另外宜用新鲜材料对照切片观察,制片也不宜过薄,否则微弱的双折射性就易散失。

6. 微分干涉差显微镜(differential interference contrast microscope)

微分干涉差显微镜是 20 世纪 60 年代中期出现的新型显微镜,它不仅适合观察

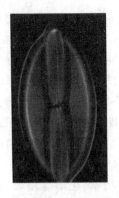

图 2-17 微分干涉差显微镜下的硅藻(伪彩色)

无色透明的物体,而且能使图像呈现浮雕状的立体感(见图 2-17),比相衬显微镜更具优点。

它与普通显微镜所不同的是,它是利用偏光干涉原理将物体相位变化而引起的干涉效果以不同波长(颜色)、振幅(强度)的变化显示出来的一种显微镜。其结构除具有偏光显微镜和相衬显微镜的起偏镜、环状光阑等,以及起偏镜合轴调中望远镜之外,另在起偏镜与聚光镜间装有由石英镜片粘合而成的分光束器件(渥拉斯顿棱镜(Wollaston prism)或诺马斯基棱镜(Nomarski prism)),称微分干涉聚光镜。在物镜与检偏镜之间也装有该棱镜,称微分干涉中间镜筒。其成像光学原理是:由起偏镜射出的直线偏振光,通过一个具有双折射性物质的分光棱镜,将其分解成振动方向相互垂直的两束直线偏振光,经聚光镜作用后,射向被检物体,然后通过物镜,经过一个具有双折射性物质的分光棱镜,两束光重新相遇,再经过正交检偏位状态的检偏镜后,使两束光的振动方向一致而发生干涉。这样在视场观察中,任何一物体上像的干涉色或强度,都与两个分光束之间的相位差及两物体点的厚度和折射率有关。由于两束光的裂距极小,虽在相位上略有差别,但无重束现象,使像呈现出浮雕状立体的感觉。根据上述原理制造成了双光束干涉显微镜,该镜又主要分两类:一类是使两个分光束中的一条光线通过被检物体,另一类则是使两个分光束都通过被检物体。二者的区别在于两个分光束不裂劈的裂距大小,前者的两个分光束之间的裂距有几个毫米,后者两个分光束之间的裂距则小到为显微镜所不能分辨,因而被称为微分干涉差显微镜。渥拉斯顿棱镜仅限于在低倍的微分干涉差显微镜中使用,而新型的诺马斯基棱镜可以满足高倍物镜镜检的要求。在中间镜筒中的棱镜是可以偏斜调节的,它同时起着相位移动的补偿器件作用,可使视场中的物体和背景之间的亮度和颜色发生变化,从而达到更理想的镜检效果。

在使用微分干涉差显微镜时,应尽可能使制片洁净,载玻片和盖玻片应用标准型号的,同时无疵痕。镜检前先进行视场光阑光轴中心调节。用合轴调中望远镜调节起偏镜,明视场对校,当看到物镜后焦平面上的干涉条纹后,可转动中间镜筒的棱镜起偏镜旋钮,就能看到黑色干涉条纹并使其处于中间斜向位置,再缓慢地转动起偏镜旋钮,至黑色干涉条纹清晰为止。固定起偏镜,旋转聚光镜上的圆盘,选用与物镜倍率相应的数字位置进行镜检。

7. 万能研究用显微镜(universal research microscope)

万能研究用显微镜是一种大型多用途、附件齐全、光学部件均较高级,适用于精确观察和定性定量观测的研究用显微镜(见图 2-18)。除通常用作明场外,还能作暗场、相衬、偏光、微分干涉和荧光显微用,并配有自动显微照相系统,有些还附有高分辨率投影屏、描绘器、共览装置和电影电视摄像装置。新型的万能研究用显微镜还装配微机控制,如自动物镜的转换、自动调焦、自动控制视场光阑、孔径光阑及显微照相的自动调节器等。只需按动相应按钮,即可自动进行工作。必须指出,由于它的结构复杂、精密程度高,因而操作人员必须事先仔细了解各部分原理和结构,方可上机操作。目前国际上一些新型万能研究用显微镜品牌主要有西德 Opton、日本 Olympus(型号:New Vanox AHBS/AHBT)、西德 Leitz(型号:Aristoplan)、美国 AO、英国剑桥仪器公司的 Reichert-Jung(Polyvar)和日本 Nikon(型号:Microphot)。

 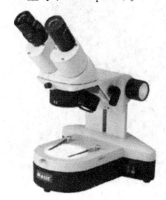

图 2-18 万能研究用显微镜   图 2-19 Motic ST-39 体视显微镜

8. 体视显微镜(stereo microscope)

体视显微镜也称为"实体显微镜"或"解剖镜",是一种具有正像立体感的低倍数显微镜(200 倍以内),广泛运用于各项实验研究中。体视显微镜(见图 2-19)在动植物制片中,很适宜做材料挑选和分割用,这类显微镜的特点是放大倍数不高,但工作距离甚长(可达 160 mm),焦点深度大(可达 5.6 mm),便于观察被检物体的全貌,视场直径也大(可达 63 mm),因此像是直立的,便于解剖和操作。而且由于双目镜的左右两光束不是平行的,而是具有一定的夹角——体视角(一般为 12°～15°),因此成像具有三维立体感。

体视显微镜的光学部分主要也是由目镜、中间棱镜、中间调焦镜和初级物镜构成的,有些体视显微镜附灯源和照相系统。

2.3.2 其他观测附件

除显微镜外还有以下一些观测用具。

1. 反射式显微镜投影仪和投影目镜筒

反射式显微镜投影仪和投影目镜筒为显微镜的一种附件,其作用在于可供多人同时观察研究,很适宜教学使用(见图 2-20)。它是将目镜上所成的像,投射到玻璃屏幕上而显现出来的。投影屏须在较暗的室内使用才能取得良好效果。由于投影屏多由毛玻璃制成,对投影图像的清晰度有影响。为了消除这一缺陷,新型的投影屏(高分辨率投影屏)上装有小型驱动马达,在接通电源启动后,毛玻璃上的麻点即刻消除,从而使图像质量提高。

投影目镜筒的作用是将目镜上所见的像投射到银幕上而达到共览。由于显微镜成像后的光线比较弱,所以这种投影观察必须在暗室内进行才可。投影目镜筒中的棱镜是可以转动的,它可使投影图像按需要投射到镜体前方或后方,投影目镜多适合绘制挂图用,不过现已逐步被数码摄影计算机技术所替代。

 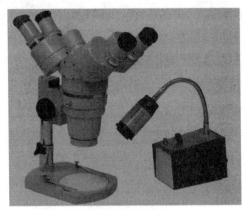

图 2-20　反射式显微镜投影仪　　　　图 2-21　新型共览装置

2. 共览装置

最简单老式的共览装置为"双人指示目镜"。显微镜中装一个棱镜,光线既能垂直射入又能折射,折射的光线接通另一目镜,就可供两人同时观察,这种显微镜在视场光阑平面处装有一个能自由移动的指针,这样就可利用指针指示被观察部位了。新型共览装置,可同时供 2~9 人一起用,而且都为双目观察(见图 2-21),每人还可根据各自的眼睛屈光度进行调节,镜内也装有可移动的指针,供观察指示用,新型共览装置设计精密,镜像亮度亦佳,很适合多人同时观察研究用,在医疗显微外科手术常有用到。

3. 显微镜游标尺

游标尺常刻在载物台上纵横边缘上,其作用是:① 可粗略测量被检物体的大小、长度;② 在制片镜检中,视场中发现要点处,可将纵横游标尺刻度记在制片标签上,待再镜检时按照该标签上所记载的游标尺刻度,前后移动纵横游标尺,即可很快找到原视场。游标尺中主标尺每小格为 1 mm,副标尺一般划分为 10 个小格,每小格等于主标尺每小格的 1/10 mm。实际应用中,比如在读数时首先看到副标尺"0"位置在主标尺上 12 mm 与 13 mm 之间,然后看到标尺与主标尺的一致点,则副标尺的"8"位与主标尺的"20"位完全吻合在一条直线上,从而得知标尺表示的数值为 12.8 mm。在进行测量时,可借助目镜内安装的指针,先测定出一个数值,再移动被检物体测出第二个数值,两数之差即为该物体的大小或长度。

4. 显微测微尺

显微测微尺是用来测量视场中被检物体的大小或长短的,包括目镜测微尺和镜台测微尺。使用中必须将两者配合，才能完成其测量效果。

目镜测微尺为一圆形玻璃片，其上有刻度，常用的分为 5 大格，每格又分 10 小格，共 50 小格（见图 2-22），也有同样长度分 100 小格的。使用时将目镜的抽筒取出，旋去接目透镜，然后将目镜测尺放在目镜的光阑环上，有刻度的一面朝下，旋上接目透镜，插入抽筒即可使用了。

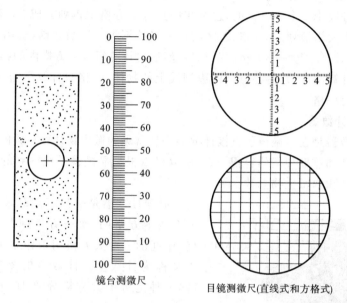

图 2-22 镜台测微尺和目镜测微尺

镜台测微尺（也称物镜测微尺）为一特制的载玻片，其中央处粘一小圆形盖玻片，在盖玻片下粘有刻度的标尺，全长 1 mm，划分为 10 大格，每一格又分成 10 小格，共 100 小格。每一小格长 0.01 mm，即 10 μm，也有全长为 2 mm，共分 200 小格的。进行显微测量时，先要置于镜台测微尺下观察，以确定目镜测微尺每一小格在不同倍率运用中的数值，如目镜测微尺上的"0"点与镜台测微尺"0"或"10"、"20"等对齐，然后记下两尺重叠的格数，按公式

$$目镜测微尺每小格数值 = 镜台测微尺重叠格数 \times \frac{10}{目镜测微尺重叠格数}$$

计算得出目镜测微尺每小格的数值，如目镜测微尺上第 5 格与镜台测微尺上第 8 格重叠，就可知道目镜测微尺上的 5 小格 = 8×10 μm = 80 μm，而每一小格按公式计算 80/5 μm = 16 μm，确定目镜测微尺每小格数值后，即可移去镜台测微尺，而实际测量被检标本时，如改变放大倍率，需重新按上述方法测定目镜测微尺每小格数值。

5. 微调测厚标尺

显微镜的微调焦轴上都刻有标尺，共刻有 50 个分度，每分度单位通常代表 1 mm 或 2 mm 的垂直移动距离。测量被检物体的厚度，最简便的方法即是利用此微调焦轮进行。先将焦点与被测物体上端面对齐，记下轮上的刻度，然后旋转微调焦轮，使

焦点与下端面对齐,再记下刻度,两者之差即是被检物体的厚度。此法虽简便,但不精确,精确的还是测量被检物体不同方向的切面。

6. 目镜网状计数器

通常计算单位面积内物体的数量时利用这类网状计数器,如计算细胞液体培养密度等,其形状同目镜测微尺一样,只不过刻度被划分为长方格,类型有在一个正方形大格中划分成100个中方格的,也有在中央一个方格中再划分成25个小方格,还有一个正方形大格被划成25格、36格和49格的不等。计数之前,也需与镜台测微尺进行比较,计算出每一小方格的面积后,然后再计算每一小方格内的物体数。为避免同一物体计算两次,凡落在方格四边细线上的物体,每格只计算下边的和右侧的,其余的则属另一格。

7. 血球计数器

血球计数器是在显微镜下直接计数的一种常见的微生物计算总数的方法。因为计数器载玻片和盖玻片间的容积一定,所以可以根据显微镜下观察到的微生物数目来计算单位体积内微生物总数。

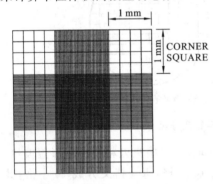

图2-23 血球计数板(25×16计数板)

血球计数器是一只特制载玻片。载玻片上有两个方格网,每一方格网共分九个大方格,中间的一个大方格用来作微生物计数,所以又称为计数室。计数室的刻度一般有两种,一种是每个大方格分成16个中方格,每个中方格又分成25个小方格;另一种是每个大方格分成25个中方格,每个中方格又分成16个小方格。不论哪一种,每个大方格都等分成(25×16 或 16×25)400个小方格(见图2-23)。因为每个大方格边长为1 mm,载玻片与盖玻片间距离为0.1 mm,所以每个计数室(1个大方格)体积为0.1 mm^3。测出每个中方格的菌数,就可以算出一个大方格的菌数,由此推算出1 mL菌液内所含的菌数。

当一个大方格是16个中方格时,应当数4角4个中方格(即100个小方格)的菌数;而当一个大方格是25个中方格时,除取4角4个中方格外,还要数中央一个中方格(即为80个小方格)的菌数。

计算公式如下。

16×25 计数板:

$$每毫升总菌数 = \frac{100 \text{ 个小方格内总菌数}}{100} \times 400 \times 10000 \times 稀释倍数$$

$$= 每个小方格内菌数 \times 4 \times 10^6 \times 稀释倍数$$

25×16 计数板:

$$每毫升总菌数 = \frac{80 个小方格内总菌数}{80} \times 400 \times 10000 \times 稀释倍数$$
$$= 每个小方格内菌数 \times 4 \times 10^6 \times 稀释倍数$$

以上是生物学中最基本的常规光学显微镜的种类及观测器件。当今,光学显微镜的性能、质量功能并不因为出现了电子显微镜而停止,而且还在不断进行改进和发展。例如,20 世纪 80 年代末,德国的 Zeiss 厂又开发出一种新型的光学显微镜——激光扫描显微镜(laser scanning microscope,LSM),现国际上已有多家生产。它是利用激光束来代替普通光源扫描照射样品,并在阴极射线管上成像,其分辨率和反差强度较普通光学显微镜高得多,其透射式的放大率可达 3000~5000 倍,落射式的放大率在 1500 倍以上(落射式的反射光可研究不透明物体),图像显示也极为清晰。还有近年来国际上又出现了声波扫描显微镜(scanning axoustic microscopy,SAM),它是利用声波和其反射波探测物体表面和内部物质性质及组成情况的,能使声波成像并可随意调节焦点深度(0.1~2.0 GH 的声波可穿透 0.65 μm~2 mm 深)。虽然声波扫描显微镜的分辨率及放大倍率仅与普通光学显微镜相似,但其样品无需特殊处理,只要有一个光面即可,大大方便了某些特殊观察的需要。

由上可见,当今人类显微观察仪器从 1665 年罗伯特·虎克制造出第一台光学显微镜算起,已经有三百多年的历史了,但显微观察仪器的开发、制造、改进和发展始终方兴未艾。可以相信,随着这类仪器的不断发展,必将带来相应的显微技术的不断进步。

第3章 显微解剖及切片技术

3.1 生物显微解剖的一般方法

作为一门实验性很强的学科,生物科学需要对生物体的各组织及细微构造进行观察。由于生物个体大部分都是不透明的,所以在自然状态下我们无法观察到它们的细微结构,而只能通过特别处理后再观察,这就是通过生物显微解剖的方法来观察我们研究的对象。生物制片的方法一般有2种:切片法和非切片法。切片法是将材料处理后用切片机将标本切成薄片后封藏观察;非切片法是用物理或化学的方法,将生物体组织分离成单个细胞或薄片,或者将整个生物体进行整体封藏观察。

3.1.1 切片法

以常用的石蜡切片法为例,切片法制片的过程可简要概括为:取材(植物或动物)→固定→洗涤(从各种固定液取出后)→染色(整体染色法)→脱水(在逐渐加浓的酒精中)→透明→浸蜡透入(用包埋剂)→包埋→切片→贴片(黏附切片于载玻片上)→脱蜡→复水(经各级酒精下降至水)→染色与复染(片染)→脱水→透明→封藏。

切片的方法主要有石蜡切片法、冰冻切片法、塑料包埋切片法及半超薄切片法。方法虽不同,但经过的步骤大同小异。现将主要过程概述如下。

1. 杀生和固定

杀生就是将生物材料投入一种固定液中,这是制备切片的第一步,虽然手续很简单,但在选择标本和固定液时,就有很多讲究,不可轻率从事。杀生与固定虽为两个不同的步骤,但我们只需用一种固定液就能完成这两个手续。

固定是为了保存组织中各细胞的形态结构,使其与生活时相似。欲达到此目的,必须对固定液的选择、固定材料的性质和大小、固定的时间及研究的目的等都应加以统筹考虑。

2. 洗涤

固定好后的材料需要冲洗,材料中的固定液(除酒精外)必须彻底洗净,否则会影响下一步的操作。洗涤的方法,应依固定液的性质而定。例如,水溶液常用清水和低度酒精来洗,酒精溶液则用同等浓度的酒精浸洗。洗涤的时间,一般为12~24 h。如用静置洗涤液,隔1~2 h换一次;如果用水洗,最好用流水。

3. 染色

此步骤为整体染色所需,如果只需切片后玻片染色,则可跳过此步骤至脱蜡复水后再染色。染色的目的是使细胞或组织的一部分染上与其他部分不同的颜色,产生不同的折射率,以显示它不同的构造。除了很少一部分固定剂可使固定的组织产生视觉上的差别外,大部分的组织须经染色后才能使分化的情况显现出来。我们所用的染料,对被染的组织多少有些选择作用,某些部分染色很清楚,某些部分一点也染不上。这些情况一方面由于所用的固定剂不同所致,另一方面是因为染料本身的化学性质(酸性、中性和碱性)的差异。例如,有些染料可染细胞核,有些染料可染细胞质,都是由于染料性质不同的关系。

4. 脱水

染色后,必须从材料中除去水分,这个过程叫做脱水。除少数标本从水溶液中取出,直接封藏作暂时的检查外,大部分材料,特别是作永久标本保存者,水分必须除去,如果材料须包埋在石蜡中,则脱水更为必要,因为这种包埋剂不能与水混合。酒精是最常用的脱水剂,因它和水的亲和力很强。脱水需慢慢进行,无论从水中移入酒精,或从酒精移入水中,均需避免剧烈的反应现象出现,以保证标本不被损坏。由于上述理由,在实验中需配置一组酒精,渐渐增高其浓度,如 15%、35%、50%、70%、85%、95% 等,作脱水之用。如果所用的材料很柔嫩细软,酒精的浓度梯度分级就更应细密靠近。

5. 保存

在染色后,脱水至 70% 酒精时,如估计不能白天完成工作时,可在其中停留过夜,到次日再继续进行。也可以在其中长时间保存,直到需用时为止。如果保存的时间在几个月以上,最好保存在等量的甘油、蒸馏水和 50%～70% 酒精混合液中。

6. 透明

作为在显微镜下观察的材料,虽然切成薄片,但仍不甚透明。所以,大部分材料,一定要经过透明剂处理后才可应用。在切片方面,透明在两种情况下进行。第一,透明是在组织脱水后浸蜡之前进行,其目的不在于为了显微镜观察,而是作为从脱水剂进入包埋剂的桥梁。因此,透明剂必须既能与酒精混合,又能和石蜡融合无间,二甲苯即具此种性质,故被选为常用的透明剂。第二,是在切片脱水与封藏之间进行。其目的除了作为脱水剂进入封藏剂的桥梁外,尚有使标本透明而便于观察的作用。由于组织已切成薄片,很易透明,所以需要的时间不长,数分钟足已。

7. 封藏

封藏是切片的结束步骤,目的是使切片在适当的封藏剂中保存起来。常用的封藏剂有树胶和甘油胶等。如果被封藏的材料是直接从水中或水溶液中取出,则常用甘油胶作为封藏剂;如被封藏的材料是经酒精脱水,则用树胶为封藏剂。

3.1.2 非切片法

非切片法的种类较多,常用的非切片法有以下几种。

1. 整体封藏法

用这种方法制片,一般是身体很小或自身为一薄片的低等动物,如无脊椎动物的水螅、草履虫等,或脊椎动物的胚胎材料,如鸡胚、蛙胚、猪胚细胞等。也可取下某一动物体的某部分器官制成封片,如鸟的羽毛、鱼的鳞片等。这些材料取下后经固定、脱水、染色等过程就可以封藏于玻片内而不需用切片机来切。

2. 涂片法

主要是液体或半流动性的材料,不能切成薄片,但可以涂在玻片上,再经固定与染色等过程制成标本。如血液、尿、痰等,微生物及原生动物等也可以用涂片法制片。

3. 磨片法

主要用于含有钙盐等矿物质成分坚硬的材料,如脊椎动物的牙齿、坚骨,软体动物介壳、珊瑚虫的骨骼等可不经切片制成磨片标本。

4. 分离法

为了观察研究在组织或器官里的单个细胞或纤维的形状,必须使细胞与细胞间的间质消除,细胞便各自分离开来,再经染色后制成切片的方法称为分离法。

5. 压碎法

一些柔软的材料可夹在载玻片或盖玻片间进行压碎或压开经染色后进行观察。

这些方法需根据材料的性质和研究的目的不同而使用,这就限制它的应用范围。例如,整体封藏只能针对很小的材料(如藻类),不需要分离时才用它。涂片法仅对含有大量水分或完全为液体的组织或器官适用,因为含有足够的水分,涂片较容易将组织的各部分散开。因此非切片法可以说是切片的一种辅助方法,我们应根据不同的目的适当地配合使用,以最大限度地发挥它的作用。

3.2 解剖工具——切片机

3.2.1 切片机概述

生物切片材料使用的切片机根据支持剂使用的不同一般可分为三种:石蜡切片机、火棉胶切片机和冰冻切片机。根据切片机式样的不同又分为两种类型:滑行式切片机与旋转式切片机。切片机主要由切片刀、材料推进器及调整切片厚薄的指针三部分组成,其他均为附属构造,一般以石蜡切片机最为常用。超薄切片机专用于电子显微镜标本,而在电子显微镜下观察的标本需在微米以下,一般切片机达不到此要求,故不将其列入这三种切片机内。现以切片机的式样为例简要介绍如下。

1. 旋转式切片机

旋转式切片机是以切片刀固定于切片机上,另用一轮转推进器将材料转动,通过夹物部上下移动来前后推进的。例如,图 3-1 所示的这种旋转式切片机,夹刀部在切片机的前面,其刀口与夹物部上的组织块垂直,它的夹物部分后面也连接着控制切片

 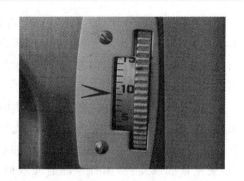

图 3-1　AO 旋转式切片机　　　　图 3-2　切片厚度调节微动装置

厚度的微动装置(见图 3-2),刻有 1~25 或 1~50 的数字,单位为 μm,可根据需要随意调节。机械后面有一带齿的轮,每一齿牙代表一个微米。齿轮与移动的中轴前端及安装组织固定台相接触。切片时,先将调节厚度装置调到所要求的厚度,如若需切 15 μm,就调节在数字 15 处。然后将旋转轮用手摇转一次,夹物部的水平圆柱体也随着上下来回移动一次,在转动机轮的同时,由钢耙将齿轮耙过 15 个齿牙。同时中轴也推进一定距离,即向前推进 15 μm,材料因而也推进 15 μm,向下移动,经过与固定的切片刀接触一次,就得到一片 15 μm 厚的切片标本。总之机轮转动一次,组织向前进一次,组织与刀接触一次而得到一张切片。这样连续地摇转,石蜡块就被切成连续的蜡带。如果该切片机装上冷冻装置则可作冷冻切片机用。

2. 滑行切片机

这种切片机与旋转式切片机相反,是材料固定,即夹物部分固定不动,但可以上下移动。切片刀装于滑行轨道上,切片时移动切片刀来进行切片,它的夹物部分下面就连接着控制切片厚度的微动装置。当夹刀部分在滑行的轨道上向后滑行一次,夹物部上的组织块就被切去一片,当夹刀部再从轨道上退回原处时,微动装置就自动地将夹物部分向上升一片的厚度。切片的厚度可用微动装置上的厚度计来调节,其厚薄可在 2~40 μm 之间调节。

国外的滑行切片机主要有两种类型:① 托马-金式(Thoma-Jung),为 Thoma 氏所创造,最早由 Jung 公司销售,故名托马-金式;② 香兹(Schanze)式,为香兹公司的名称。托马-金式切片机的右侧有一平行的滑动轨道,上放一截刀台,可向前滑行,左侧有一定斜度的滑行轨道,其上置标本台及推进器。二者相接触,在推进器上有调节切片厚度的装置。切片前先将所需厚度调节好,然后用手搬动可使载物台向上移动的小栓,就将组织向上推进一定距离,即由低向高推进,组织因而升高超过刀刃的高度,此高度即为切片的厚度,将刀轻轻地从组织上拉过,即得到一个切片。香兹式切片机亦属于推动式,刀台和它的滑行轨道的构造大体上和托马-金式相似,所不同的就是微动装置和标本台没有滑行轨道,而受垂直螺旋轴的推动而上升,因此有"垂直式"之称。

滑行切片机的用途很广,对于石蜡切片、炭蜡切片、火棉胶切片均可应用。经配备冰冻附件后还可用作冰冻切片。滑行切片机可用作切大而硬的材料,如木材、木质茎和坚韧的草质茎,不适宜作连续切片,对材料切得较厚。包埋于火棉胶的组织多用之,如动物眼球、内耳及大块的脑和脊髓,大脑锥体组织整张 100 μm 厚的切片也可一次切出。

切片机是一种较为精密的仪器,使用时应动作轻柔。切片机必须经常清洁,切勿使之生锈。每次使用之前,都应事先检查各个可动部分的零件是否滑动自如,如发现某个部件使用失灵时,应立即滴加机油润滑。微动装置作为整个切片机的生命,更应该加以爱护,如有零件遗失或损坏,都会使切片机的工作发生障碍。对于螺纹有磨损、生锈等情况的螺旋轴,其材料的运送就不准确,切出的切片就会厚薄不一致。滑行切片机的微动装置(车盘)在发生磨损的情况下,就不能和把柄的运动相配合,切片也会产生厚薄不一的现象。在调节切片厚度时,微动装置刻度标尺上的刻线,必须对准,如有歪斜会导致厚度不准和损伤车盘齿牙。切片机的各部分零件,应经常保持不受灰尘、水分、酒精等的污染,每次使用之后都要充分加以擦拭,并涂上优质的机油。在滑行切片机的滑行轨道上亦应时常用机油润滑,因为缺少润滑油时,很容易生锈且易于磨损。一旦磨损和生锈之后,刀和标本台的移动就会出现波状的现象,切出的切片会厚薄不匀,久而久之切片机只能报废无用。特别是在作冰冻切片和火棉胶切片时,经常要用水和含水的酒精来进行润湿,因此要细心擦干。清洁完毕后立即罩好切片机罩。切片机的任何螺丝不得随意松紧,搬动切片机时不得搬动机轮,应托住机身。

切片机上另一非常重要的部件是切片刀,一般在出售的切片机内均附有适合于该类型用的切片刀。切片刀的种类很多,因它的长短不一,所以切片刀的分类是根据形态而不是根据它的大小来分的。

(1) 平凹型刀 一种刀身的一侧凹度较大,一侧为直线,刀面较薄,仅用于火棉胶切片;另一种刀身的一侧略凹下,一侧为直线,适用于滑行切片机及旋转切片机的石蜡切片法。

(2) 平楔型或双平型刀 刀身两侧均无凹度,二边是平面,用作冰冻切片及旋转切片机的石蜡切片法。

(3) 双凹型刀 两侧刀身均有凹度,刀口长而薄,大都用于旋转切片机的石蜡切片法。一般讲,使用双凹型刀时,与组织的倾角很小,一般的切片机不常用。

切片的优劣与切片刀有很大的关系,因此切片刀的保护也非常重要。切片刀口很薄,也很锋利,刀本身触及坚硬物体很易碰伤。使用完毕后必须用二甲苯拭净石蜡碎屑,禁止用手在刀片上直接接触,因刀口极薄,遇微量盐分即易生锈,尤其在制作火棉胶及冰冻切片时,常有水分沾着,必须用干布擦干,放回盒内。如不常用,刀口必须涂上无水凡士林或石蜡油,以防生锈。切片刀都是合金制成的,质地脆而硬,刀口的厚度仅为数微米,是极薄而最为锐利的刃具,操作时要十分小心,以免割伤手指或失手跌落伤及手足。要注意不能随便把切片刀平放在实验桌上,也不能用带有污物的布拭擦,磨刀时也要注意磨石上有无灰尘沙粒,以免造成缺口,用完后立即放入切片盒内以保安全。目前已较少磨刀,多使用一次性刀片。

3.2.2 切片机的使用方法

1. 滑行切片机的切片方法

器材的准备:滑行切片机、切片刀、毛笔、培养皿(一套)、解剖刀(一把)、酒精和二甲苯(各一小瓶)。首先,将处理好的材料固定在夹物部分,松紧适宜。材料安置的位置以留极短部分(1~2 mm)露在夹物部上为准。将夹刀部推到顶端,旋松刀片夹的螺旋,将切片刀安装妥当,旋紧螺旋,平楔型刀无表里之分,若用平凹型刀时应使平面向下。调节切片机上的微动装置,使厚度计达到所需切的厚度。一般木材切片可调到20 μm。调节时应注意指针不能在二个刻度之间,否则容易损伤切片机。将夹刀部慢慢地推向夹物部,使刀口接近组织块,此时应观察材料与刀口上下的距离,同时调节升降器,使材料的切面在刀口之下,以稍稍接触为度。其次,开始切片时,两手应同时分工操作。此时右手推动夹刀部,使切片刀沿滑行轨道来回移动一次。当刀口由顶端向后移动经过材料时就被切去一片,粘在刀口的上面,当夹刀部由后推回顶端时,夹物部就按规定厚度上升,与此同时,左手持毛笔蘸水,一面润湿刀口,一面将切下的片子粘在笔上,放到培养皿中,在70%~95%酒精中固定,如为石蜡切片,用干毛笔将蜡片取下。最后,切片完毕后,切片刀和切片机必须注意清理,切片刀卸下后用纱布拭干,或用二甲苯将刀口上的石蜡屑擦净,然后涂上一薄层凡士林放回盒子中保存。切片机各部分要擦拭干净,并加入少许机油以润滑部件。

2. 旋转切片机切片的方法

器材的准备:旋转切片机、切片刀与刀片夹(各一个)、毛笔(二支)、黑色蜡光纸(一张)、旧刀片(一片)、二甲苯(一小瓶)。首先,将已固着和整修好的石蜡块固定在切片机的夹物部分。将刀片夹在刀夹上,并装上夹刀部分,刀口向上,保持一定水平。如为平凹型刀,则平的一面向切片机,凹面向外,同时还须调整刀片的角度。移动刀片固定器,将夹刀部与夹物部之间的距离调整好,切不可超过刀口,以石蜡块的表面刚贴近刀口为度,再旋紧切片固定器的螺旋。注意石蜡块的切面和下边须与刀口平行,如不平行,可调节夹物部上的螺旋,根据切片目的调整厚度计到所要切片厚度。一切都调节好后,就可开始切片。然后,右手握旋转轮柄,转动一圈就可切下一片。切下的蜡片粘在刀口上,与第二次切下的片子连在一起,所以连续摇转就可将切下的蜡片连成一条蜡带,这时左手就可持毛笔(或解剖针)将蜡带托起,边摇边移蜡带,摇转的速度不可太急。切成的蜡带到20~30 cm长时,即以右手用另一支毛笔轻轻将蜡带挑起,平放在切片机前面的黑色蜡光纸上,靠刀面的一面较光滑,向下放置,较皱的一面向上放置。切下的蜡片是否良好,在此时可先行检查,其法是用刀片先切取蜡片一张,放在载玻片上,加水一滴,然后倾斜载玻片,使水流去,马上用放大镜或低倍显微镜检查，察看组织和细胞的轮廓是否完整，其中有无空隙皱褶及碎裂等。最后，当切片工作结束后，应将切片及用具擦拭干净，妥为保存。

3. 切片中常见问题及解决方法

对石蜡切片来说，其方法不太容易掌握，切片时应该沉着。在切片的过程中，可能会遇到很多问题，现将一些常见的问题列举如下。

（1）切片纵裂或具纵条纹（见图 3-3(a)、图 3-3(e)）。一般是刀有缺口、材料软化不够或材料中有硬物未清理干净，此时可移动刀刃位置或将蜡块倒放在有水的培养皿中浸泡半天软化。未清理干净的材料需重新处理后再切片。

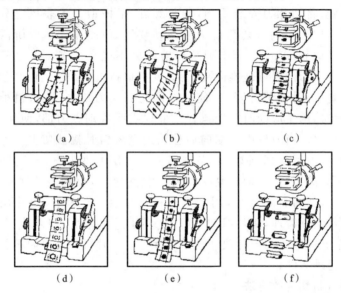

图 3-3 切片中常见问题

（2）蜡带弯曲（见图 3-3(b)）。是由于蜡块的上下边缘不平行引起的，将蜡块各边修整平行后，即可纠正弯曲现象。

（3）切片有横纹及厚薄大小不匀（见图 3-3(c)）。主要原因为刀夹或夹物松紧不均匀、刀倾角过大，用二甲苯拭去刀口石蜡屑。大小不匀与调节系统出故障有关，应考虑维修切片机等问题。

（4）材料破碎，甚至整个材料由蜡中脱离形成空洞蜡带（见图 3-3(d)）。此种现象是由于脱水不彻底、浸蜡不完全，因而使材料和蜡之间不融合，形成空洞蜡片，这种材料无法补救，必须重新处理制作。

（5）切片卷起形成圆筒（见图 3-3(f)）。是由于刀刃太钝并附着不洁杂物、刀的倾角太大、切片厚度太厚等原因所引起的，须移动刀口位置、调整刀的倾角，或用少量二甲苯拭净刀刃等措施来解决。

石蜡切片全过程中，每一环节都会影响切片质量，初学者必须细致操作，及时发现问题予以解决，决不能因其中某步骤出现问题而失去信心。

3.3 切片技术方法

3.3.1 材料的采集与分割

对植物而言,如果我们要保存组织和细胞中的各种细致结构,在采集和准备固定的时候,应注意几个方面:① 植物材料的选择应是健全而有代表性的;② 标本的采集尽可能不要损伤植物体或所需要的部分;③ 如果所得材料应立刻杀生与固定的,须依照后面的步骤要求加以综合考虑,如果不能即刻固定,那么须尽量防止它变干、损伤和生霉,损坏的材料不能再用;④ 已经压制的干标本可以将它放在水中浸软后再切片,但只能用作观察维管束排列等较大的构造,不适作精细的研究。

做动物材料的切片,就不像植物体那么容易,因为动物要活动,在它活着的时候就不容易下手。但制片所需的材料,最好是在活着的时候取得,尤其是细胞学方面的研究,对于材料新鲜的程度,要求十分严格,因此,要尽量割取活着的动物组织块。例如,取蝗虫的精巢,可将活的蝗虫腹部剪开,将精巢取出,立即投入固定剂。较大的动物,即使绑在解剖台上,也会引起剧烈的骚动,不易动手,所以必须采取适当的措施。如果是一般的组织学切片,要求不太严格,那么就可将动物先处死,然后取其组织。如小白鼠、蟾蜍等小动物可用动脉放血法;较大的动物,如兔子可用空气栓塞法,即用 50 mL 的注射器,向心脏输入空气使动物痉挛而死。无论用哪种方法处死,在割取材料时,应愈快愈好,否则动物体的细胞成分、结构及分布等就会发生变化。在一般情况下,可以把动物麻醉以后,割取材料。但必须注意,所用的麻醉剂应以不影响细胞的结构为宜,通常较大的动物用氯仿或乙醚作为麻醉剂,亦可应用氨基甲酸乙酯(或乌拉坦(urethane))进行静脉注射,一般按动物体重每公斤用 1 g 的剂量来配给。

在讲一般方法的时候,我们曾提到杀生与固定要愈快愈好,务必使各细胞立刻停止生命活动,而不使其原生质有崩解现象产生。普通应用的固定剂对于植物体外表的角质、木栓质等的穿透很慢,但对于被切割的表面,则穿透速度快得多。所以,我们在固定材料的时候,应将所需要的部分分割到最小块、段或片,以达到立刻杀生与固定的目的。

3.3.2 固定与固定剂的配制

固定,就是将我们要观察的新鲜组织,从生物体取下后立即投入固定剂内,目的在于保存组织内细胞的形态、结构及其组成,使其与生活时相似。因此,在杀生之后,不仅要使生物体立即死亡,而且还要使每个细胞差不多同时停止生命活动,才能达到上述目的。此外,在固定后还须考虑材料的某些性质,如使组织变硬,增强内含物的折光程度以及使某些组织或细胞内某些部分易于着色等。由此,杀生与固定这两个步骤看来似乎很简单,将材料投入固定剂后就可完成,但若仔细研究则很复杂,非重视不可。因为以后的各步骤进行是否顺利和成功,首先要看固定是否圆满,所以对各种固定剂的性能,必须加以深入研究,才能得到良好的效果。

1. 单纯固定剂

固定的常用药剂中,最重要的有乙醇、福尔马林、醋酸、苦味酸、重铬酸钾、铬酸、锇酸和升汞等数种。在这些固定剂中可根据它们对蛋白质的作用(主要指对白蛋白的作用而言)分为两大类:① 能使蛋白质凝固者,如乙醇、苦味酸、升汞和铬酸。② 不能使蛋白质凝固者,如福尔马林、锇酸、重铬酸钾和醋酸等,其中苦味酸、升汞和铬酸对两种蛋白质即细胞内的白蛋白(albumin)和细胞核内的核蛋白(nucleoprotein)都能凝固;乙醇虽能凝固白蛋白,但不能沉淀核蛋白;而醋酸则相反,不能凝固白蛋白,但能凝固核蛋白;福尔马林、锇酸和重铬酸钾对两种蛋白质都不凝固。

1) 乙醇(alcohol)

乙醇通称酒精,为无色液体,可与水在任何比例下相混合。适合固定的浓度为70%~100%,是很重要的组织保存剂,但并不常用。酒精可凝固白蛋白、球蛋白,但不能沉淀核蛋白。所以经酒精固定的标本对核的着色不良,不适合对染色体固定。酒精也是一种还原剂,很易被氧化为乙醛,再变为醋酸,所以一般不与铬酸、锇酸和重铬酸钾等氧化剂配合为固定剂。酒精能溶解大部分类脂物(lipids),所以要研究细胞内的类脂物就不能用酒精固定。一般固定高尔基体、线粒体的固定剂应避免用酒精。

酒精透入组织的速度很快。经高浓度的酒精(95%和100%)固定的组织容易变硬,收缩也很剧烈,比原组织缩小约20%。一般只保存在70%酒精中。如欲永久储存,仍须与甘油等量混合后使用。

在0℃下被酒精沉淀的蛋白质易溶于水,故酒精不宜作低温固定。酒精单独使用时,可作为组织化学制片的固定剂,通常用95%或纯酒精为宜。若与福尔马林、醋酸或丙酸混合使用则效果较佳。

2) 福尔马林(formalin)

福尔马林系甲醛水溶液,易挥发,有强烈的刺激性气味。一般市售为含37%~40%的甲醛。甲醛为无色气体,溶于水就成甲醛水溶液。固定和保存时所用的溶液是指福尔马林的百分比,而不是甲醛。例如10%福尔马林溶液是10 mL的福尔马林加上90 mL的水配成的。所以10%的福尔马林,实际上仅含3.7%~4%的甲醛,为适合的固定浓度。

由于甲醛是一种强还原剂,所以不可和铬酸、锇酸和重铬酸钾等氧化剂混合,因其极易被氧化为甲酸(formic acid),故福尔马林常带酸性,它的pH常在3.1~4.1之间。欲得到中性福尔马林,可加吡啶(pyridine)、碳酸钙或碳酸镁使之中和,例如在100 mL的25%福尔马林液中加5 mL的吡啶,可使它的pH上升到7.0。10%的福尔马林可被过量的碳酸钙中和至pH为6.4;如果用碳酸镁则pH为7.6。冲淡的福尔马林(如10%)比浓的(如40%)更易氧化,为了保持它的中性,可在冲淡的储藏液瓶中放几粒大理石。福尔马林必须为无色透明,若储藏较久或存放在温度低的地方会变混浊,甚至形成白色胶冻状沉淀物,成为高聚合的形式($n=100$ 以上)。这种沉淀物为三聚甲醛(paraformaldhyde),此时由于它已变性,较精细的工作就不能用了。若加入少许甘油则能阻滞它的聚合,沉淀物加热则可溶解。如加热后仍不溶解,则可用等量的热水(60~70℃),每升水中溶以 8 g 碳酸钠或 4 g 氢氧化钠,将这种溶液倒入福尔马林中搅拌,然后在温暖室内放置二、三天,沉淀物就会消失。这时福尔马林溶液淡了一倍,稀释时要相对地减少一半。含有杂质的福尔与林,通常加热至 98.7℃蒸馏,可得 30% 的纯净福尔马林。

福尔马林固定组织时渗透力强,组织收缩少。但经过酒精脱水和石蜡包埋后,收缩很大,它能使组织硬化并增高组织的弹性,固定组织较为均匀。福尔马林不能使白蛋白及核蛋白凝固,但能保存类脂物,可用于高尔基体及线粒体的固定,为一般病理制片常用,不过通常很少单独用它来固定这些细胞组成。若单独使用时,常用 10%的中性福尔马林,在测定细胞内 DNA(脱氧核糖核酸)含量时,常用此液固定。固定后组织不需水洗,可直接投入酒精中脱水。但经长期固定的标本,须经流水冲洗 24 h,否则就会影响染色,特别是在测定 DNA 含量时尤应注意。经福尔马林固定的细胞,碱性染料的染色比酸性染料的好,故细胞核的染色也较细胞质的好。福尔马林作为单纯固定剂,以贝克(Baker)修改液为好。其配方如下:福尔马林(37%~40%甲醛)10 mL,无水氯化钙的 10% 水溶液(10 g/100 mL 水)10 mL,蒸馏水 80 mL。加氯化钙可改变固定剂的渗透效应,更好地保存细胞的原形。

3) 醋酸(acetic acid)

纯醋酸为带有刺激味的无色液体,又名乙酸,纯醋酸在 16.7℃ 以下的温度就会凝成冰状固体,故名冰醋酸。它能和酒精及水混合,为许多混合固定剂的成分之一。固定组织常用 5% 的醋酸溶液,它不能沉淀细胞质中的白蛋白、球蛋白,但能沉淀细胞核内的核蛋白,所以对染色质或染色体的固定与染色都有促进作用。醋酸不能固定类脂物,因此在固定线粒体及高尔基体时不用高浓度的醋酸。若使用,也仅用 0.3% 以下的低浓度。醋酸也不能保存碳水化合物。

醋酸的穿透速度很快,对适合的材料,只需固定 1 h。用它固定,一般可使细胞膨胀和防止收缩;同时因为它不能凝固细胞质中的蛋白质,所以组织不会硬化。由于具有以上特性,因此常和酒精、福尔马林、铬酸等容易引起材料变硬和收缩的液体混合,以起到相互平衡的作用。

4) 苦味酸(三硝基苯酚,picric acid)

苦味酸是一种极毒的黄色结晶体,易爆炸,为防止火灾和取用方便,在实验室中可配成饱和水溶液储存。它在水中的溶解度为 0.9%~1.2%,即饱和水溶液,为适合固定作用,其亦可溶于酒精(4.9%)、氯仿、醚、苯(10%)及二甲苯。

苦味酸的穿透速度较醋酸及酒精为慢,它可使组织细胞收缩明显,一般不单独使用,有时经酒精脱水和浸蜡包埋后仍可继续收缩,其收缩程度可达 50% 以上,但并不带来组织的硬化。苦味酸固定时间不宜过久,否则会影响碱性染料的染色。苦味酸可沉淀一切蛋白质,该沉淀为苦味酸与蛋白质的化合物,不溶于水。它对类脂物无作用,也不能固定碳水化合物。用含有苦味酸的固定剂固定后,材料不必经水冲洗,可直接用70%酒精洗去其黄色,使着色鲜亮。如欲将组织中的黄色去净,则可在70%酒精中加入少量的碳酸锂或氨水。在一般情况下,并不需要将全部黄色除去,即使有少许颜色残留于组织中,亦无妨碍。此液亦可作为染色剂。

5) 重铬酸钾(potassium dichromate)

重铬酸钾为一种橙红色结晶,有毒,溶于水后浓度约9%,不溶于酒精,其为强氧化剂,因此不能与还原剂如酒精、福尔马林等混合。重铬酸钾在植物显微技术上不常用,但是研究线粒体时所常用的固定剂之一。对脂肪无作用,对线粒体的作用因情况不同而异。能使蛋白质均匀地固定而不沉淀,常用浓度为3%和5%的水溶液。

重铬酸钾本身不能沉淀蛋白质,但可使蛋白质成为不可溶性的物质而不溶于水,例如,在溶液中加入醋酸使之酸化产生铬酸,才能使蛋白质沉淀。未酸化的重铬酸钾虽不能使蛋白质沉淀,但可使蛋白质变为不溶性物质,保持与生活状态相仿,故对细胞质固定较好。重铬酸钾在pH为4.2以下时可固定染色体,并使细胞质和染色质沉淀如网状,使线粒体溶解。如果此液中未加入醋酸,重铬酸钾的pH在5.2以上时,染色体被溶解,染色质网亦不再出现,细胞质被均匀保存着,并能固定类脂物,使它们不溶解于脂溶剂,所以可把高尔基体及线粒体等固定起来。由此可见,酸化与未酸化的重铬酸钾的作用是根本不同的,在选择固定剂时须加以注意。

重铬酸钾的穿透速度慢而弱,固定后组织收缩很少,有时反稍膨胀。不过,经酒精脱水和石蜡包埋后,其收缩程度比较明显。固定的材料须经流水冲洗12 h或用亚硫酸洗涤。若直接投入酒精则将形成氧化铬沉淀。

6) 铬酸(chromic acid)

铬酸是由三氧化铬(chromium trioxide)溶于水而成的水溶液,颜色为淡褐黄色。三氧化铬为红棕色的结晶体,极易潮解,其容器必须严密封紧。铬酸易溶于水及醚,但不溶于酒精。铬酸是弱酸,强氧化剂,故不可与酒精及福尔马林等还原剂混合。如果两者混合在一起,就很快地还原成绿色的氧化铬并失去其固定作用。

铬酸能沉淀所有的蛋白质,所产生的沉淀不溶于水,尤适合于核蛋白的固定,可增强核的染色能力,常用于细胞学研究材料的固定。铬酸对脂肪无作用,对其他类脂物作用未定,能固定高尔基体及线粒体。

铬酸的穿透速度较慢,一般大小的组织需要固定12~24 h。铬酸的硬化程度中等,收缩较显著,经酒精脱水,能继续收缩,但硬化程度不增加。铬酸常用浓度为0.5%~2%。材料经铬酸固定后,宜置于暗处,以免蛋白质溶解。铬酸因沉淀作用强烈,故很少单独使用。固定后的组织,必须经流水冲洗24 h。用大量清水浸洗也可,但必须经常换水,一直到组织中不含铬酸为止。如冲洗不干净或直接投入酒精中,则将被还原为氧化铬,并发生沉淀,使染色困难,特别对洋红的着色影响最大。

7) 锇酸(osmic acid)

锇酸亦称四氧化锇(osmium tetroxide),为淡黄色结晶,能溶于水,其水溶液呈中性,虽称酸,但非酸类,宜密封于安培瓶中。锇酸为强氧化剂,不可与酒精及甲醛混合,其水溶液极易还原,容易被有机物质还原成为黑色,失去效用,所以在配制时须十分小心,蒸馏水须纯净,还须储存在洗净的有玻璃塞的滴瓶中。在配制前须将玻管外商标洗去,并用酒精将有机物洗掉,然后在清洁剂中浸泡 10 min,再用蒸馏水冲洗几次,待干后再投入滴瓶中加入一定量蒸馏水,连同小玻管在瓶中击碎。为了使保存的时间较长,可将 2% 的锇酸混合在 2% 的铬酸溶液中,即将 0.5 g 的锇酸溶解在 25 mL 的 2% 铬酸中,这样比较稳定,也容易取用。为了防止锇酸水溶液被还原,也可采取以下措施:① 加入少量的碘化钠;② 在 100 mL 的 1% 的锇酸水溶液中,加入 10 滴 5% 的氯化汞;③ 加入适量的过锰酸钾,直到溶液变成玫瑰色为止,如以后溶液又变为无色,可再加入更多的过锰酸钾。配好的锇酸容易挥发,故须密盖,外包黑纸,藏于暗处或冰箱。它所挥发的气体能损害眼睛及黏膜,所以工作时不要接近面部。

锇酸溶液不沉淀蛋白质,可使蛋白质凝胶化,所以蛋白质被固定得均匀,不发生沉淀,更可防止酒精对蛋白质所起的凝固作用,故锇酸所固定的细胞能保持生活时的均匀性。锇酸是类脂物唯一较好的固定剂,常用于线粒体及高尔基体的固定。锇酸被细胞中的油精(olein,存在于多数脂肪中)还原成氢氧化锇,为黑色沉淀,这样,脂肪才不为多数脂溶剂(如苯)所溶解。但锇酸仍稍溶于二甲苯,故制片时,最好以苯代替二甲苯,可得到较好的结果。

锇酸的穿透速度很慢,可保持组织的柔软,且能防止组织经酒精处理后的继续硬化。但经此液固定的组织常有固定不均匀的缺点,即表面固定过度而里面还未固定,以致染色困难,所以被固定的材料要切得愈小愈好。当固定的材料出现棕黑色时,即表示固定已完成。经此液固定后的材料,须经流水冲洗 12~24 h,到完全洗净为止。若切片后发现内部仍出现黑色,可在等量的过氧化氢和蒸馏水混合液中漂白,否则,在脱水时遇酒精即被还原而发生沉淀。

锇酸虽为一种很好的固定剂,特别适用于细胞学研究的材料固定,效果较好,但由于它的价格贵,一般实验不常使用,最近由于电子显微镜技术的发展,制作超薄切片时,常用此液固定,同时用作电子染色。经锇酸固定的组织,能增强染色质对碱性染料的着色能力,减弱细胞质的着色能力。

8) 升汞(mercury bichloride)

升汞,又称氯化汞或二氯化汞,为白色剧毒的粉末或结晶,以针状结晶者为最纯。它能气化,对黏膜有腐蚀效果,能溶于水、醇、醚及吡啶中,通常固定采用饱和水溶液(约为 7%),有时亦用 70% 酒精为溶剂,从不单独用作固定剂。

升汞能使一切蛋白质发生强烈的沉淀作用,所沉淀的蛋白质不溶于水。此液虽不破坏类脂物及碳水化合物,但对它们无固定作用。此液的穿透速度快,但不及醋酸。其对组织的收缩较少,但却能继续在酒精和石蜡中引起组织收缩。因此,固定剂中含有升汞时,在石蜡切片实验中时间愈短愈好,操作愈快愈好。其硬化程度中等,次于酒精及福尔马林。

应用含升汞的固定剂固定后的组织,冲洗液依溶剂的不同而定。水溶液固定者可用水洗,酒精溶液固定者可用同样浓度的酒精冲洗。两者均必须冲洗干净,否则升汞残留于组织中成黑色无定形的或针状结晶体(其化学组成尚不清楚),经切片时会损伤切片刀。最后这些沉积物会聚集到切片表面,有碍于观察,也有碍于作冰冻切片。用酒精漂洗时,若不能将它完全洗去,则可往酒精中加一滴碘酒,酒精即成茶色,此时可将一部分黑色结晶除去,数小时后,由于碘与汞结合,茶色即消失,这时可再加一滴碘酒,一直到加入碘酒后不再褪色,即表明沉淀物已完全洗去。这个消除的过程可能是由于汞被氧化成碘化汞,易溶于酒精所致。若汞去净后棕色的碘仍留在组织内,则可延长在70%酒精中浸泡的时间,或用5%硫代硫酸钠处理,棕色的碘就会很快地消失。

经升汞固定的组织,用洋红、番红、苏木精等染色都很好。染色质能强烈地被碱性染料着色,而细胞质的结构也都能被酸性染料与碱性染料着色。

2. 混合固定剂

简单固定剂只能固定细胞的某一种成分,且各有优缺点,单独使用不能很好地达到固定的目的,因此,必须配制混合固定剂。混合固定剂是利用各自的优缺点相互平衡而配成,配合的原则一般有两点:① 使配合的固定剂对组织的作用能够相互平衡,如一种药剂使细胞收缩,而另一种药剂使细胞膨胀,则二者配合后使其优缺点相互抵消;② 可利用一些药剂的优点来补足其他药剂的缺点,如锇酸的杀死力极高,但渗透力却很低,可用醋酸来补足它的缺点。

现将一些常用的混合固定剂列举如下。

1) 酒精-醋酸混合液

(1) 卡诺氏液(Carnoy's fluid)。

配方1:纯酒精 75 mL、冰醋酸 25 mL。

配方2:纯酒精 60 mL、冰醋酸 10 mL、氯仿 30 mL。

此固定剂的普通固定时间为 12~24 h,有的也可缩短,如动物组织固定 1.5~3 h 后即移入纯酒精再做透明处理。根尖固定 15 min,花药固定 1 h。如测定细胞核内 DNA 的量一般常用配方 1,固定昆虫卵及蛔虫卵则用配方 2。固定完毕可用 95%或纯酒精洗涤,换两次,就尽快地移到二甲苯石蜡中。这两种固定剂穿透力均强而快。纯酒精固定细胞质,冰醋酸固定染色质,并能防止组织由酒精所引起的高度收缩与硬化。为了达到不同目的,纯酒精与冰醋酸的比例可作适当的调整,如 6∶1 或 9∶1,纯酒精也可改为 95%酒精,其比例则为 3∶1。酒精-醋酸混合液适用于动物的一般组织、肝糖和细胞染色体等观察。

(2) 吉耳桑氏液(Gilson's fluid)。

配方:60%酒精 50 mL、冰醋酸 2.5 mL、80%硝酸 7.5 mL、升汞 10 g、蒸馏水 430 mL。

一般固定 18~20 h,用 50%酒精冲洗。残留在组织中的升汞必须洗掉。该混合液保存 24 h 后即失效。用于肉质菌类,特别是柔软的胶质状的材料,如木耳。

2) 酒精-福尔马林混合液

配方:福尔马林 6~10 mL、70％酒精 100 mL。

处理的材料可在此液中长期保存。固定后可直接在 70％酒精中冲洗两次,然后继续脱水。适用于植物切片,特别适用于观察花柱中的花粉管、动物组织中的肝糖。

3) 福尔马林-醋酸-酒精混合液(FAA)

配方:50％或 70％酒精 90 mL、冰醋酸不多于 5 mL、福尔马林不少于 5 mL。

此液配制时,其分量的差异甚大,视材料性质而异,如固定木材,可略减冰醋酸的用量,略增福尔马林的用量;易于收缩的材料可稍增冰醋酸的用量。

用于作植物胚胎材料则其配方可改为:50％酒精 89 mL、冰醋酸 6 mL、福尔马林 5 mL。

一般处理柔软材料,特别是苔藓植物,可用低度(50％)酒精。固定时间最短需 18 h,也可无限期延长,木质小枝至少须固定一周。冲洗时材料可直接换入 50％酒精中洗一、二次即可,但木质材料应在流水中冲洗 48 h,并在酒精(50％)和甘油溶液(1∶1)中浸 2~3 天,使它软化。

4) 铬酸-醋酸混合液

(1) 铬酸-醋酸弱液。

配方:10％铬酸水溶液 2.5 mL、10％醋酸水溶液 5.0 mL,蒸馏水加至 100 mL。

一般固定 12~24 h 或更长。藻类和原叶体可缩短为几分钟到几小时。固定后用流水冲洗 12~24 h。适用于容易穿透的植物组织,如藻类、菌类、苔藓、蕨类植物的原叶体及苔藓的孢朔等。

(2) 铬酸-醋酸中液。

配方:10％铬酸水溶液 7 mL、10％醋酸水溶液 10 mL,蒸馏水加至 100 mL。

一般易于穿透组织细胞,有时在此液中加 2％的麦芽糖或尿素,或 0.3％~0.5％皂苷(saponin)。固定 12~24 h 或更长,固定后,流水冲洗 24 h。适用于植物组织,如根尖、小的子房或分离出来的胚珠。

(3) 铬酸-醋酸强液。

配方:10％铬酸水溶液 10 mL、10％醋酸水溶液 30 mL,蒸馏水加至 100 mL。

如有需要可分别加麦芽糖、尿素或皂苷。固定 24 h 或更长,固定后,流水冲洗 24 h。适用于植物组织,如木材、坚韧的叶子、成熟的子房等。

5) 铬酸-醋酸-锇酸混合液

这三种酸的混合液,最初由弗莱明所配制,通称为弗莱明氏固定液(Flemming type fluid)。它适用于植物组织的固定,但由于其中组成之一锇酸价格太贵,一般实验室不常使用。同时,由于含有锇酸,在冲洗后,如黑色不褪,还需在等量的过氧化氢和蒸馏水中漂白。

弗莱明氏液(Flemming fluid,Strong)的配方如下:

甲液配方:1%铬酸水溶液 15 mL、冰醋酸 1 mL。

乙液配方:2%锇酸水溶液 4 mL。

配制的甲液和乙液须在用时才混合,混合液只能在黑色瓶中保存较短的时间。固定时间为 12~24 h,流水冲洗 24 h。适用于植物组织、染色体。

6) 铬酸-醋酸-福尔马林混合液

这三种药品混合在一起所配成的各种固定液,通常称纳瓦兴氏固定液(Navaschin type fluid),简称 CRAF。

(1) 纳瓦兴氏液(Navaschin fluid)。

甲液配方:10%铬酸水溶液 15 mL、冰醋酸 10 mL、蒸馏水 75 mL。

乙液配方:福尔马林 40 mL、蒸馏水 60 mL。

在使用之前,才将甲、乙两液等量混合。当两液混合后几小时,溶液的颜色逐渐改变,数天后铬酸还原成绿色的氧化铬。在这种情况出现以前,杀生与固定的作用已完成,故无妨碍。这种性质改变的溶液,对材料的硬化和保存仍有作用。在此液中保存五年的材料,作切片仍有很好的结果。一般固定时间为 24~48 h,固定后可直接在 70%酒精中冲洗几次,再继续脱水。适用于植物组织及细胞学的研究。

(2) 桑弗利斯液(Sanfelice fluid)。

甲液配方:10%铬酸水溶液 13 mL、冰醋酸 8 mL、蒸馏水 79 mL。

乙液配方:福尔马林 64 mL、蒸馏水 36 mL。

其使用方法和纳瓦兴氏液相同,材料最后收缩的程度比纳瓦兴氏液的少。固定时间为 4~6 h,流水冲洗 6~12 h。适用于染色体和有丝分裂的纺锤体。

7) 重铬酸钾-福尔马林混合液

配方:10%重铬酸钾 80 mL、福尔马林 20 mL。

此配方即雷果德氏液,此液主要的作用是固定细胞质,常用于线粒体、叶绿体等细胞器的固定,应用时临时混合配制,固定后用水冲洗。

在对材料进行固定时,有几点需注意:① 新鲜材料采集和分割后应立即固定;② 对植物材料而言,如外面有毛或气孔的叶或茎固定后,材料不下沉,则要将其中气泡抽出,比较简单的方法是将材料和固定液一并倒入有塑料封盖、大小适中的瓶中,用注射器抽气,使材料下沉;③ 固定材料体积的大小,一般直径 5 mm 左右即可,固定液与材料的比例一般为 20∶1 为好;④ 一般的固定液都以新配的为宜,放置于阴凉处,不宜放在强光下;⑤ 材料固定时,在容器外贴上标签以免相互混淆。

3.3.3 洗涤和脱水

1. 洗涤

材料在固定后一定要把渗入里面的固定剂洗去,然后再进行下一步的操作。洗涤必须彻底,否则留在组织中的固定剂会影响染色。洗涤剂的选择应根据固定剂的性质而定,即固定剂为水溶液的用水冲洗,固定剂为酒精的或酒精混合液的用酒精冲洗。水洗法是一般的冲洗方法,将材料从固定剂中移入指管并加入半管水,用纱布将管口扎住,倒置在储水的水槽内,这样就可使指管半沉半浮在水中,经流水冲洗 12 h 到一昼夜后,就能达到冲洗的目的。冲洗水流不宜太急,以免损坏材料。用酒精洗涤时其浓度应与固定剂相似,以免发生过大的扩散流,损伤细胞的结构。一般情况下材料与酒精的比例为 1:10。

2. 脱水和脱水剂

材料经固定及水洗后含有较多的水分,它不能和支持剂(如石蜡)互溶,因此会阻碍支持剂的渗入,一定要经过脱水剂将水分脱净。脱水的目的在于使材料中的水分完全除去,一方面有利于组织的透明与透蜡,另外也有利于组织的永久保存。脱水是制片步骤中非常重要的一环,如脱水不彻底,就会影响到材料的透明和透蜡,甚至导致切片完全失败。

脱水剂是与水在任何比例下均可混合的液体,因此,对以石蜡作为包埋剂的材料来说,脱水剂一般有两种:非石蜡溶剂的脱水剂和石蜡溶剂的脱水剂。前者如乙醇、丙酮等,要求材料脱水后须经过二甲苯透明处理后方可浸蜡;后者如叔丁醇、环己酮等,此等脱水剂可直接浸蜡而无须经过中间溶剂如二甲苯等溶剂做透明处理。

常用的脱水剂介绍如下。

1) 乙醇(alcohol)

乙醇是最为常用的脱水剂,市售有两种不同浓度的酒精,即 95% 浓度的酒精和纯酒精(100%)。高浓度的酒精对组织有强烈的收缩作用,因此水洗后的材料在脱水时,一般都不能直接投入这两级浓度的酒精中,所以在实验室中常用 95% 酒精稀释为各种不同级度。不可用纯酒精来冲淡,因它的价格较贵。

由于水洗后的材料不能直接投入高浓度的酒精,我们需要配制各级浓度的酒精:15%、30%、50%、70%、85%、95%、100%。一些柔软的材料经水洗后,脱水可自 20% 或 30% 酒精开始,否则组织收缩会很大。而一般较硬的组织(如木材),则可从 70% 酒精开始逐级脱水。材料在纯酒精以下的每级浓度中停留的时间,应依照材料的大小、性质及留在固定液中的时间长短和固定液的溶解性而定。一般的标准是:植物的根尖和小片叶子一样大小的材料,每级停留 30 min 到 1 h;由 FAA 固定的草本茎,一般每级停留 2 h,木本茎则停留 4 h,较大的木材每级应延长为 8~12 h;一般动物组织如小白鼠的肾上腺(2~3 mm 厚),每级停留 1 h 左右。但同样大小的肝脏,因其结构紧密则在各级酒精中脱水的时间就要相应的延长 15~30 min。

材料在换入高一级酒精时,可先在吸水纸上吸干,以免把水分带入高一级的酒精中。脱水至纯酒精时,需更换两次,每次 30 min 到 1 h。材料比较大时,可多换一次。当由 95% 换为 100% 酒精脱水时,瓶子上的塞子应更换干燥的,以免有水分渗入。对已制成的切片,在染色缸中脱水时,每级停留时间为 3~10 min。应注意的是,脱水必须在有盖瓶子内进行,尤其是高浓度酒精容易吸收空气中的水分。脱水时应顺序前进,级度不宜相差太大,一般按级浓度由低到高顺序进行。比较纤细和柔弱的材料,在脱水时,酒精级度还可更靠近些。对一些较坚韧的材料也可越级进行。

在脱水时应注意:① 在低或高浓度的酒精中,每级停留不宜太长,否则易使材料变软,助长材料的解体,或使材料收缩变脆,影响切片;② 脱水要彻底干净,因为水与二甲苯混合后,将呈乳白色混浊状,虽可倒回重脱,但效果不好;③ 对需要过夜的材料,应停留在70%酒精中。

2) 丙酮(acetone)

丙酮为很好的脱水剂,沸点为56℃,可以代替酒精作脱水剂,其作用和用法与酒精相同,不过其脱水力与收缩力都比酒精强,对组织收缩较大,能使蛋白质沉淀,硬化组织,能和水、醚、酒精、氯仿及苯以任何比例相混合,不与树胶、石蜡相混合,所以仍需经透明剂后才能包埋,它不适于较大块材料的脱水。多用于快速脱水或固定兼有脱水的方法中。

3) 正丁醇(N-butyl-alcohol)

正丁醇脱水能力较弱,但很少引起组织块的收缩与变脆,可与水及酒精混合,能溶解石蜡,可不经透明剂直接浸蜡。沸点100～118℃,为黄色液体,易挥发,人体吸入后有头痛症状。用于植物解剖学方面的工作,能得到良好的结果,一般与酒精混合成一定的比例后使用。正丁醇的脱水浓度配制如表3-1所示。

表 3-1　正丁醇的脱水浓度配制表　　　　　　　　　　　　　单位:mL

级　别	1	2	3	4	5	6
蒸馏水	50	30	15	5	0	0
酒精	40	50	50	40	25	0
正丁醇	10	20	35	55	75	100

经水洗过的材料,用酒精或丙酮脱水至35%后,按表3-1从第1级开始脱水。若为FAA或布安氏液固定的,经酒精或丙酮脱水到50%时,可从第2级开始。材料在每级中停留的时间,一般约为1 h(植物组织),可在第2级中过夜。最后在纯正丁醇中换两次,每次2～3 h。移入纯石蜡之前需在正丁醇与石蜡的等量混合液中停留1～3 h,此时即完成脱水过程。

4) 叔丁醇(tertiary butyl-alcohol)

叔丁醇为石蜡溶剂,无毒,熔点25℃(故须保存于温箱内),能与水、酒精、二甲苯等互溶,也是一种理想的脱水剂。比正丁醇的效果更好,对组织无收缩及硬化等弊病,但价格较贵,故一般工作中不常应用。经叔丁醇脱水的材料不必经过透明剂即可直接浸蜡,电子显微镜上近年常用此剂作为中间的脱水剂。在脱水时,先将材料在乙醇或丙酮中脱水到50%,然后经过下列各级脱水和浸蜡。每级停留的时间与正丁醇相似。在最后一次换叔丁醇后,可使等量的叔丁醇与石蜡油混合,经1～3 h后,再移入纯石蜡中。叔丁醇的脱水浓度配制如表3-2所示。

表 3-2 叔丁醇的脱水浓度配制表　　　　　　　单位:mL

级　别	1	2	3	4	5	6
蒸馏水	40	30	15	0	0	0
酒精	50	50	50	50	25	0
叔丁醇	10	20	35	50	75	100

5) 环己酮(cyclohexanone)

环己酮为石蜡溶剂,沸点140℃,冰点−40℃,密度与水相似,无毒,可与苯、二甲苯、氯仿等有机溶剂混合,代替纯酒精脱水后直接浸入石蜡,组织不会变硬,不需再经二甲苯透明处理。

6) 二氧六环(dioxan)

二氧六环为无色液体,易挥发燃烧,且有毒,沸点101℃,密度1.0418 g/cm^3,为无色液体,易挥发,应避免吸入它的蒸气。可与水、酒精、二甲苯、石蜡、树胶等混合,能溶解苦味酸及升汞,并为石蜡溶剂,低温下溶蜡慢,加热下很快。脱水至纯二氧六环后,即可进行包埋。二氧六环的优点是不会使组织收缩及硬化,材料在二氧六环内可停留较长时间。用于多种固定液所固定的组织,组织水洗后可直接入二氧六环中脱水,无须经过酒精、二甲苯等步骤,避免组织因此而变硬变脆,缩短操作时间。缺点是有毒,毒气是无味的,吸多后毒性有积累作用,有损健康。使用时要特别注意,切勿敞开瓶塞使毒气散出。二氧六环易燃,不能蒸馏回收,但可用氯化钙或无水硫酸铜吸去水分使用。至于有空隙的材料,易生气泡,妨碍透蜡,脱水时可抽气。二氧六环的脱水浓度配制如表 3-3 所示。

表 3-3 二氧六环的脱水浓度配制表　　　　　　　单位:mL

级　别	1	2	3	4	5
蒸馏水	70	50	30	10	0
二氧六环	30	50	70	90	100
浓度	30%	50%	70%	90%	100%

柔弱和易收缩的材料经水洗后,自1到5级,逐级进行。一般的材料经水洗或在35%的酒精中脱水后即可经1、3、5级进行脱水。在每级中停留的时间,根据材料的大小、性质及固定液的性质而定。根尖一样大小的材料,一般每级不超过6 h。柔弱的或容易引起质壁分离的材料,每级停留2 h左右。较坚韧易变脆的材料,视材料的大小,每级停留2~4 h。一般动物组织如肾,每级停留1 h左右。脱水至纯二氧六环时,需更换三次,每次1 h左右,较大的材料,可多换一次,停留的时间也要适当延长,同时也要加盖。在最后换入纯二氧六环时,一般加入少量的二甲苯或氯仿,目的是使石蜡易溶解于纯二氧六环。

3.3.4 透明

石蜡切片技术中,切片在非石蜡溶剂(如酒精)中脱水后,脱水剂不能和石蜡相混合,必须通过透明剂的作用才能透蜡。其目的在于使材料中的非石蜡溶剂被透明剂所替代,使石蜡能很顺利地进入材料中;或增强材料的折光系数,有利于光线的透过,使材料呈现不同程度的透明状态而便于显微镜的观察,并能和封藏剂混合进行封藏。因此,"透明"是个非常重要的步骤,如果材料不能透明,表明脱水未尽必须重新返工,否则影响到透蜡的进行,但返工后往往效果不好。观察材料是否已透明,可对着光线观察,见材料呈半透明或透明状态即可。

透明剂要求与石蜡互溶,为石蜡的溶剂。透明剂绝大多数不能与水互溶,透明剂种类很多,最常用的有二甲苯、甲苯、苯、氯仿、丁香油、香柏油和冬青油等。

1. 二甲苯(xylene)

二甲苯是应用很广的一种透明剂,沸点144℃,折光率1.497,容易挥发,为无色透明液体,易溶于酒精、醚等溶剂,能溶解石蜡,能与封藏剂树胶混合,不溶于水,透明力强,价格比较便宜。最大的缺点是材料在其中停留过久时,容易使材料收缩而变硬变脆,同时必须完全脱水后才能应用,否则就会引起不良后果。在封片前使用,不易使已染色的切片褪色,虽略带酸性,但褪色作用轻微。通常不直接移入二甲苯中,而是其间经过几个级度,逐渐置换,此举可以避免材料收缩和在纯酒精中有些脱水不净的弊病。使用时如脱水未尽可加石炭酸(5%~25%)。二甲苯与酒精混合的浓度级别如表3-4所示。

表3-4 二甲苯与酒精混合的浓度级别表

级别	1	2	3	4
纯酒精	1/3	1/2	2/3	0
二甲苯	2/3	1/2	1/3	1

对于精细的制片工作,一般需要经过1到5级的处理,但在一般制片工作中,材料从纯酒精中取出后,只需经过2、4两级即可达到透明的目的。材料在每级中停留的时间,视其大小而异,一般为30 min到2 h之间。在纯二甲苯中应更换2次,总的停留时间应不超过3 h。比较大的组织可多换一次。二甲苯常用于切片封藏以前的透明,其优点是不易使染色的切片褪色。切片在其中透明的时间,每级5~10 min。对脱水不净的切片,二甲苯不易进入材料,故石蜡也不能透入,切片后将在蜡片上出现空洞,影响观察效果。如果切片内留有微量水分,在封藏以后,就会呈现乳白色的云雾状,在显微镜下观察时,可见许多密集水珠把组织掩盖起来,从而张切片就作废了。

用二甲苯做透明处理时,应注意二甲苯极易挥发,故在切片做透明处理的操作过程中动作要敏捷,不宜久置;如果操作较慢,待二甲苯挥发干净后,组织就会变硬发白,即使再加树胶封藏,由于树胶不能浸入组织,切片也因此报废。二甲苯极易吸收空气中的水分,故在湿度大的天气,储有二甲苯的染色缸的盖子边缘可涂少许凡士林,以防止水分的渗入。在封片时也不宜将口鼻靠近切片,以免水汽侵入,出现白色云雾状。二甲苯必须保持无水、无酸状态,若用1~2滴石蜡油滴入其中,如立即出现云雾状,即表示其中已含有水分,不能再用。

2. 甲苯(toluene)

甲苯性质与二甲苯相似,沸点110.8℃,价格较便宜,可作二甲苯的代用品,用法相同,但透明较慢。材料在其中留置12~24 h亦不变脆是其优点,故优于二甲苯。

3. 苯(benzene)

苯与二甲苯的性质近似,挥发较快,沸点较低(80℃),对材料的收缩较少,久浸也不像二甲苯那样对组织产生硬脆现象,为很理想的透明剂。苯易爆炸,人吸入苯能引起中毒,使用时须小心。用苯稀释的树胶比二甲苯干得快。

4. 氯仿(chloroform)

氯仿为比较好的透明剂,能溶于醇、醚及苯等,仅微溶于水,可以用来代替二甲苯,但透明力较弱,故透明时间比二甲苯的时间应延长2~3倍。材料可在其中浸存较久,收缩不太厉害,亦不会变脆,因它很易挥发,在透蜡时渗入材料中的氯仿,经高温时比二甲苯容易挥发是其优点。适于透明大块组织,对透明病理组织较好。氯仿因易挥发,故在浸蜡后,易将其中残留的氯仿除去。如用苯胺油先行透明,再换两次氯仿,每次时间可缩短为5~30 min,这样浸蜡就可很快完成。氯仿透明和二甲苯相似,需经过分级浓度过渡。浓度级别如表3-5所示。

表3-5　氯仿透明的浓度级别表

级　别	1	2	3	4
纯酒精	2/3	1/2	1/3	0
氯　仿	1/3	1/2	2/3	1

5. 丁香油(clove oil)

丁香油是切片染色后封藏前最好的透明剂,淡黄色液体,能溶于醇、醚及氯仿。可与95%酒精混合,而二甲苯必须与纯酒精混合。丁香油透明力也比二甲苯的大,但缺点是易使植物组织变脆,经丁香油透明的切片,需经二甲苯复处理后染色部分才鲜明。丁香油蒸发很慢,且不易干燥,封片后干燥时间较二甲苯的长。它能溶解部分染料,如亮绿、固绿、橘红G等都可在丁香油中配成饱和溶液进行二重或三重染色,可将染色、分色和透明三步合并。

6. 香柏油(cedar oil)

香柏油作透明剂时,其效果很好,为无色或绿色的芳香挥发油,极毒,用时须小心。香柏油的折光率为1.515,有高度透明作用,能溶于醇,是经酒精脱水后很好的透明剂。对组织的收缩及硬化程度比任何透明剂(二甲苯、苯、氯仿等)均小,但缺点是透明慢,很小的组织块也须 12 h 以上,且不易为石蜡所代替,不能与树胶相混合,经香柏油透明后需再浸入苯或二甲苯中洗几次,从而加快石蜡的浸透速度。用香柏油透明时,可先将材料置于 95% 的酒精中浸泡,然后再置于 95% 酒精和香柏油的混合液中浸泡,最后才置于纯的香柏油中透明。也可将有材料的纯酒精一起倒入香柏油中,让材料沉入香柏油透明。香柏油上的酒精可用吸管吸去。最后,透明的材料以苯或二甲苯洗去香柏油。纯净的香柏油,一般用于油镜观察上的浸油。

7. 冬青油(wintergreen oil)

冬青油也称冬绿油,即水杨酸甲酯(methyl salicylate),为无色或浅黄色油状液体,熔点为 $-8.6℃$,沸点为 $223.3℃$,其折光率为 1.537,能与乙醇、冰醋酸混溶,易溶于乙醚、氯仿,微溶于水。冬青油一般作整体制片的透明剂,效果较好。其渗透能力很慢,具有毒性,使用时要小心。

3.3.5 透蜡和包埋

材料经过脱水、透明后,要使石蜡、火棉胶、炭蜡等支持剂透入其内部,让它变硬,并将组织包埋进去以利于下一步做切片和观察,这个过程称为透入和包埋。所谓透入,就是将包埋剂透入整个材料组织的过程。所谓包埋,就是被石蜡所浸透的组织连同熔化的石蜡,一起倒入一定形状的容器(如纸盒)内,并立即投入冷水中,使它立刻凝固成蜡块的过程。本部分以石蜡作为包埋剂介绍透入和包埋的过程和方法。石蜡切片的透入即"透蜡",它的目的在于除去组织中的透明剂(如二甲苯等),使石蜡渗入组织内部后把软组织变为适当硬度的蜡块,以便切成薄切片。

1. 透入和包埋剂的种类

包埋剂也就是支持剂,常用的有石蜡、火棉胶、炭蜡等。

1) 石蜡(paraffin)

石蜡是生物切片技术上极重要和应用最广的包埋剂,其熔点在 $42\sim60℃$ 之间,为半透明的结晶块状。切片用的石蜡是较优质的品种,以质纯而透明并有适当黏性为佳。根据熔点的不同石蜡可分为软蜡和硬蜡,软蜡的熔点低,硬蜡的熔点高,一般切片所用的软蜡熔点在 $42\sim50℃$ 之间,硬蜡熔点在 $52\sim60℃$ 之间。包埋用的石蜡一般加入 1% 的蜂蜡。

石蜡的选用依所包埋的材料不同而不同,一般为软的材料用软石蜡,硬的材料用硬石蜡。动物材料最常用的石蜡熔点为 $52\sim56℃$,植物材料常用的石蜡熔点为 $54\sim58℃$。在选用石蜡时,其熔点应和切片操作时的室温条件和组织类型结合起来考虑:① 石蜡硬度应与材料硬度相近,材料较硬时,用硬的石蜡,反之用软的;② 对较薄的切片(在 8 μm 以下)应用较硬的石蜡;③ 应根据当地当时的气候条件作相应的调整,通常在夏天室温高时要用熔点高的硬蜡,冬天室温低则用低熔点的软蜡。石蜡太硬时,切片时容易破碎,不易切成蜡带;太软时,容易使蜡带皱缩,粘贴时很难摊平。夏季室温较高,一般以 $56\sim58℃$ 或更高熔点的石蜡为宜,否则较难切片,此时也可降低室温。冬季室温较低时所用石蜡熔点也宜低,以 46~48℃ 为宜,也可升高室温。通常在室温 10~19℃ 选用 52~54℃ 的石蜡,切片可以顺利进行。

市售新石蜡,价格较便宜,但含有灰尘、水分及挥发性物质等,不能立即使用,必须经过熔炼。新蜡使用时,须加温至 70℃ 熔化凝固后再熔化,通过反复加温多次以除去石蜡内的气体,以增加石蜡的密度,然后经过滤后使用。用过的废蜡加热过滤清净后仍可利用,且比新蜡为好。清净的方法是将石蜡放入锅中加热,等到液态石蜡冒白烟后,移到小火焰的酒精灯上继续加热半小时左右,使其中的水分及挥发性杂质逐渐被蒸发掉。必须注意的是不要将石蜡加热至发火点,一般以冒白烟为度。加热过的石蜡倒入专盛石蜡的容器,放在温暖处徐徐冷却,使其中的灰尘等杂质颗粒沉下,去除下面的沉淀杂质。对含有二甲苯的废蜡,加热使二甲苯蒸发干净后再用。

石蜡熔点的测定方法是:在蜡容器内的四周,见蜡有凝结现象时,把温度计插入石蜡中,此时温度计的读数即为石蜡的熔点。对熔点太高的石蜡,可加以软蜡以降低熔点;当熔点低于所要求的熔点时,可加入硬蜡来提高熔点。配好的石蜡过滤后即可使用。

2) 火棉胶(celloidin)

火棉胶是由三硝基纤维素通过浓硝酸和浓硫酸作用脱脂棉而得的产品,易溶于纯乙醇及乙醚的等量混合液中成为液体,即火棉胶溶液。火棉胶溶液也叫硝化棉溶液、硝化纤维素、火粘胶,为无色到淡黄色透明或微有乳色糖浆状液体,有醚的气味,极易燃烧但不易爆炸。火棉胶溶液遇氯仿变硬,故不溶于氯仿及其混合液中,遇水后凝固呈乳白色,受到日光的照射及热的影响会逐渐变质。火棉胶溶液有很强的挥发性,能经皮肤吸收,对眼睛、呼吸道黏膜有刺激作用,可经呼吸道和消化道进入人体,影响中枢神经系统。因此,火棉胶溶液必须紧封瓶口保存于冷暗处。火棉胶硬度的调节方法是:将火棉胶块浸于 70% 酒精可增高其硬度,浸于 85% 酒精可降低其硬度。火棉胶溶液的配制要先将盛火棉胶的容器洗净烘干,称取定量的固体火棉胶装入洗净而又烘干的容器中。用干量杯量取纯酒精 50 mL,加入火棉胶瓶中,密闭瓶盖放置一晚,然后在瓶中斜加无水乙醚 50 mL,密封瓶口,放置一晚,火棉胶即可彻底溶化,其浓度即为称取重量值的百分比浓度。配制好的火棉胶溶液应严防尘埃和湿气的侵入,使用时要防止酒精和乙醚的蒸发,瓶口要涂以凡士林密封。即使有少量水分侵入火棉胶中,火棉胶溶液也会形成胶冻状态,故很难浸入材料组织。火棉胶溶液遇有水分时应将盖子开启,放置至其适当干固后,用刀切成小块,风干后重新配制。

3) 炭蜡(carbowax)

炭蜡是一种长分子结构的高分子碳水化合物,是乙烯二醇高分子聚合物。炭蜡是一种水溶性的油蜡,根据相对分子质量的不同,炭蜡的状态也不同,包埋用的炭蜡的相对分子质量有 1500 和 4000 两种。相对分子质量为 1500 的炭蜡熔点为 35~40℃,室温时呈硬凡士林状,相对分子质量为 4000 的炭蜡熔点为 50~55℃,室温时呈固体石蜡状。炭蜡稍溶于丙酮和酒精的混合液,溶于乙二醇、硝基乙烷等有机溶剂中,但亦易溶于水。炭蜡的主要优点是材料固定、水洗后无需经酒精及二甲苯即可直接用炭蜡包埋,因而材料的收缩小,对脂肪和类脂质无破坏作用。炭蜡有包埋快的特点,可制成较薄切片和连续切片。缺点是对大块及坚硬易碎的组织材料不适宜,连续切片的质量没有石蜡高。炭蜡的吸水性强,易溶化,高温时容易软化,故包埋的组织块应放在低温干燥的容器内以免软化和吸水溶化。

2. 包埋工具的准备

(1) 恒温箱。透入和包埋时常用电热恒温箱,一般用小型恒温箱比较好,在实验室多人同时进行包埋的情况下,应注意勿使恒温箱的门开闭次数过多而使箱内温度下降,那样石蜡易凝固起来不能透入和包埋。

(2) 包埋台。在包埋时,如果室内温度较低,则石蜡容易凝固,所以在包埋时可在温暖的金属温台(包埋台)上进行,一般用市售的恒温金属台,或使用金属台板,在台板的顶角下,点燃酒精灯,通过调节火焰上下的距离和火焰的大小来控制台板的温度,保持石蜡不立即凝固即可。

(3) 包埋纸盒。在包埋前须先折一纸盒作为包埋的容器。包埋纸盒以蜡光纸最为合适。包埋纸盒上用特种铅笔注明编号。

(4) 其他工具。酒精灯一个,镊子两把,调温电温台一个,蜡铲、蜡锅、蜡勺各一把,冷凝水缸一个,解剖针两支。

3. 包埋方法

根据包埋剂的性质包埋方法分为三种:熔化法、挥发法和双重法。

(1) 熔化法　是把材料包埋在一种物质内,使材料中的细胞内充满该物质,此种物质必须具有室温下为固体、加热后为液体的性质,如石蜡,在常温下为固体,加热后即熔解为液体。

(2) 挥发法　是利用一些物质能在一种溶剂内溶解成为液体状态的特性,使材料浸入该溶液内充满该物质,再使溶剂蒸发成为固体,如火棉胶。

(3) 双重法　兼用以上两种方法,将材料先用火棉胶渗入,再放入石蜡中包埋,此法的目的是减少材料的收缩及扭转,并可运用石蜡切片法作连续切片,而单用火棉胶法不能作连续切片。

下面介绍石蜡的透入与包埋法。

石蜡的透入就是先将石蜡溶化在含有材料的透明剂中,例如,石蜡与二甲苯的等量混合液,目的是减少组织的收缩和变形,让石蜡随着透明剂渗入到材料组织的每个部分,然后再逐渐增加石蜡的溶解量,并逐渐减少透明剂的量,直到材料中的透明剂完全被石蜡所取代。

以植物材料为例介绍透入方法如下:① 材料在透明剂(如二甲苯)中处理好后,将石蜡屑逐渐加入其中;② 至石蜡无法溶解时,再轻轻倒上一层已熔化的石蜡,其石蜡和透明剂的用量比例约为2∶3;③ 将此小杯放在35～37℃之间的恒温箱内,在其中停留数小时;④ 调节恒温箱的温度到56℃,换二或三次新鲜纯石蜡,在其中停

2～5 h，使留在组织内的透明剂全部排除后包埋。

另外，透蜡的时间要根据不同材料的类型及其大小而定，一般与材料的固定时间成正比。材料在1～5 mm大小时，透入时间在2～8 h，对细胞体小而密集、纤维成分少的材料应减少透入的时间，而含脂肪和纤维成分较多的材料则需增加时间。透蜡时，为了更换方便，在恒温箱中可放置三个小烧杯（分别编号），内盛52～54℃或54～56℃的纯石蜡，材料从石蜡透明剂混合液中取出后，投入1号杯中，每隔1 h移一个杯子，移材料的镊子最好一起放在温箱中，否则镊子移入和移出时，尖端的石蜡容易凝固，造成操作困难。

动物材料的石蜡透入法略有不同。从透明剂中取出材料后，先移入与石蜡透明剂等量的混合液中30 min左右，然后进入纯石蜡中，换新鲜石蜡一次。总的石蜡透入时间一般为1 h左右。较小的材料，可通过三个烧杯，时间30 min即可；对较大的材料，每次转换的时间要相应延长，而且还需多加一只烧杯，约需2 h。在整个透蜡期间，要保持恒温箱的温度恒定，以免影响透蜡操作。

透蜡时要求石蜡要完全渗入细胞的每个部分，即使空腔内也要完全渗入。石蜡要紧密而均匀地贴在细胞内外两面，使石蜡与材料成为一个整体。对于比较精细的材料，为了减少它的收缩，可先经过软蜡（熔点42～45℃）透入，再经过硬蜡（熔点52～65℃）透入。在透蜡时材料必须经过数次纯石蜡，使石蜡中剩余的透明剂完全去尽，以免影响切片质量。石蜡在恒温箱内的温度应与石蜡的熔点相配合，温度不可过高或过低。温度过高会使组织高度收缩变脆，无法切片；温度如低于熔点，石蜡就将凝固，达不到透蜡的作用，但可调节至高于石蜡熔点2～3℃。此外，透蜡应尽量保持在较低温度中，以石蜡不凝固为度，且需在最短限度时间内完成石蜡透入的过程，如温度过高或时间过长都会引起组织变硬、变脆和收缩等，从而影响结果。

4. 包埋的过程

材料被石蜡透入并达到饱和程度后，下一步就进行包埋。包埋就是将石蜡所浸透的组织连同熔化的石蜡一起倒入一个定形的容器（如纸盒）内，并立即投入冷水中，使它立刻凝固成蜡块的过程。包埋之前，事先准备好一切需要的器具。包埋的操作过程如下。

（1）准备好所需的器材，折好包埋用的纸盒，在冷凝水缸内放入冷水备用，将恒温台电源打开，并在其旁放解剖针两个。

（2）在材料已充分浸蜡后，右手持解剖针，左手从恒温箱中取出盛满熔化石蜡（含1%的蜂蜡）的杯子，并随手将恒温箱的门关闭，杯子在火焰上稍稍加温后立即将石蜡倒入包埋用的纸盒中。

（3）将装有材料的石蜡杯取出，把解剖针放在火焰上稍加温后，立即插入杯中将材料及标签拨入纸盒中。比较好的方法是在包埋前就将材料换入包埋石蜡中，这样就可将石蜡及其中的材料一起倒入纸盒中。

（4）材料倒入纸盒后，将2个解剖针加温后，插入石蜡中将材料拨到适当的位置。如果有标签,应让有文字的一面向下,方便包埋后的识别。

(5) 慢慢将纸盒小心地平放在冷凝水缸内的水面上,直至纸盒内石蜡的表面凝固,使纸盒向一侧倾斜,让冷水从纸盒的一边侵入,并立即使它沉入水中,这样可使盒中包埋块迅速冷却,保证包埋块的均一性。

(6) 在水中经 30 min 左右后即可取出纸盒,打开纸盒取出包埋的蜡块,标明材料的名称后储藏备用。

石蜡包埋中常见的问题:包埋后的石蜡块全体应呈均匀的半透明状,如出现白色混浊的石蜡结晶,则这种蜡块不能切出薄的切片。可能是由于材料脱水不充分,或材料或石蜡中混有透明剂,或包埋时动作太慢,组织块进入包埋框时框内四周的石蜡已成凝固状态,还有如石蜡凝固太慢也会产生结晶,所以冷却用水温度不能过高,否则就不易迅速凝固。硬蜡在春、秋、冬三季可用自来水冷却,盛夏时可降低室温或在水中加入冰块以降温。石蜡包埋后如出现乳白色并凹凸不平时,可将蜡块投入温箱内返工,使其熔化后再投入新蜡中重新包埋。要注意的是熔化包埋过的石蜡块返工的时间不宜过长。

3.3.6 切片和贴片

1. 石蜡块的分割、固着和整修

1) 工具准备

备好单面刀片(一个)、烫蜡铲、固着石蜡块用的金属台、台木、垫桌纸、打火机、切片机。

2) 操作方法

将金属台用烫蜡铲烫放一层较厚的石蜡,选取切片材料,用单面刀片从包埋的石蜡块上把材料切割下来,注意不能损伤所包埋的材料。确定好切面的方位后,用刀片将石蜡块的四面做初步的整修。左手持石蜡块,右手持烫蜡铲在酒精灯上烧热后,放置在金属台与小蜡块之间,至上下蜡面被铲熔化时,迅速抽出烫蜡铲,左手将蜡块紧压金属台的蜡面固着。再将烫蜡铲烧热,沾取少许石蜡碎屑,放在刚固着的蜡块周围,并熔化烫平石蜡碎屑,焊紧小蜡块。石蜡块固着后即可放开,让它完全凝固。需急用时,可放在冷水中浸几分钟,再取出整修。待金属台上的蜡块冷却后,再进一步修整使其成为上窄下宽的倾斜面,且蜡块上下两面应修成平行的平面。目的在于使切成的蜡带成一直线,不发生弯曲,以及使每个切片中的组织距离接近,方便镜检或作连续切片。另外,整修时应将上下左右多余的石蜡修掉,必须注意不要太靠近材料,如把材料裸露在外会造成切片时容易破碎的不良后果。可将石蜡块的一角切去,以方便识别在蜡带上的每一切片。

2. 石蜡切片的方法和步骤

1) 工具准备

备好旋转切片机、切片刀、毛笔(二支)、光洁白纸、圆刃解剖刀、镊子、放大镜。

2) 方法和步骤

将粘有蜡块的金属台固定在切片机上,调节好角度与距离。装好切片刀,松开刀架固定钮,移动刀架,在切片刀刀刃与金属台上的蜡面较平行接近时固定刀架,然后重新检查其他旋钮是否紧固。调节切片厚度控制盘的刻度,使其上的数值调到所切切片的厚度。打开切片机开关,摇动切片机手轮摇动一圈,切下一个蜡片。继续摇动手轮,第二张切片会与第一张切片首尾相连,如果连续摇动,则会出现一条连续的蜡带。当蜡带达到一定的长度后,左手持毛笔将蜡带轻轻抬起,边摇边移动蜡带,至蜡带长 20 cm 左右时,用右手持另外一支毛笔顺刀口将蜡带轻轻取下,平放于盒内。蜡带靠刀的光滑面向下,粗糙面向上;贴片时也按此方法放置在载玻片上。用放大镜先逐一检查蜡带,选择出合适的材料,用圆刃解剖刀切下蜡带,保存在蜡盒内备用。

3) 切片中常见问题及解决方法(见 3.2.2 节)

3. 贴片和展片

1) 工具准备

备好清洁的载玻片、切断蜡带和载运或移动蜡片用的圆刃解剖刀、蒸馏水(或 4%福尔马林一瓶)、黏附蜡片用的蛋白甘油(粘贴剂)、摊片盘、白纸、笔、纱布、培养皿。

蛋白甘油的配制方法:将鸡蛋一个打破,取蛋白放入杯中,用筷子充分搅拌成雪花状泡沫,用粗滤纸或双层纱布过滤,滤出透明蛋白液(约经数小时或一夜)。在其中加等量的甘油,振荡使两者混合均匀,最后加入作防腐用的麝香草酚(1∶100),此剂可保存几个月到一年。蘸一次蛋白甘油,可涂 4~5 张载玻片,涂得太厚或太多会影响切片质量。

2) 贴片方法

将展片恒温台插上电源,温度调整到 35℃左右,保持恒定。用细玻璃棒蘸少量蛋白甘油涂在载玻片的中央,然后用洗净的手指加以涂抹,范围不可太广,也不能太多,以能贴足够的蜡片为度。多余的蛋白甘油应拭去。将已涂蛋白甘油的载玻片放在黑纸上,用滴管加蒸馏水数滴于载玻片上,若发现水不均匀分散而聚成滴状,说明载玻片不清洁,有残留油蜡等留在上面,必须调换载玻片或重新清洗后再用。改用明胶甘油贴片时,伸展蜡片用 3%~4%的福尔马林溶液。用解剖刀将蜡带切成许多小段,每段的长短以盖玻片的长度为准,一般要比盖玻片短约 1/5,因为蜡片加温后要伸长约 1/5,分段时从蜡片截角的交界处切开,挥去毛笔上多余的水分,以笔尖沾取蜡片轻轻移到涂有水的载玻片上,应注意此时仍要将蜡片光面向下贴在载玻片上,依次排列整齐。如发现载玻片上水分不足,可再加上一些。贴的位置应稍靠载玻片的左端,以便为右端空出贴标签的位置。将载玻片水平地移到烫板上,此时的蜡片因受热而伸展摊平,若有不能伸展的切片,须取下检查原因,加水或用针挑拨后重新加温,以看不到皱纹为止。另外要注意不要使温度过高而熔化蜡片,已经摊平的切片,可从烫板上取下搁在玻璃棒上,使载玻片稍稍倾斜以便流去多余的水分,或用吸水纸将水分吸去,与此同时还必须将散开的切片重新用解剖针排列整齐。如材料干后有透明质感,表明贴片和展片工作较好;如有粉末状白色蜡片,则说明材料与载玻片没有贴紧,应在酒精灯上迅速地来回烘烤,至材料发白处变成透明状而蜡不熔化为止。将处理好的合格切片转移至摊片盘中,然后放入40℃恒温箱中继续烘烤3天以上或自然风干3周以后即可制片。

3.3.7 脱蜡

1) 工具准备

备好卧式染色缸两个、镊子两把。

2) 脱蜡方法

将两个卧式染色缸中装入二甲苯,一侧贴以标签说明,将需脱蜡的载玻片一张张小心地放入脱蜡缸中,有蜡带的一面朝向标签,当蜡片中材料周围的蜡溶去后,将其转移到透明缸中进行下一步操作。

3) 切片脱落的原因及防止

脱蜡过程中切片脱落的原因及防止的方法如下。

(1) 石蜡切片在脱蜡过程中,有时可能从载玻片上掉下来,其主要的脱落原因有:粘贴剂已腐败变质,贴片时将光滑面放反,使用的载玻片不清洁,材料比较硬,切片厚而小,皱褶未能充分伸展,贴片后没有完全干燥。

(2) 防止办法:在二甲苯中溶去切片上的石蜡;用无水酒精充分洗涤后,取出平放于桌上,在酒精未干之前,把切片放入1%左右火棉胶溶液中浸一下;将载玻片斜置,除去多余的火棉胶溶液,用纸拭去载玻片背面及材料四周的火棉胶溶液,再将尚未干燥的涂片浸入85%的酒精中,使它形成一层很薄的火棉胶层,以防止切片的脱落。

3.3.8 染料和染色

1. 染料的一般性质

染料是一种有机化合物,它的主要结构是芳香环。在它的芳香环上有两种基团:发色团和助色团。发色团的作用是产生颜色,助色团的作用是使化合物产生电离而成为盐类,染色的性能与助色团有关。

有机染料是生物制片染色中使用得最广的染料,它的结构很复杂,种类繁多,绝大部分是人工合成的染料(煤焦油染料),为芳香族有机化合物,即碳氢化合物或苯的衍生物,如苯胺($C_6H_5NH_2$)。作为染料的有机化合物必须要具备两个条件:一是要具有颜色,二是要与被染材料间有结合力。如果只有颜色却与被染物质间无结合力的就不能称为染料,而只能称为有色物质,因为它不能染色。有机化合物的颜色和结合力都是由分子结构决定的,主要由两种特殊的基团所产生,即产生颜色的发色团和产生与组织结合力的助色团。

有机化学的研究表明,有机物的颜色反应与其自身的化学键有关。不稳定的化学键可以吸收可见光光波,即光波的吸收带,而稳定的化学键则很少有可见光光波的吸收带,所以我们一般看不到饱和脂肪族化合物的颜色,它们一般为无色。相反,苯的衍生物则因为有这样的吸收带,所以可以看到颜色。一般我们把能产生颜色的化学结构称为发色团,发色团也叫色原。构成染料的主要成分就是色原,它是由一个或数个芳香环和一个或数个发色团的原子群所组成的。

有发色团的有机物虽然有颜色,但还不能成为染料,它不能直接染色,因为它对组织没有结合力。因此,要使一种物质成为染料,除了应含发色团外,还需要有一种能使化合物发生电离作用的辅助原子团(酸碱性基团),这种原子团叫助色团,助色团能使染料颜色的深度进一步加深且使其具有结合力,它的作用往往是使化合物具有盐类性质。即它使不能染色的有色物质变为一种电解物,使它能与酸或碱结合成盐类。这种助色团中最主要的是氨基($-NH_2$)和羟基($-OH$),还有羧基($-COOH$)、磺酸基($-SO_3H$)等。助色团的主要性质是使有色物质具有结合力和使有色物质离子化,增强它的极性,增加与被染物质间的结合能力。

2. 染料的分类

生物制片中使用的染料种类很多,分类方法比较复杂,可根据其来源来分,也可按其化学结构来分,还有的按其使用目的不同而分。但不管怎么分,它都是属于有机化合物类染色剂。

1) 根据染料的来源划分

(1) 天然染料。此类染料数量少,是由动植物体中提取出来的,常用的有苏木精、洋红、地衣红、卡红、靛青等。天然染料在生物染色中使用很普遍。

(2) 人工染料。人工染料是由人工合成的。最初的人工染料是由苯胺(aniline)制成的,又称苯胺染料。目前的很多人工合成染料都是从煤焦油(coaltar)中提取出来的,它和苯胺并无关系,也不是苯胺衍生物,因此正确的名称为煤焦油染料(coaltardye)。煤焦油染料是由芳香环或具有芳香环性质的杂环化合物所构成的。此类染料种类繁多,有亚硝基染料、硝基染料、偶氮染料、苯甲烷类染料、喹啉染料等。

2) 根据染料的化学性质划分

(1) 碱性染料。它是一种碱性的盐,大多是氯化物或硫酸盐,也有磷酸盐或醋酸盐,它含有碱性助色团如氨基或二甲基,主要有色部分为阳离子,此类染料一般能溶于酒精及水。碱性染料一般作为细胞核染色剂,如苏木素、番红、碱性品红等。

(2) 酸性染料。它是一种酸性的盐,通常是钠、钾、钙或铵盐,它含有酸性的助色团,如羟基($-OH$)、羧基($-COOH$)和磺酸基($-SO_3H$),能溶于水及酒精。它一般作为细胞质染色剂,如固绿、伊红、亮绿、藻红等。

(3) 中性染料。或称复合染料,此类染料是由酸性及碱性染料混合后中和而成,它们的阳离子和阴离子都有颜色,能溶于水和酒精,如中性品红、姬姆萨(Giemsa)染色剂等。

3) 根据染色的对象来分

(1) 细胞核染料。与细胞核中的染色质发生作用的染料,包括天然染料的苏木精、洋红及人工合成染料番红、结晶紫、孔雀绿、甲基绿、甲苯胺蓝、美蓝、焦油紫等。

(2) 细胞质染料。与细胞质发生作用的染料,如人工合成染料伊红Y、橘红G、固绿、酸性品红、水溶性苯胺蓝等。

(3) 细胞壁染料。与细胞壁发生作用的染料,如番红、苯胺蓝等。

(4) 组织化学染料。能溶于脂肪类材料,一般不作为普通的染色剂用,如人工合成染料中的苏丹Ⅲ、苏丹黑、苯胺蓝等。

(5) 荧光染料。用含荧光发色团的物质作为染料,该染料中某些物质有特殊的亲和力,与细胞结合后,在紫外线或短光光波的照射下被激发出荧光,这类染料就称为荧光染料,如DAPI、FITC、水溶性苯胺蓝等。

3. 媒染剂、促染剂和分色剂

媒染剂是本身能与染料或材料的组织发生结合,促进染色能力和生成沉淀的金属离子的盐。在染色的过程中,某些染料如果不用媒染剂,染色会很弱而达不到染色的要求。经过媒染剂的作用以后,染料便与组织发生染色现象,因为媒染剂既能与染料相结合又能和组织相结合,所以凡是能与金属离子(过渡金属离子)作用生成沉淀的染料有时也称为媒染染料。常用的媒染染料如氧化苏木精、藻色素、卡红、茜素等。

媒染剂的种类有很多种,为二价或三价金属的盐或氢氧化物,染色中常用的是铝盐、铁盐及明矾。如1%～3%醋酸钠可作为番红的媒染剂;2%～4%氯化钡水溶液常用于酸性染料的媒染剂;天然染料苏木精、洋红常以钾明矾、铵明矾或铁明矾作媒染剂,其他如硫酸铝、氯化铝及醋酸铁等均可作为苏木精的媒染剂。人工染料常常不用媒染剂,但有时使用媒染剂后,往往可取得较好的效果,例如伊红及藻红,使用时在溶液中加入微量的醋酸或加入少量的其他酸类酸化,可促进染料对材料组织着色的效力。媒染剂可于染色之前或染色之后分别使用,亦可混合用于染色剂内。

媒染染料的助色团主要是—OH,也有少数是—NH,助色团—OH电离程度很弱,具有这类助色团的染料对材料组织亲和力极低,很难染上色,因此必须添加媒染剂,使媒染染料的性能改变,成为很优良的染色剂。

在某些特殊情况下,也可以不用媒染剂,其作用是显示材料组织和细胞中的金属离子或原子。在被染物质中本身具有某些金属原子或金属离子,媒染染料和这些金属原子或金属离子配合,使其成为有色的络离子而显示出来。例如显示组织中的钙,把切片直接放在氧化苏木精的酒精溶液中,不用添加媒染剂,处理数分钟后,组织中的钙即和氧化苏木精形成钙沉淀,呈蓝黑色而显示出来。

媒染染料中除了有—OH助色团外,还含有其他强酸性和强碱性的助色团,这种媒染染料前者一般叫做酸性媒染染料,后者叫碱性媒染染料。例如酸性媒染染料的分子中同时含有—OH、—SO_3H、—COOH,所以叫酸性媒染染料,如酸性茜素蓝。碱性媒染染料是含有—OH、—$N(CH_3)_2$、—$N(C_2H_5)_2$、—N^+H_3等的染料,如天青石蓝。

促染剂和媒染剂不同,它可使染料对组织的着色容易,但本身不参与染色反应。常用的促染剂如 Loeffler 氏美蓝液中的氢氧化钾、硼砂洋红中的硼砂、橘黄龙胆紫及番红中的苯胺油等。

分色剂是用来脱掉材料或切片材料被过度染色的染料而使用的试剂,有酸性、媒染和氧化分色剂三种。酸性分色剂多用醋酸或盐酸,浓度一般为 0.1%～1% 的水溶液或 70% 的酒精溶液。媒染分色剂是在染色前使用起媒染作用,而染色后使用起分色作用的试剂。氧化分色剂是将和材料组织亲和力不同的染料部分或全部脱掉的试剂,此时材料可保留部分颜色或全部脱色。

4. 常用染料的性质及配制方法

1) 苏木精(hematoxylin)

苏木精最早大约在 1840 年发现,是从南美的热带豆科植物苏木中提取的一种色素,是制片技术中的主要染料之一,为淡黄色或棕黄色的结晶体,易溶于酒精,微溶于水及甘油。它是一种染细胞核的优良染料,并可将细胞中不同的结构分化出各种不同的颜色。苏木精不能直接染色,必须经氧化使其成熟成苏木红(氧化苏木精),同时被染材料又须经媒染剂作用后才有染色能力,所以在配制苏木精染剂时,都有媒染剂在一起。所用的媒染剂为铝、铁、铬等盐类,常用的媒染剂为硫酸铵矾、钾明矾和铁明矾等。

苏木精染液的配制一般采取自然氧化成熟的办法,即暴露于日光中氧化,此法费时较长,但配后时间愈久,染色力愈强。急用时可加入强氧化剂如氧化汞、过氧化氢、高锰酸钾等来加速氧化,随配随用,不可多配,因为配久了效果反而减弱。苏木红为弱酸性,呈红色,对组织亲和力很小,不能单独使用,必须加入钾明矾、铁明矾等媒染剂。苏木精溶液染色后,在分色过程中,若经酸性溶液(如盐酸酒精)分化后则呈现红色,但经水洗后,仍可回复青蓝色;碱性溶液(如氨水)分化后为蓝色,经水洗后呈蓝黑色。

苏木精应用很广,常用的苏木精溶液有下面几种。

(1) 德氏(Delafield's)苏木精。

甲液配方:苏木精 4 g、95% 酒精 25 mL、铵矾(硫酸铝铵)饱和水溶液 400 mL。

乙液配方:甘油 100 mL、甲醇 100 mL。

配制方法:① 将苏木精溶入 95% 的酒精溶液中,然后慢慢滴至硫酸铝铵饱和水溶液中,随时用玻璃棒搅拌;② 将上述混合液暴露于阳光和空气中 7～10 天后过滤;③ 将滤液加入乙液中,静置 1～2 个月至颜色变为蓝紫色,再过滤置于阴冷处紧塞瓶口备用。

使用时可将染剂 1 份用 3～5 份蒸馏水稀释,染色后分化会更明显。亦可用稀盐酸-酒精进行脱色与分化。

(2) 埃氏(Ehrlich's)苏木精。

配方:苏木精 1 g、纯酒精(或 95% 酒精)50 mL、冰醋酸 5 mL、甘油 50 mL、钾矾(硫酸铝钾)约 2.5 g(饱和量)、蒸馏水 50 mL。

配制方法：① 将苏木精溶于少量的酒精中，加冰醋酸后搅拌，以加速其溶解过程；② 至苏木精完全溶解后即将甘油和其余的纯酒精倒入并摇动容器混合均匀；③ 在研钵中研碎钾矾，然后将它在水中加热溶解；④ 将温热的钾矾溶液一滴一滴地加入染色剂中，并不断地搅动；⑤ 将瓶口用双层纱布包扎后放在暗处通风的地方，经常摇动至变为紫红色，成熟时间需 2～4 周或数月，若加入 0.2 g 碘酸钠可立刻成熟。

此液对细胞核的染色效果好，不会发生沉淀，特别适用于整体染色。使用时原液 1 份加入 50% 的酒精与冰醋酸等量混合液 1 份或 2 份。

(3) 哈里斯(Harris's)苏木精。

甲液配方：苏木精 0.5 g、95% 酒精 5 mL。

乙液配方：钾矾或铵矾(硫酸铝铵)10 g、蒸馏水 100 mL、氧化汞 0.25 g、冰醋酸 2 mL。

配制方法：① 将苏木精溶解于 5 mL 的 95% 酒精；② 用 100 mL 的蒸馏水溶解 10 g 钾矾或铵矾，并加热煮沸；③ 将苏木精溶液和钾矾或铵矾溶液混合煮沸半分钟离开火焰，然后缓缓加入 0.25 g 氧化汞，用玻璃棒搅拌后很快地移到冷水浴中冷却；④ 冷却液过夜后用双层滤纸过滤，并加入冰醋酸几滴，以加强核的染色。

此液适合于小型材料的整体染色，且色彩良好，配制后可保存一两个月。

(4) 海氏(Heidenhain's)苏木精。

甲液(媒染剂)配方：铁铵矾(或铁明矾即硫酸铁铵)2～4 g、蒸馏水 100 mL。

乙液(染液)配方：苏木精 0.5 g、95% 酒精 10 mL、蒸馏水 100 mL。

配制方法：① 将铁明矾溶解于蒸馏水中，此液必须在用时才配制以保持新鲜，铁明矾为黄色时不能使用，新鲜的铁明矾为紫色结晶，配好溶液后用黑纸包好再保存在冰箱中，以防止沉积物出现在瓶壁上；② 将苏木精溶解于酒精中，瓶口用双层纱布包扎，使其充分氧化，然后加入 100 mL 蒸馏水，塞紧瓶口置于冰箱中保存。

此液在使用前六周配制，配妥后可保存 3～6 个月，但不能与甲液混合，否则即变坏。即使在应用时，甲、乙两液也不能混合。

使用时，切片先经甲液媒染，充分水洗后才能用乙液染色，染色后又经水稍洗，用另一瓶甲液分色至适度。海氏苏木精染液是细胞学上细胞核内染色质最好的染色剂。

(5) 梅氏(Mayer's)氧化苏木精。

配方：氧化苏木精(苏木素，hematein)1 g、明矾 50 g、95% 酒精 50 mL、蒸馏水 1000 mL、麝香草酚 0.5～1.0 g。

配制方法：① 用 50 mL 的 95% 酒精加热溶解 1 g 氧化苏木精(如用量不多时，可将各种药品的分量减少)，氧化苏木精也可用苏木精代替，配成梅氏明矾苏木精，但必须成熟后才能使用；② 将 50 g 明矾溶于 1000 mL 的蒸馏水中，把氧化苏木精倒入明矾水溶液内，冷却后过滤；③ 在滤液中加一小块麝香草酚防止霉变。

此液配好后能立即使用，也可长期保存，对菌藻植物的细胞核染色特别有效。

苏木精染色的方法很多，一般有两种形式：一种是先用铁明矾媒染组织后，再用纯的氧化苏木精染色,然后用铁明矾脱色;另一种形式是将氧化剂、电解质和苏木精配成混合液,多用于染细胞核,苏木精对核的染色结果为各种染料中最好的。

以上这些苏木精染液,存放或使用太久时会逐渐失去染色能力。更新方法如下:将陈旧的苏木精染液倒入烧杯中,加温煮沸,同时用玻璃棒搅拌,直至其蒸发到原有量的一半时为止,如此即可延长它的染色能力。如果使用过久,只能染成淡红色时,则不能再用。

2) 洋红(carmine)

洋红又称胭脂红或卡红,由一种热带雌性的昆虫胭脂虫(coccus cacti)干燥后,磨成粉末提取出胭脂虫红(cochineal),再与明矾一起煮沸后除去一部分杂质即成洋红,它是一种天然染料。单纯的洋红对组织无直接的结合力,因而不能染色。其等电点是 pI 4.1~4.5,很难溶解,需用高或低于它的等电点的溶液溶解,酸性溶液常用冰醋酸或苦味酸,碱性溶液常用氨、镁、硼砂等。用洋红配成的溶液,其染色力持久,为核的优良染料,且染色的标本不易褪色。用作切片或组织块均适合,特别适合小形材料的整体染色,如出现混浊现象,过滤后再用,洋红染剂的配法很多,常用的有以下几种。

(1) 葛氏(Grenacher's)硼砂洋红。

配方:4%硼砂水溶液 100 mL、洋红 1 g、70%酒精 100 mL。

配制方法:① 将洋红粉末加入到 100 mL 的 4%硼砂水溶液中,加热煮沸 30 min,使洋红充分溶解;② 冷却后过滤,将此液静置 3 日后在滤液中加入 70%酒精,再静置 24 h 后过滤即可。

硼砂洋红适宜于核的染色及整体标本的染色,是一种常用的染色剂,染色时间为 3~4 日,染色后用酸酒精(100 mL70%酒精加入盐酸 3~5 滴)处理,直到它呈鲜艳透明的红色为止。取出再用 70%酒精冲洗、封藏。

(2) 葛氏明矾洋红。

配方:洋红 1 g、铵明矾 10 g、蒸馏水 100 mL。

配制方法:① 将铵明矾溶于 100 mL 蒸馏水;② 将洋红加入铵明矾水溶液中,加热煮沸,用玻璃棒充分搅拌使洋红溶解,冷却过滤后,加入少许防腐剂以防生霉。

葛氏明矾洋红为核染色剂,在原生动物、寄生虫、胚胎学等动物材料方面应用较广,均取得良好效果。此液也可用于高等植物的表皮及蕨类的原叶体染色,且简易方便,但染色能力较低,不适合较大的组织。

(3) 梅氏明矾洋红。

配方:洋红酸(carminic acid)1 g、铵明矾(硫酸铝铵)10 g、蒸馏水 200 mL。

配制方法:① 将铵明矾放入蒸馏水中加热溶解后加入 1 g 洋红酸,加入 0.2 g 水杨酸或麝香草酚防腐;② 澄清或过滤该混合液即成。

梅氏明矾洋红可作长期染色,无染色过度的弊病,适用于藻类、吸虫等,也适合于各种经固定液处理后的材料的染色。

(4) 施氏(Schneider's)醋酸洋红。

配方:洋红 4~5 g、冰醋酸 45 mL、蒸馏水 55 mL。

配制方法:① 将蒸馏水和冰醋酸混合,在小火焰上加温,同时加入洋红粉末煮沸;② 用玻璃棒搅拌使其溶解,冷却后过滤,该溶液呈暗红色,密封保存。

施氏醋酸洋红使用时以 99 份蒸馏水稀释。此染液着色美观兼有杀死固定的作用,且渗透极快,对新鲜组织的核染色较好,特别适合于动、植物新鲜的细胞学材料的快速观察,如无脊椎动物的精巢、卵细胞和上皮组织等材料的中心体和染色体,植物的根尖、花药等都能显示出来。经此液染过的材料用水洗去冰醋酸即可脱水封藏。

(5) 贝氏(Belling's)铁醋酸洋红。

配方:洋红 1 g、冰醋酸 90 mL、蒸馏水 110 mL、醋酸铁或氢氧化铁(媒染剂)数滴。

配制方法:① 将 90 mL 冰醋酸和 110 mL 蒸馏水混合后煮沸,移去火焰,立刻加入 1 g 洋红;② 迅速冷却该液并过滤,加醋酸铁或氢氧化铁(媒染剂)水溶液数滴,至颜色变为葡萄酒色,必须注意不能将醋酸铁或氢氧化铁加得太多,否则洋红即会沉淀。

贝氏铁醋酸洋红常用于植物细胞,特别是花粉母细胞的涂抹法和压碎法染色,结果良好且操作简便。

3) 番红 O(safranin O)

番红 O 也称沙黄 O,为组织学上应用最广的一种染料,为碱性染料,能溶于水和酒精,能染细胞核及染色体,并能显示维管束植物的木质化、木栓化及角质化的组织,它也是一种植物蛋白质的染色剂,还可作蕨类等植物孢子囊的染色。番红 O 的染色较适合于 Flemming 氏液固定的材料,其他固定剂则稍差,番红 O 常可与固绿、苯胺蓝作二重染色,染色后用苦味酸酒精分化。

常用配方有以下几种。

(1) 番红水溶液:番红 1 g、蒸馏水 100 mL。

(2) 番红-酒精溶液:番红 1 g、50%酒精 100 mL。

(3) 苯胺-番红染色液:番红 1 g、95%酒精 100 mL、蒸馏水 100 mL、苯胺 20 mL。

此三种溶液配好后摇匀,使用前需过滤,染色效果极好。

4) 固绿(fast green)

固绿溶于水和酒精,为酸性染料,在细胞学及植物组织学中应用广泛,是一种细胞质和纤维素壁的染色剂,常配成1%的无水酒精溶液。固绿常用于一般植物组织,和番红 O 作二重染色,也可和番红 O、橘红 G 作三重染色,再加甲基紫作四重染色。经此液染色的切片,直接在日光下经数周至数月之久仍能保存绿色而不褪色。

常用配方有以下几种。

(1) 固绿酒精溶液:固绿 0.5 g、95%酒精 100 mL。

(2) 苯胺固绿染色液:固绿 1 g、95%酒精 40 mL、苯胺 10 mL。

此两种溶液配好后摇匀,使用前需过滤,染色效果很好,便于操作。

5) 橘黄 G(orange G)

橘黄 G 能溶于水、乙醇和丁香油,为酸性染料,是一种细胞质染料,常用作二重或多重染色,例如用作铁明矾苏木精的二重染色。

常用配方有以下几种。

(1) 橘黄 G 水溶液:橘黄 G 1 g、蒸馏水 100 mL。

(2) 橘黄 G 酒精溶液:橘黄 G 1 g、95％酒精 100 mL。

(3) 丁香油橘黄 G 染色液:橘黄 G 1 g、纯酒精 50 mL、丁香油 50 mL。

丁香油橘黄 G 染色液的配制方法:将橘黄 G 溶于酒精后加入丁香油,敞开瓶口,放在 30℃恒温箱中,至酒精蒸发为止。橘黄 G 没有过染的缺点,但能洗去其他染料。

5. 染色方法的分类

染色的方法很多,根据不同的目的可分为以下几类。

1) 根据染色材料的完整性分

(1) 整体染色法:材料经固定冲洗后,不切成薄片,直接投入染液染色,一般用于微小生物体的染色,常用的染料有番红、苏木精等。

(2) 切片染色法:材料经固定、冲洗、包埋、切片后,将脱蜡后的切片投入染液内逐步染色的方法,可分为缸染和滴染两种,此法可以节约药品和时间。

(3) 蜡带染色法:将组织经石蜡切片后,在展片的同时进行染色,然后再烘干粘牢。

2) 根据染色所用的染料种类分

(1) 单一染色法:选用一种染料进行染色的方法,如用苏木精染色。

(2) 双(二)重染色法:是用两种染料进行染色的方法,如在植物组织学中番红-固绿对分生组织的染色,组织学和病理学常规制片中常用的是用苏木精-伊红的染色。

(3) 多(三)重染色法:用两种以上染料的染色方法,如 Mallory 氏三色染色法、番红-固绿-橘红 G 染色法等。

3) 根据染料的浓淡程度和是否使用分色剂而分

(1) 渐进法:是将组织放入稀染色液中,使组织某部分(如细胞核)由浅而深渐渐着色,其他组织并不受影响,染至所需程度即停止染色。

(2) 后退法:是将组织先行浓染后再褪色,染色较深的部位不受影响(如胞核),其他部位则褪至近无色。一般染色都采用后退法。我们实验室用苏木精和伊红两种染料作组织块染,效果很好,此种整体染色法就是用的后退法。

4) 根据是否使用媒染剂而分

(1) 直接法:不需经过媒染剂的作用,称为直接法,一般综合染料都可直接染色。

(2) 间接法:某些染料本身染色力很弱,必须经过媒染后才能与组织起作用,使染料固着于媒染剂,而媒染剂又能固着于组织,这种染色方法称为间接法,如使用苏木精染色。

5）根据染色使用的染料的性质分

（1）常规染色法：是指用于普通制片的染色。

（2）特殊染色法：是用特殊的染料进行染色的方法，常见的有以下两种。

① 金属沉淀染色法。是一种组织块染色法，是用可溶性的重金属盐类，如金、银、锇等，配成稀的溶液，使其与细胞组织的某些结构接触，再利用有机酸类如甲酸、醋酸、草酸等进行还原，使金属盐类形成不溶性的金属或金属氯化物，沉积于结构的表面，呈现黑褐色的物影来显示其结构。其着色原理是根据物理反应的沉淀作用或金属物质与某些组织结构所产生的沉淀现象。

② 荧光染色法。通过荧光染料和材料中的特殊成分结合后，用短波光或紫外光照射材料，就能激发出特有的荧光，然后再用光学显微镜观察被鉴定物质。

6. 染色的一般方法

石蜡切片在二甲苯中溶去石蜡后，下一步就进行染色（切片染色法）。由于所用的染剂一般为水溶液，所以在染色之前，必须经过各级酒精再度复水，切片染色后需再脱水，用二甲苯透明，最后封藏。现将步骤与方法介绍如下。

（1）配好所需浓度的试剂，放入染色缸中，其用量约为缸的体积的 2/3，以淹没切片为度，将染色缸按顺序排列好并在缸的无槽一面贴上标签，必须注意标签应与试剂相符，切勿弄混。

（2）将贴有石蜡切片的一组（4 片左右）载玻片放入纯二甲苯中，停留的具体所需时间按切片的厚度和室内的气温而定，一般夏季时 3~10 min 即可，在冬季时室内温度过低，切片如果在二甲苯中停留 30 min 以上石蜡还尚未完全溶去，在这种情况下，应将此染色缸移到温暖处稍稍加热，或放在 37℃ 的恒温箱中几分钟，以加速其溶蜡。

（3）将载玻片先按复水的顺序，每次一张从二甲苯中移入等量的二甲苯-酒精的缸中。在移动时，应先用镊子把靠近自己的第一张载玻片从缸中提起，使载玻片的右下角与染色缸的边缘轻轻接触一下，以便使附于载玻片的试剂回流到染色缸中，这样就可使载玻片较干，不致带有过多的试剂移到下一个缸内，但必须注意，不能停留过久，若载玻片完全干燥会影响效果。

（4）当所有的载玻片全部移入第二个缸后，待第一张载玻片停留在第二个缸中的时间为 3~5 min 时，再从第一张载玻片开始，将它们依次移入下一个缸，以后按此方法继续进行，直到所有的载玻片都陆续经过各级酒精，移到蒸馏水中为止，每级停留的时间为 3~5 min。

（5）自蒸馏水中取出载玻片，即可在各种水溶液的染剂中染色，如苏木精染液、番红水溶液等。在染色液中停留的时间不等，如在苏木精（德氏苏木精、埃氏苏木精或哈里斯苏木精）中可染 3~5 min（或稍减），在番红中可染 1~24 h。然后按各自的需要在自来水中冲洗或再进行其他处理和对染。染色完毕后进入脱水程序，经各级酒精，再到二甲苯-酒精，最后在二甲苯中透明约 5 min。

（6）若为双重染色,脱水到 85% 酒精后,载玻片可移入 95% 酒精溶解的染色液（如固绿）中染几秒至 1 min,再继续脱水和透明,透明后材料即可进行封藏。

7. 染色时应注意的事项

（1）染色前根据染色的目的选用所需的染料,要熟悉染料溶液的性质。染色后,应在同样的溶剂中洗去多余的染料,例如番红系溶解在 50% 的酒精中,那么冲洗也必须在 50% 酒精中进行,使用酒精溶液时,要按照它的级度顺序排列,如 35%、50%、70% 和其他浓度酒精。如果材料特别是柔弱的材料从水中直接移入纯酒精或 70% 酒精中,就会引起剧烈的扩散流而使材料损坏。

（2）材料染色时,实际上需要的时间应该依照标本的类型、所用固定液的性质、切片的厚度、木质化的程度、核的稠密等状况而定。延长染色时间则将需较长的脱色或分化的时间。用盐酸或铬酸等加酒精分化已染色的标本,必须在显微镜的观察下进行。褪色后必须彻底洗净,否则会影响后面的染色。采用后退法染色时必须用较长的过染时间,在脱色后将会得到更鲜明的分化效果,在一般情况下,为了使组织分化更明显,染色的时间可稍延长些。

（3）应用各种试剂和染剂时,应该按照它们的级度顺序依次进行,在二重染色时,所应用的两种染剂必须有正确的先后次序,例如苏木精必须在番红之前,番红在亮绿或固绿之前。

（4）切片进行脱水时,应在各种级度的酒精中逐级顺序进行。脱水太快,不但会损坏组织,而且最后将不能很好地把水脱净,从而影响结果。在脱水时,还必须将装有无水酒精的染色缸口的边缘,涂上少量的凡士林,以防止吸入空气中的潮气,否则将会影响组织的完全脱水。如果脱水不完全,那么再用二甲苯透明时将会有云雾状的情况出现。

（5）透明时,当所有的酒精完全被替代后,组织将会有完全透明而无波状的折射纹出现。在封藏时,常出现的问题是在载玻片上加入了过多的封藏剂,应注意避免。

3.3.9 封藏

1. 封藏剂

切片的最后一个步骤是用封藏剂把它封藏起来,其目的是使切片能长期保存。选用适合在显微镜下清晰观察的折光率较高的封藏剂,可以获得效果较好的切片以供分析和研究用。封藏剂必须是能与透明剂相混合,对染色无影响且具有黏性的物质。封藏剂的折光率必须与玻片相似,最理想的封藏剂的折光率,应与材料相近似,因折光率与透明度成正比,与未染色部位材料的识别力成反比。如果封藏剂的折光率高于材料,虽透明程度较好,但识别力较差;如果折光率低于组织,则透明程度不佳,未染色部位的识别却较为清楚。

封藏剂可分为两类:湿性封藏剂和干性封藏剂。湿性封藏剂如甘油、甘油明胶等,常用于切片不经脱水和透明步骤就加上盖玻片,或用漆或石蜡封于盖玻片的周围,使组织保存于液体的封藏剂内的情况下,此法使用较少。干性封藏剂如中性树胶、达马树胶及人工树脂等,染色材料必须经酒精脱水、二甲苯透明后才能用它封片,可使标本保存长年不坏,常用于石蜡、冰冻和火棉胶切片。

常用封藏剂有以下几种。

1) 加拿大树胶(Canada balsam)

加拿大树胶为常用的封藏剂,淡黄色透明液体,可溶于二甲苯、苯、叔丁醇、氯仿,由产自加拿大的一种冷杉(*Abies balsam*)经提炼而成的固体状的树脂。加拿大树胶常以苯或二甲苯为溶剂,其浓度以玻璃棒一端形成小滴滴下而不生成丝状物为佳。苯较易挥发,干固较快,且稀释树胶封固切片也不褪色。加拿大树胶的熔点为61℃,折光率为1.541～1.547,溶于二甲苯后其折光率为1.520,接近于玻璃的折光率,透明度很好,用以封片几乎无色,干后坚硬牢固,可以长期保存。市售树胶多为浓液体或干固体,若是固体的先溶解后再过滤,不可加热,因受热后会使树胶氧化而立即变为深褐色和产生酸,使切片褪色,影响切片的观察。不用时放于暗处,避免阳光的直接照射使树胶变为酸性。树胶的酸性能使碱性染料褪色,所以最好制成中性,简单配制的方法是在树胶瓶内加少量大理石,避免阳光直接照射,或加无水碳酸钠于二甲苯树胶内,在低温箱内不断搅拌,数日后澄清,取其上清液即成。如树胶为固体颗粒,可取等量碳酸钠,用研钵捣碎混合,加多量二甲苯溶解,数日后过滤,使二甲苯挥发至适当浓度即可。

2) 达马树胶(dammar balsam)

达马树胶为淡黄至琥珀色半透明树脂,能溶于醇、苯、二甲苯、松节油和氯仿等,是松柏科植物柳安(*Shorea wiesneri*)所分泌后的提取物。作封藏剂时折光率为1.52,能长久保持中性和易于干燥,其效果比加拿大树胶好。其配制方法:溶解5 g达马树胶于50 mL氯仿和50 mL二甲苯中,过滤后待其蒸发到20 mL,即可保存备用。

3) 威尼斯松节油(Venetian turpentine)

威尼斯松节油易溶于酒精和氯仿,由欧洲落叶松(*Larix decidua*)分泌提炼而成,常用于松节油的整体封藏。威尼斯松节油很易结晶而使材料损坏,故一般制片中很少采用,其配制方法:取等量的95%酒精和威尼斯松节油混合均匀,将混合溶液澄清后,取上清液倒入另一容器内,蒸发到适合的浓度即可。

4) 乳酸-石炭酸(lactophenol)

乳酸-石炭酸对于藻类、菌类、原叶体及其他较小的材料的整体封藏很适合,故常作为整体封藏剂,其配方为:石炭酸(饱和水液)25 mL、乳酸25 mL、甘油25或50 mL、蒸馏水25 mL。

乳酸-石炭酸封藏剂如需着色,可加入1%的苯胺蓝或酸性品红的水溶液,其配方为:乳酸-石炭酸100 mL、冰醋酸0～20 mL、1%苯胺蓝或酸性品红1～5 mL。

冰醋酸的加入量根据材料的不同性质而定,其目的是不使细胞或微丝破裂或崩解,在每次使用时,须先做试验,将乳酸-石炭酸渐渐冲淡到最合适的比例为止。

5）甘油明胶（glycerin jelly）

甘油明胶有一定的硬度，其折光率较纯甘油为高，使用时加温熔化，冷后便凝固，适用于作为半永久性切片的含水封藏剂。其配方为：明胶 5 g、蒸馏水 30 mL、甘油 35 mL、石炭酸 0.5 g。

将 0.5 g 石炭酸溶解于少量的蒸馏水中（10 滴左右），先将 1 份质量较好的明胶溶解于 35 ℃温水中，然后将其他药品加入，石炭酸以每 100 mL 溶液加 1 g 为准，待所有试剂完全溶解而溶液尚温时，用粗滤纸或细丝绢过滤，放入培养皿中，等溶液冻结后可把它划成小块储藏备用。

2. 封藏方法

封藏是材料经透明处理后切片制作的最后步骤，可按照下面的方法进行。

（1）放一张洁净而能吸水的白纸在实验桌上，将载玻片从二甲苯中取出，用清洁的布块迅速擦去材料以外的二甲苯后平放在纸上，二甲苯尚未干燥前迅速在切片的中央滴 1 滴树胶，树胶用量要适量。

（2）右手持镊子轻轻地夹住盖玻片的右侧，迅速在酒精灯火焰上晃过以除去水汽，再将它放在树胶的左边，左手拿解剖针抵住盖玻片的左边，右手将镊子松开逐渐下降，待盖玻片接触树胶后慢慢抽出镊子，这样就可使树胶均匀地展开布满盖玻片，并将其中的气泡赶出来。如果树胶过少，就会在盖玻片下留有气泡；如果树胶过多，则会溢出盖玻片，影响封藏和观察效果。

（3）封藏时应根据盖玻片的大小来估计所需树胶的滴数。如树胶太少，则可在盖玻片有空隙的边缘处用玻璃棒再滴少量树胶，使其慢慢地吸进去；如树胶过多，不必马上拭去，可在干燥以后，用刀片刮去多余树胶，再用纱布蘸二甲苯拭去其残留的树胶，最后贴上标签，完成整个切片的制作。

另外，进行整体封藏或徒手切片及冰冻切片，封藏时应先滴上树胶，然后将材料放在树胶上，这样在盖玻片放下时，不致将材料挤到边缘去。如先放材料，再滴树胶，就会使材料被挤到边缘，影响制片。

3.4　冰冻切片技术

冰冻切片法是以水为包埋剂，将已固定或新鲜的组织块进行冰冻，然后在切片机上进行切片的一种方法。此法无需经脱水、透明或浸蜡等步骤，不受有机溶剂或加温等影响，能很好地保留脂肪和酶等，所以这种切片法常用于临床上病理组织检测和组织及细胞化学的制片。此法有两个优点：① 制片速度快，在临床上，手术的摘出物需要急速诊断时，用此法从采取标本到切片制成，可以在很短的时间（10 min 左右）内完成。② 保存组织内某些易被有机溶剂所溶解的物质，例如脂肪和酶，采用此法可以避免，而且还可防止组织块的收缩，保持原形。此法的缺点是冰冻融化后易引起组织分散而失去相互间的联系，切片较厚，不能作连续切片，容易破碎等，为了避免这种缺点,可在切片之前,先行明胶包埋。

3.4.1 使用仪器

冰冻切片的主要仪器有冰冻切片机及其附件、储备液体二氧化碳的钢筒。滑行切片机和旋转切片机装上冰冻附着器后,也可作冰冻切片机用。也有专用的冰冻切片机,其主要组成部分如下。

1. 冰冻切片机

(1) 夹刀器 固定切片刀,和操纵切片的把手连接。

(2) 载物台 为一圆形盘,在盘的中央有个圆柱形的小孔,冰冻附着器可插在里面,载物台装置在机身的中部。

(3) 调节器 是一个有刻度的微动装置,用于调节切片的厚度,装置在机身的下部。

(4) 固着器 固定机身的螺旋装置。

2. 冰冻附着器

由冰冻盘(标本台)、输气管及二氧化碳气的开关三部分组成,冰冻盘是一个直径 $3\sim 4$ cm 的圆台,上面有纵横的沟,是专供安置材料块用的。台的内部是空的,它与输气管相连。输气管的一端与二氧化碳钢筒相连,另一端与冰冻盘相连,与冰冻盘连接处由开关控制。当开关打开时,液体二氧化碳放出,由于压力减少而气化,并吸收周围大量的热,使温度立即降低,因而使冰冻盘上的组织块冰冻。

3. 液体二氧化碳钢筒

液体二氧化碳钢筒为圆柱形的钢筒,内储液体二氧化碳,它的一端开口与输气管连接,通向切片机上的标本台,钢筒上亦装有开关,不用时,应将它关紧,以免气体逸出。

新式的半导体制冷式冰冻切片机,使用非常方便,省去了二氧化碳钢筒等,但使用中一定要先开水循环,再开电开关,停用时也需先断电再断水。

3.4.2 冰冻切片制片方法

1. 固定

作冰冻切片的组织块,一般都要先经过各种不同的处理。新鲜的组织块,若不经固定处理就进行冰冻切片,就不易切出较好的切片。

经固定液固定的组织块,应水洗后再进行冰冻切片。最常用的固定液为 10% 福尔马林,一般固定组织的固定液均适合制作冰冻切片,但必须经过水充分浸洗后,再换蒸馏水浸洗才能切片。

如果组织块容易破碎,则在固定水洗后,一般用明胶包埋后才能进行切片。

2. 切片方法

(1) 安装好切片机和切片刀,调节切片的厚度($15\sim 20$ μm)。将冰冻附着器连接在切片机与二氧化碳钢筒之间,然后旋开标本台后的开关。

(2) 打开钢筒口上的开关,随即不时地开、闭标本台后的开关,借以检查气体喷出的程度。当气体喷出时,如看到标本台上有白霜状附着物,即证明液态二氧化碳钢筒工作正常;当喷出气体时,如只能听到很高的金属性噪音而无白霜状物出现,则表示储存的液态气体已用尽,应立即重新储入液态气体后再用。调试完成后关闭钢筒上的开关。

(3) 用水润湿标本台至适宜的程度,将组织块放在上面并打开标本台上的开关,稍微打开二氧化碳钢筒上的开关,在组织块上加少许蒸馏水,随后再有节奏地来回开、闭标本台后的开关,让气化的二氧化碳不时从标本台喷出来,使组织块冻结。

(4) 冰冻组织的同时,标本台侧面的小孔应对着切片刀,使刀片的温度亦随着下降,转动标本台的升降把手,使冰冻的组织块的上端与切片刀相接。

(5) 组织冻结后便可进行切片,切片的成败与组织块冻结的硬度有密切的关系,在开始的几张切片时应特别当心。如切片时在刀片上出现白色脆的、飞散的碎片,表示冻结的组织块太硬,如为软弱的粥状则太软,这两种切片放入水中后即破碎而不能用。为了避免这种问题,可将组织块冻结得稍过硬,然后用手指按在块上,待表面轻微溶化即可连续的切下几片,就可取得适用的切片,在硬度适当时,容易切出完整的切片。

(6) 对于附着在刀片上的切片,可用湿润的毛笔将它扫在盛有水的培养皿中。切片应平摊在水面或沉于水底,如切片卷起,则用毛笔将它摊平。

3. 贴片

冰冻切片可以不贴片进行游离染色,也可以贴片之后再染色,一般为了染色的方便,还是以贴片为好。

(1) 将储存切片的培养皿放在深色的背景纸上,以便于贴片操作。取涂好蛋白甘油(或明胶)的载玻片,将其一端浸在培养皿内的水中,用毛笔将切片带转到载玻片上摊平,然后将载玻片移出水面,用吸水纸将水分吸干(可用手指在切片上稍压)后,立即在切片上滴几滴纯酒精。

(2) 停留约半分钟后,将原来的纯酒精吸干,重新滴几滴纯酒精,等数秒钟后继续将它吸干。

(3) 酒精尚未完全挥发时,在切片上滴加1%的火棉胶溶液(火棉胶1 g、纯酒精50 mL、乙醚50 mL),将玻片倾斜,让多余的火棉胶溶液流去,然后将载玻片经过85%酒精处理1~2 min后再用70%酒精处理。其作用是在切片上形成一薄层火棉胶而不易脱落。

4. 包埋

对切片时容易破碎的组织块,在切片之前须用明胶包埋,包埋的方法如下。

(1) 按石蜡切片的方法选择固定液固定,用水冲洗干净后将材料浸入10%的明胶溶液(明胶2 g,加入1%的苯酚水溶液20 mL),放入37℃温箱中停留24 h,使明胶充分透入组织块。

(2) 将上一步透好的组织块移入20%的明胶溶液（明胶4 g，加入1%的苯酚水溶液20 mL)中，在37℃温箱中停留12 h。

(3) 用20%的明胶包埋，包埋方法与石蜡相同。

(4) 明胶块冷凝后用刀片整修，把组织块四周的明胶修去，愈接近组织愈好，整修好的组织块在冰冻切片之前经水洗10～20 min，然后在10%的福尔马林中浸泡24 h，以便使组织硬化。

(5) 在冰冻切片机上切片，将切下的切片漂浮在冷水水面，随后移到涂有蛋白甘油的载玻片上，去掉多余的水分，微微加热使蛋白凝固。

(6) 最后将载玻片放在温水中，溶去明胶后染色。

5. 染色与封藏

(1) 染色前将切片烤干后取出，烘烤时的温度不宜超过40℃，再将切片放入70%的酒精及蒸馏水中稍洗，然后选用适合于制片目的的各种不同染色方法进行染色。

(2) 按石蜡切片的方法脱水、透明和封藏。

(3) 用明胶包埋的切片，脱水时如遇90%以上的酒精时将引起收缩，因此在染色和封藏时，宜采用水溶性的染料和封藏剂。

3.5 半超薄切片技术

半超薄切片法是近年来发展起来的一种可供光学显微镜观察研究用的塑料半超薄切片技术，使用的切片机与超薄切片的切片机相同，但切片厚度在$0.5\sim2.0~\mu m$，介于石蜡切片和超薄切片之间，效果比石蜡切片好，不仅较薄，而且又能较好地保持组织细胞的结构，减少人为假象，切片也比石蜡切片清晰，可以获得良好的观察效果。

3.5.1 使用仪器

半超薄切片使用的仪器有超薄切片机（如图3-4中所示的莱卡超薄切片机）、通用的冰冻系统、修块机、制刀机、玻璃条、切片水槽、铜格网、镊子等。

超薄切片时，不可用手碰触机械主臂，使用后需按照步骤关机，取下材料标本及玻璃刀，并清理主机上的树脂碎片及制刀机上的玻璃碎片。

3.5.2 半超薄切片制片方法

1. 固定

1) 固定液的选用

半超薄切片的固定液都是非凝固性的固定剂。现介绍两种非凝固性固定液的配方和使用方法，这些固定剂配方同样也可以用来固定供电镜观察的超薄切片材料。

图 3-4 莱卡超薄切片机

(1) 戊二醛固定液。

戊二醛是一种广泛使用的固定剂,它对组织的渗透力强,能和蛋白质分子的氨基和肽键很快交联而起到稳定蛋白质的作用,对于用锇酸不能固定的糖原和某些蛋白结构(如微管),戊二醛却有很好的保存作用。戊二醛对核蛋白的固定也比锇酸好,但是戊二醛对脂类的保存很差,也不能使细胞产生足够的反差,所以一般采用两次固定法,即先用戊二醛前固定,样品经彻底冲洗后,再用锇酸后固定,这种先后固定方法,可以相互补充,使细胞的细微结构得到很好的保存。

市售的戊二醛都为水溶液,其浓度有 8%、25%、50%、70%。高浓度的溶液容易自行聚合,通常最好买 25% 的溶液,储存在 2~4℃ 的黑暗环境及中等 pH 下,储存时间太长,溶液会变黄,酸度增高,当 pH 由原来的 4.0~5.0 降到 3.5 以下时,固定效果大为降低。

用来固定材料的戊二醛溶液浓度一般为 2.5%~5%。除了巴比妥醋酸之外,戊二醛可以和其他任何缓冲液配合来用,pH 最好保持在 6.8 左右。在室温条件下固定材料,固定时间可以为 15 min~12 h,因材料与目的要求而异。在低温下戊二醛会使微管消失,所以观察微管时勿在低温下固定。戊二醛固定液的配制成分见表 3-6。

表 3-6 戊二醛固定液的配制

0.2mol/L 磷酸缓冲液/mL(最终浓度为 0.1mol/L)	50	50	50	50	50
25% 戊二醛/mL	8	10	12	16	20
蒸馏水/mL	42	40	38	34	30
戊二醛的最终浓度/(%)	2.0	2.5	3.0	4.0	5.0

0.2 mol/L 磷酸缓冲液的配制方法如下。

甲液:0.2 mol/L 的磷酸氢二钠溶液。$Na_2HPO_4 \cdot H_2O$ 35.61 g,或 $Na_2HPO_4 \cdot 7H_2O$ 53.65 g,或 $Na_2HPO_4 \cdot 12H_2O$ 71.64 g,加蒸馏水至 1000 mL。

乙液：0.2mol/L 的磷酸二氢钠溶液。$NaH_2PO_4 \cdot H_2O$ 27.6 g，或 $NaH_2PO_4 \cdot 2H_2O$ 31.21 g、加蒸馏水至 1000 mL。

按表 3-7 混合甲、乙两种溶液即得所需 pH 的溶液。

表 3-7 甲、乙液混合的容量表

pH	6.4	6.6	6.8	7.0	7.2	7.4
甲液/mL	13.3	18.8	24.5	30.5	36.0	40.5
乙液/mL	36.7	31.2	25.5	19.5	14.0	9.5

配制后用酸度计或精密 pH 试纸测量实际的 pH，pH 在 7.0～7.4 范围内即可，偏离过大时可加适量的甲液或乙液若干毫升。如当 pH>7.4 时，可再加入乙液 10～20 mL，反之则加入甲液，直到 pH 达到 7.0～7.4 范围为止，以 pH 在 7.2～7.4 为最好。如果加入的甲液过多，戊二醛的最终浓度将受到影响，必要时可加入适量的戊二醛。

(2) 锇酸固定液。

锇酸也是一种很好的非凝固性固定剂，它不但能够固定蛋白质，同时对一些脂类具有很好的固定作用，因此锇酸能将戊二醛未能固定的组织加以固定。另外锇是重金属，用锇酸固定的细胞可以增加电子反差。锇酸还有不使细胞收缩、膨胀、变脆、变硬等优点，用它固定的材料切割性能好。但锇酸因相对分子质量大，造成渗透缓慢，对核酸和糖原的保存作用很差。除对核酸保存能力差之外，这些不足大多数可以通过用戊二醛先固定来弥补。

锇酸大都封装在安瓿瓶中，为淡黄色晶体，是一种强氧化剂，不能与酒精、甲醛溶液混合。新鲜的溶液呈中性反应，颜色为浅黄色，如果储存时间太长或容器不干净，溶液很快便会还原成黑色而失效，因此为了防止锇酸变黑，有时可以在溶液内加几滴氯化镁($MgCl_2$)，如果溶液已经开始变黑，可以加几滴过氧化氢(H_2O_2)，使它恢复原色。

锇酸配制方法：锇酸一般包装为 0.1 g、0.25 g、0.5 g、1.0 g 安瓿瓶，常配成 2% 的锇酸溶液。配制时，首先将安瓿瓶洗净，最好在洗液中浸泡数小时到两天，然后用清水冲洗数次，再用重蒸馏水洗涤，干燥后在安瓿瓶上用砂轮或钻石刀刻一圈痕迹，放入经洗液泡洗干净的棕色磨口玻璃瓶中，加盖后用力摇动，使安瓿瓶破碎，然后按比例加入重蒸馏水或缓冲液。配好的锇酸溶液密封后存放在 2～4℃ 的冰箱中，至少要经过 24 h 的熟化后才能使用。容器密封不严时，会使冰箱内壁变黑和影响其他冷藏物品。

锇酸为剧毒药品，配制溶液和使用时应避免使其与皮肤接触，也不要吸入其蒸气，一切操作最好在通风橱中进行。

2) 材料固定的方法

材料固定常采用戊二醛和锇酸双重固定法。

(1) 将材料切成 0.5～1.0 mm³ 的小块(切割刀片要锋利,速度宜快,避免挤压、搓揉材料)。

(2) 前固定　把切割的材料浸入戊二醛固定液中固定 2～4 h 或在冰箱中过夜,材料如叶、子房、花药等组织内部含有空气,固定液不易浸入,需用抽气机抽气。

(3) 洗涤　将材料从固定液中取出,用 0.1 mol/L 磷酸缓冲液(pH=7.3)洗涤 3～4 次,每次 15～20 min,可不断地摇动容器,使缓冲液迅速进入组织,取代残存的戊二醛溶液。

(4) 后固定　将洗涤的材料浸入 2% 锇酸固定液中,在室温下固定 12 h。

(5) 洗涤　将后固定的材料取出,用 0.1 mol/L 磷酸缓冲液洗涤 4 次,每次 15～20 min,洗去细胞中残余锇酸,以防止锇酸与脱水剂发生化学反应而形成沉淀。

2. 脱水

采用各级酒精,在室温条件下,按 30%、50%、70%、85%、95% 到 100% 酒精(三次)逐级脱水,每级需 30 min,但在纯酒精中每次则需停留 1～2 h。

3. 渗透与包埋

根据使用的乙二醇甲基丙烯酸酯和环氧树脂两类包埋剂的不同性质,对样品的渗透和包埋方法亦不相同,现主要介绍乙二醇甲基丙烯酸酯包埋法(glycol methacrylate,GMA;或 2-hydroxyethyl methacrylate,HEMA。以下简称 GMA)。

20 世纪 60 年代,电镜工作者就试图将其作为生物包埋剂应用于光镜和电镜。GMA 作为电镜包埋剂的优点是电子密度大、影像反差好。但存在三个主要缺点:一是包埋聚合后的组织块很脆,不易修整和切片;二是聚合过程中易造成组织损伤,如人为的细胞器肿胀;三是缺乏稳定性,不能承受电子束的轰击,包埋剂遇热易升华,造成组织塌陷变形。故后来为环氧树脂所取代。聚合后的环氧树脂有良好的塑料稳定性,能承受电子束的轰击而不变形,而且影像反差好,分辨率高,但其半薄切片染色不够满意,这始终是个有待解决的问题。而 GMA 包埋切片的染色效果明显优于环氧树脂。于是电镜工作者如 Leduc 和 Bernhard(1986 年)尝试以增加一定比例的增塑剂如甲基丙烯酸酯和少量水外,并加入适量的增塑剂如聚乙二醇 400(PEG-400)以改变其硬度,加入适量的偶联剂乙烯二甲基丙烯酸酯(ethylene dimethacrylate)以增强其抗电子束轰击的稳定性。为避免聚合时过快,产生高温而损伤组织结构,选用低温型引发剂——过氧化苯甲酰(benzoyl peroxide),温度范围为 −30～−10℃。经过不断地配制改进,现 GMA 已广泛应用于半薄切片(1～3 μm)的光镜观察,特别是组织化学方面的研究和电镜水平的免疫细胞化学技术。

1) GMA 的性质

GMA 是一种水溶性塑料包埋剂,这种塑料经凝固后,可以很容易被切成 1～2 μm 的薄片,供光学显微镜下观察,效果比传统的石蜡切片要好。由 GMA 包埋的材料可以保存组织、细胞中很多化合物(如蛋白质、核酸)而很少变性。它与一些非凝固性固定液配合使用,可以保持细胞的酶活性,所以由 GMA 制成的切片也适合做多种成分的组织化学、酶活性和荧光显微观察等内容的试验,并且在染色时无需把塑料去掉,便可以直接染色,比石蜡染色要简便得多,而且清晰度也高。

GMA 在出厂时,溶液内都加入了氢醌类防聚合剂,在使用前须以每 25 mL 单体溶液加一匙活性炭,在振荡器上振荡 5 min,过滤以除去氢醌,以免影响聚合,然后过滤备用。GMA 溶液内除含有氢醌之外,还含有约 3% 的自由态甲基丙烯酸,使 GMA 溶液的 pH 偏低,如果用这种 GMA 来做切片,切片会被碱性染料染上颜色,妨碍材料的清晰度。因此,在使用前应先测量 GMA 的 pH(测定方法:取 0.5 mL GMA,加入 50 mL 蒸馏水,混合均匀,而后用 pH 计检查),如果偏低,可以将 GMA 进行纯化。

2) GMA 包埋剂的配方

使用 GMA 作包埋剂还得加一定量的增塑剂和加速剂,制成混合液,才能得到具有良好凝固和切割性能的包埋块。常用配方有以下三种。

配方 1:GMA 93 g、聚乙二醇 400(polyethylene glycol)(增塑剂)7 g、过氧化苯酰(benzoyl peroxide)(加速剂)0.6 g。

配方 2:GMA 90%、乙二醇丁醚(2-butoxyethanol)(增塑剂)10%、a,a'-azoisobutyronitrile(加速剂)0.5%。

配方 3:GMA 95 g、聚乙二醇 400(增塑剂)5 g、偶氮二异丁腈 $2,2'$-azobis(2-methylpropionitrile)(加速剂)0.4 g。

3) 环氧树脂包埋剂

环氧树脂包埋剂有 Epon-812、ELR-4206(spurr)等,目前广泛使用的包埋剂是 Epon-832,其黏度低,容易渗透,切片影像反差好。但弱点是吸潮性能强,因此在潮湿和炎热的环境条件下,硬化了的树脂会变软,影响切片性能。Epon-832 配方中用两个硬化剂:DDSA(十二烷基琥珀酸酐,dodecenyl succinic anhydride)和 MNA(甲基内次甲基二甲酸酐,又称六甲酸酐,methyl-nadic anhydride 或 nadic methyl anhydride),加速剂用 DMP-30[2,4,6-三(二甲氨基甲基)苯酚]。

Epon-812 的配方如下。

(1) 甲液:Epon-812 62 mL、DDSA 100 mL。

(2) 乙液:Epon-812 100 mL、MNA 89 mL。

使用时将甲、乙液混合再加入总体积 1.5%~2.0% 的 DMP-30。配方中甲液多则软,乙液多则硬。根据表 3-8 将甲、乙液混合,可得出不同硬度的包埋剂。

表 3-8 甲、乙液配制成分表

甲液/mL	10	7	5	3	0
乙液/mL	0	3	5	7	10
DMP-30/mL	0.15	0.15	0.15	0.15	0.15
	软 —————————→ 硬				

配制时将上述几种化合物依次混合并充分搅拌,在加 DMP-30 之前要搅拌 20~30 min,使整个混合物完全均匀,搅拌应在干燥的空间内进行。

4) 渗透与包埋

现选用 GMA 作为包埋剂。

将材料放入 GMA 混合液+无水酒精(1∶1)中,静置或缓慢摇动 10~12 h,然后用新鲜 GMA 包埋剂替换,放置 24 h 后包埋,以上步骤均在 0~4℃下进行,如在室温下,可适当缩短渗透时间。对于大小超过 2 mm³ 实心的材料如种子,则渗透的时间要适当延长,加入的 GMA 以刚盖过材料即可。

材料的包埋最好用 1 号(直径 6.3 mm)或 2 号(直径 5.6 mm)药用胶囊,包埋步骤如下。取载玻片硬纸盒作为支架,用打孔器在纸盒的盖上钻若干排孔,孔的直径比胶囊略小。然后将胶囊插入孔内,胶囊的底部悬空,打开胶囊盖子,用滴管将 GMA 包埋剂加入胶囊内至 3/4 的位置,然后小心地将材料连同少许包埋混合液移入胶囊内。待材料下沉到胶囊底部后,用一只细的清洁铜丝调整材料的方位,盖上胶囊盖,但在加盖之前,必须把盖的圆顶端压凹,这样可以避免空气停留在盖的顶端,因为氧气会阻碍 GMA 凝固。最后将载有胶囊的纸盒放进温箱中,按 40 ℃ 1 天、50 ℃ 1 天、60 ℃ 1 天的顺序升温聚合。

如果要在薄切片上进行酶活性测定,则需要在 0~4℃下进行紫外光照射聚合。

用环氧树脂作包埋剂时,由于分子较大,黏度较高,所以渗透时应逐步进行,时间也较长,一般可按下面步骤进行:① 经环氧丙烷后,再换入 1/2 环氧丙烷+1/2Epon-812 中渗透 2 h;② 在 1/3 环氧丙烷+2/3 Epon-812 中过夜,并在干燥器中敞开瓶盖;③ 再换入 Epon-812 混合液(换 2 次)。

4. 切片

1) 玻璃刀的制备

超薄切片和半薄切片都需使用玻璃刀,玻璃刀可用制刀机制作(目前国内广泛使用的是瑞士产的 LKB7800 型制刀机),只要严格按照制刀机使用说明书上规定的操作程序去做,就可以制出满意的玻璃刀。无制刀机的情况下需要手工制作,即选用 5~7 mm 厚的平板玻璃,将玻璃板洗涤干净之后,裁成 25.4 mm 宽的玻璃条后,再裁成 6.4 cm² 的玻璃块,用尺子在玻璃小方块上稍微偏离对角线处用钻石刀划一线,划线的两端要距离玻璃块边缘 1~2 mm,划线的延长线与对角线之间的距离为 0.5~1 mm,如图 3-5 所示。线划好后,断裂玻璃有以下三种方法。

(1) 用两副钳子,每把钳子的钳口必须接近而且平行于划线,水平地将玻璃拉开(见图 3-6(a))。

(2) 用平口老虎钳的两侧钳头装上小细木条,一侧装在中间,另一侧放在两边,裁玻璃时用中间的突点对着玻璃划线的下一面,有两突点的一侧钳臂在划线的另一面,用力一挟,即断裂成两块三角形的玻璃刀(见图 3-6(b))。

(3) 把 6 mm 的玻璃棒顶部在喷灯上烧到亮红色并把它压在划线中央,玻璃条

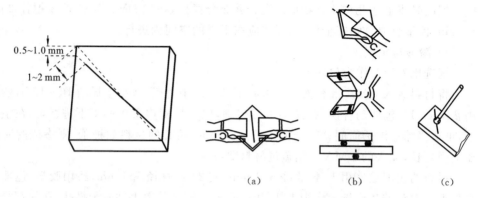

图 3-5　制备玻璃刀划线法
（郑若玄，1980）

图 3-6　制备玻璃刀方法示意图
（王灶安，植物显微技术）

将沿划线完全开裂（见图 3-6(c)）。

断裂后的裂口即是刀刃，要求刀刃平直锋利，才能用来切片。

切半超薄切片时，把玻璃刀固定在特制的刀架上，可安装在旋转切片机上进行切片，厚度为 $1\sim 2\ \mu m$。

2）组织块的修整及切片

聚合好的包埋块必须经过修整才能用于切片。用 GMA 包埋的不必去掉包埋块外面的胶囊，特别是不能用水浸泡包埋块，因 GMA 聚合后触水仍会膨胀。

市场上已经有专门的修块机出售，如 LKB-pyrainitome、Reichert、"TM50"和 Cambridge 修块机等，可以修切很工整的组织块。目前一般实验室都是手工修块（见图 3-7），其方法是先将包埋块夹在样品夹上，有材料的一端向上，在解剖镜下看准材料所在部位和需要切割的方位，先用单面刀片在组织的四周以与水平面成 45°的角度切四刀，然后再在包埋块的顶端平切一刀，露出组织，组织块的形状可以修成长方形、正方形或梯形。修块时，有组织的地方要一刀切下，不要来回锯割。包埋块很硬，刀片易缺损，应经常换用新刀片。

把初步修正好的组织块装在切片机夹物部上，再进一步修正，使材料略露出，进行半超薄切片，用干玻璃刀切，切片厚度 $1\sim 2\ \mu m$。每切一片后直接用细毛笔尖从刀口上取下放在有水滴的载玻片上展片。

3）展片与贴片

展片时，在清洁的载玻片上滴一滴蒸馏水，再将切下的切片放在水滴的表面，然后放在 70℃ 的温台上展片（包埋剂不必除去，它本身与玻璃还有一定的黏着力，一般也不必使用黏着剂即可贴片），待切片平展后，用纱布或吸水纸吸去多余水分，在温台上使水分完全蒸发即可。

如需使用黏着剂，即将 2.5 g 明胶完全溶解于 1000 mL 蒸馏水中，然后再加入 0.25 g 硫酸钾，冷却后备用。将洗净的载玻片浸泡于蒸馏水中，捞出投入黏着剂中，

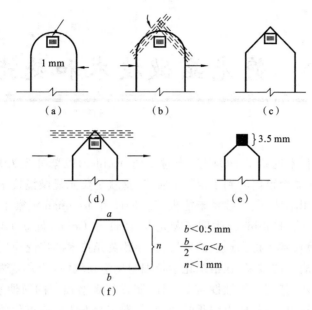

图 3-7　组织块的修整法(Jerome P. Miksche,1976)

很快取出,凉干后即可使用。

4) 染色

切片干燥后可以马上染色,不需要把 GMA 去掉,一般染石蜡切片的染料都可以用来染 GMA 薄切片,下面以甲苯胺蓝-0 为例来说明染色程序。

染液配制:将 0.05% 甲苯胺蓝溶在 pH 4.4 的 0.02 mol/L 苯甲酸钠缓冲液中。

染色步骤如下:

(1) 取甲苯胺蓝-0 染液滴在载玻片的材料上 1~2 min;

(2) 用蒸馏水清洗;

(3) 于室温下干燥;

(4) 用 Dammar 树胶封片。

效果:染色质蓝色,RNA 紫色,细胞质紫红色,木质素绿色,纤维和淀粉无色。

第4章 荧光显微技术和荧光染色

荧光显微镜技术约始于1904年,当时库列(Köhler)以紫外光为光源观察组织、细胞的结构,并在显微镜内看到了组织的荧光,这就是荧光显微镜技术的开端。但由于早期的仪器使用不便,荧光技术未能推广。1911年Lehman观察了叶绿体和花粉的自发荧光,1934年Haitinger发明了荧光素,1941年Coons创立了荧光抗体技术。至此,荧光显微镜技术才得到迅速的发展,并导致荧光技术的广泛应用。随着现代免疫学、遗传学、肿瘤学的进展,在组织化学及细胞化学领域中,荧光显微技术已经发展成了一种重要技术,其高度灵敏性与专一性、制样与观察程序的简便易行,尤其适合于活细胞研究等特点,是其他组织化学、细胞化学实验方法所不可代替的。目前在所有荧光显微技术中,免疫荧光技术已经是现代生物学中广泛应用的技术之一。

4.1 荧光显微技术的原理、方法和应用

4.1.1 荧光的产生及种类

荧光通常是指肉眼可见的特殊可见光。荧光现象是指物质吸收波长较短而能量级别较高的光线后,把光源的几乎全部能量转化为波长较长的可见光的现象,这些发光物质称为荧光物质。在这个过程中光源能量极少转化为热能,所以荧光也称为冷光(luminescence)。

在自然界中荧光现象极为普遍,许多物质被短波谱线照射后发出荧光,这种现象称为物质的自发荧光或原发荧光现象。还有一些物质只有和某种荧光物质结合后才能激发出荧光,这种现象称为物质的诱发荧光现象,在组织学和细胞学中广泛应用的是诱发荧光,选择适当的荧光素来染色,再用紫外光照射,在显微镜下即可观察被染发光物质的形态。荧光素染色法比普通染料染色灵敏度高,如荧光素在10^{-13}这样低的浓度下,仍可以受激发射肉眼能感知的荧光。

在自然界中,冷光不仅仅由紫外光的照射才能激发,紫色光、蓝色光也可激发冷光,甚至多种形态的能量(如物理、化学和生物的能量)也有激发冷光的现象。

冷光可分为荧光和磷光(phosphorescence)。荧光是指照射光源熄灭时立即熄灭的冷光,而磷光是指停止激发光源之后仍不熄灭,只有能量用尽之后才能熄灭的冷光。

1. 荧光的产生

一些化学物质能从外界吸收并储存能量(如光能、化学能等),从而进入激发态。当其从激发态再回复到基态时,过剩的能量以电磁辐射的形式放射(即发光)出来。下面从量子学原理简要介绍荧光产生的过程。

我们知道分子是由原子组成的,原子间以价电子相连,这些价电子的运动状态不同,分子的能量也就不同。此外分子还具有原子所没有的两种能量:振动能和转动能。构成分子的原子可以沿键轴方向像弹簧似地振动,整个分子也在不停地转动,振动和转动的剧烈程度不同,分子的能量也就不同。所以对任一分子来讲,它的总能量(E)是这三种能量的和:

$$E = E_1 + E_2 + E_3$$

上述等式中,电子的能量(E_1)大于振动能(E_2)和转动能(E_3),即 $E_1 > E_2 > E_3$,这些电子、振动、转动的能量变化都是不连续的,只能取一系列不连续的特定数值,我们把这些不连续的能量用能级来表示。

我们用能级图(见图4-1)表示电子能级和振动能级。L、H分别表示的是电子的基态(能量最低状态)能级和第一激发态能级。$\nu = 0, 1, 2, 3, 4, \cdots$ 表示的是振动能级。从图4-1可以看出电子运动的能级间隔大,分子振动的能级间隔小,在同一电子能级中分子因振动能量的不同而又分为若干"支"级。

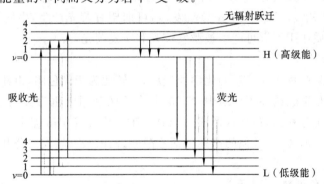

图4-1 光的吸收与荧光的关系(H、L—电子能级,$\nu = 0$,图中为振动能级)

常态下,分子的运动状态处于能量较低的基态。当外来光照射时,分子可以吸收光的能量,从基态跃迁到能量较高的激发态。但是,并不是任意大小的能量都能被基态分子吸收而使它激发,只有当外来光的能量大小恰好等于基态与某一激发态之间的能量差时,这个能量才能被分子吸收。如果用 E_0 表示分子基态的能量,E' 表示分子激发态的能量,那么分子跃迁时的能量改变和光波频率的关系为

$$\Delta E = E' - E_0 = h\nu = hc/\lambda$$

在光线照射下吸收能量而跃迁至较高能级的激发分子,会在很短暂的时间内(约 10^{-8} s)首先因撞击而以热的形式损失掉一部分能量,从所处的激发能级下降至第一电子激发态的最低振动能级,然后再由这一能级下降至基态的任何振动能级,在后一

过程中激发分子以光的形式放出它们所吸收的能量,所发出的光称为荧光。因为发生荧光时所发出的能量比从入射光所吸收的能量略小些,所以荧光的波长比入射光的波长稍长些。

如果入射光的频率太低,不足以使分子中的电子跃迁到激发态,但仍能被该分子所吸收,并将电子激发至基态中其他较高的振动能级。此时没有发生电子的跃迁,被激发的电子将在很短促的时间内返回原来的能级,而在各种不同的方向放出和激发出同样波长的光,这种光称为散射光。如果激发光的能量过大,分子吸收后可以引起分子分解而使荧光熄灭。另外,处在激发态的电子除了以发射光的形式返回基态,电子还可以其他形式返回基态,例如与别的分子碰撞,将能量传递给对方而使自己回到基态,等等。

2. 荧光现象的种类

1) 自发荧光(原发荧光)

生物细胞内含有某些天然物质,经紫外线照射后能发光,这一现象称为自发荧光,又称为第一次荧光现象。如植物叶绿体中含有的叶啉,能发出血红色荧光,其他如孢粉素、木质、油脂和树脂等亦常呈自然荧光,动物组织、结缔组织纤维(胶原蛋白、弹性蛋白)和脂褐素均有强自发荧光。生物细胞内许多自发荧光物质被认为是由于结合的脱氢酶线粒体组分 NADP 所致。所有的蛋白质因含有色氨酸、酪氨酸和苯丙氨酸,如果用紫外线(250~280 nm)激发,均可期望有荧光产生,生物体中多数物质需要在外源物质作用下方可产生被激发荧光和次发荧光。

2) 诱发荧光

材料中的某些物质经一定的化学处理后,可转化为荧光色团,由此被诱发产生荧光。最常见的是甲醛诱导蛋白质中含有的芳香乙胺基团转化为荧光色团,即甲醛以缩合反应作用于芳香乙胺,导致形成荧光异喹啉。由此经甲醛固定的材料虽不染色亦显示一定程度的荧光,其他的试剂包括乙醛酸、乙酸、乙醛、戊二醛和荧光卡红等也能诱发荧光。

3) 荧光染色染料(荧光素)

用含荧光色团的物质作染料,使生物组织中和该物质有特殊亲和力的成分相结合,即可被激发荧光,这种染料称为荧光染料或荧光素。一般来说,用于荧光观察的染料,其使用浓度远比常规染色时使用的浓度低得多。荧光素中还有一些锡夫型的试剂(如碱性品红、叶黄素、金胺等),在低浓度下可代替常规的 Feulgen 反应,如经过盐酸水解的材料进行染色而在荧光显微镜下能检视的 DNA,有的荧光素可显现不止一种颜色的荧光,称为荧光异色现象,如吖啶橙与 DAN 分子结合呈绿色荧光(原色形式),与变性 DNA 或 DNA 酸性多糖分子结合呈红色荧光(异色形式)。

4) 免疫荧光

以荧光素标记特异抗体制备荧光抗体,用以对相应的抗原进行定性与定位的测定,称为免疫荧光或荧光抗体技术。它是用温和的化学方法使抗体与荧光素结合,而不破坏抗体对抗原的特异性反应。异硫氰酸荧光素(FITC)被广泛用作荧光抗体的标记物。

5) 酶促荧光

用荧光素和某些酯类如荧光素二醋酸酯对细胞进行超活染色时,前者进入细胞后,在细胞内酯酶的作用下被裂解为荧光素,并被细胞膜限制在细胞内,从而使被染生活细胞呈现荧光。

4.1.2 荧光的机理

斯托克斯认为,当光线被一种物质(荧光体)所吸收时,几乎同时会以较长波长的光线发射出来,这种波长的改变就称为斯托克斯转移(Stokes shift)。荧光体吸收光能后,分子被激活,其电子状态变为一种受激发状态,每一个分子的能量较其正常态或基态高,过剩的能量或者以热能的形式消耗掉,或者作为荧光发射出来,或者被利用在一个光化学反应中(见图4-2)。资料来自 A.C.E.皮尔斯著、马仲魁译的《组织化学理论和实用》(卷一:制备与光学技术))。

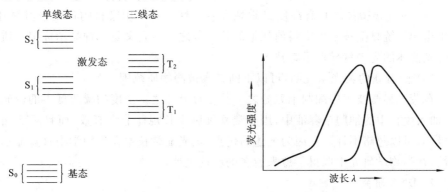

图 4-2 分子不同状态下的能级　　图 4-3 激发光谱(左)和发射光谱(右)

如果分子过剩的能量作为热而被消耗时,光线仅仅被吸收而无荧光发生;但是分子过剩的能量以光的形式散发,则发生荧光;而分子过剩的能量在一个光化学反应中被利用时,光诱发的光化学反应则表现为褪色。一个荧光体被照射以光强恒定但波长不同的光线时,按照荧光体的吸收光谱,相应一部分的入射光将被吸收,因为发出的荧光与吸收光成比例,所以发射的荧光强度也不同。用于表示对不同波长的照射,其荧光强度不同的图,称为激发光谱。图4-3中左侧的曲线即是激发光谱,右侧曲线则是发射光谱。这是一幅不同波长的荧光强度图,对每一荧光体来说,其激发光谱和发射光谱的图形是具有规律性的。

4.1.3 荧光显微技术的特点及运用

荧光显微技术是应用短波光(紫外光,蓝、绿单色光)照射被测物质,以激发其发射荧光,而在显微镜下观察其形状及其位置的一种镜检术。

荧光显微技术又必然涉及荧光显微镜。荧光显微镜的原理在于利用最强烈的并且经过滤光器过滤的刺激光线,通过照明设备,把显微切片透视出来,切片上就产生荧光。利用荧光显微技术,不仅可以观察固定的切片标本,而且还可在活体染色以后进行活细胞的细胞学研究。因此,在生物学中,凡涉及细胞与组织中物质的定量和定位,都可利用它进行研究。由于材料和观察目的的不同,故其使用方法不可能千篇一律。

和传统的显微技术相比,荧光显微技术具有以下优点。

(1) 荧光显微镜所用光源的波长比传统显微镜光源的波长短1/2,因此荧光显微镜的分辨能力超出了传统显微镜的分辨率的极限。

(2) 荧光显微镜能够直接显示细胞内的生物化学成分,并且显示的彩色效果很明亮,极易观察,极易进行定量分析,而且能以极低浓度的染料检测出含量极微的物质。

(3) 荧光显微技术所用的方法非常简便易行,得出结果非常迅速,适用于医学临床诊断技术。

(4) 荧光显微技术具有高度灵敏性和专一性。它所用染料的量是极其微小的,只相当于传统显微技术中染料消耗量的几千分之一。它又是一种显示标记物质如标记荧光抗体的先进特异性示踪技术。

(5) 随着新的荧光素发明,可以不断扩大被测物质范围。

在荧光显微技术中配制十万分之一甚至百万分之一浓度的稀薄低毒的荧光素溶液,加入生长中的细胞培养液中,用于观察细胞生长规律非常有效,而且对活细胞毒性极小,可以忽略不计。正因为上述的优点,荧光显微技术在生物学中日益显示其重要性,在生物学研究中取得了愈来愈多的新的进展。

1. DNA 研究

用细胞荧光测定技术测量 DNA,是荧光显微技术和细胞光度技术相结合的产物,标志着前者由定性向定量测定发展。20 世纪 60 年代,DNA 测定主要靠吖啶橙染色。20 世纪 70 年代后,其他各种与 DNA 结合的高效荧光素相继问世,主要有以下几种。

一类是荧光锡夫试剂实验,它们染色程序和常规孚尔根反应相似,也要经过盐酸水解,染色也用 SO_2 褪色,但染液浓度低,须在荧光显微镜下观察,例如副品红和金胺曾分别被用于显示真菌的细胞核,BA 对紫外线照射比较稳定,检示 DNA 灵敏度较高。

DAPI 是测定 DNA 的另一种高效荧光素,其灵敏度在现有荧光素中仅 H33258 可与之相似,而在荧光衰退方面甚至比后者更慢,在高等植物学研究中,DAPI 亦可用于显示细胞器如叶绿体 DNA。

光辉霉素亦可充当显示 DNA 的荧光素,尽管它在灵敏度和荧光衰退方面不如 DAPI 优越,但专一性很高,光度测定时读数稳定,同样适合于核 DNA 和核外 DNA 的研究。

此外，在动物细胞流式光技术中应用较高的溴化乙锭、碘化丙锭及 Triton-X-100，在低浓度时有增强活细胞荧光染色效果的作用，而且为无毒染色剂，EB、PI、DAPI、H33342、光辉霉素的荧光活染效果均不错。

2. 细胞壁研究

荧光显微技术在植物细胞学中应用的一个突出方面，是用于鉴定细胞壁成分，研究壁形成与再生，以及壁在植物发育过程中和环境影响下性质的变化。

荧光增白剂和细胞壁成分有强烈亲和力，当前常用的荧光增白剂有 ST、M2R、VBL。ST 开始被用来显示细菌、放线菌与真菌的细胞壁，在粘菌材料中，它被证明与纤维素和几丁质有亲和力。M2R 能与多种 β 构象的吡喃己多糖结合，在植物组织徒手切片、GMA 半薄切片和生活幼苗实验中，它的染色效果较好。在植物特殊组织发育时期和生理条件下，胼胝质常以细胞壁的重要成分出现，例如它常见于筛板、纹孔区、孢子母细胞四分体、花粉生殖细胞、花粉管等细胞壁，以及不亲和授粉柱头表面、受伤或衰老组织等处。

当前显示胼胝质的荧光染色技术是水溶性苯胺蓝水溶液染色法，苯胺蓝染色可和其他方法合用，如李属单用苯胺蓝染色不显示花粉管，而将苯胺蓝和 M2R 混合染色较好。细胞壁中木质、酚化合物、角质、栓质、孢粉素等成分呈现自发荧光，在木材解剖学和植物化石研究中可充分利用这一特征而获得很佳的荧光标本。

3. 细胞中其他成分与构造的鉴定

吖啶橙荧光染色 RNA 具有荧光异色的性能，即与 DNA 双链分子结合呈绿色荧光，而与 RNA 单链分子结合呈红色荧光。

将 ANS 与蛋白质结合，可以用来证明花药绒毡层制造的蛋白质，转移到花粉外壁构成在亲和反应中起识别作用的蛋白质，还可用来鉴别柱头表面起接收器作用的蛋白质膜。

糖类检测按照 PAS 反应程序，材料经高碘酸氧化后用荧光锡夫试剂染色，可显示细胞壁多糖和淀粉粒。

应用荧光标记的外源凝集素鉴定多糖是一种很巧妙的方法，各种外源凝集素能选择性地与特异糖结合，因此用荧光素加以标记作鉴定多糖残基的探针。

叶绿体在紫外线和蓝光的激发下，发射红色荧光，因此，新鲜（戊二醛固定）的组织无需染色即可在荧光显微镜下清楚地观察到组织分布。Elkin 发现 C_4 植物维管束鞘中无基粒叶绿体，与一般叶肉组织内基粒叶绿体有不同荧光的特点，前者荧光谱主要在红色区段，后者主要在远红区段。

叶绿体自发荧光容易消退，观察时间较短，仅留下类胡萝卜素的黄色荧光。不同植物叶绿素荧光衰退速率差别较大，当叶绿素荧光太弱时，可在荧光剂中加入二氯苯二甲脲，以加强叶绿素荧光。

4. 免疫荧光鉴定

免疫荧光技术是利用抗原抗体反应的高度专一性，用荧光素（通常用 FITC）标记抗体,以便对特异的抗原进行精确定位。

(1) 种子中蛋白质。种子中蛋白质各有其特异性,用免疫荧光技术可以鉴别。如对菜豆种子中外源凝集素作免疫荧光定位研究,发现不同组织中的外源凝集素具有不同功能。

(2) 花粉柱头中识别蛋白质。应用免疫荧光技术发现,花粉管壁中存在识别蛋白质,后来发现柱头表面有"接收器"功能的蛋白质表膜,从而深入揭示了受精不亲和性机制。

(3) 微管蛋白质。微管蛋白质免疫荧光定位是研究细胞骨架的一项重要方法。Frank 等将其用于观察胚乳细胞纺锤体微管结构,Powell 等人则首先观察了胡萝卜细胞中微管蛋白质的整体分布情况,并在制备胡萝卜原生质体过程中观察由原来的长行细胞变为球形原生质体过程,以及在秋水仙素处理后微管系统变化的情况。

5. 细胞生活力测定

荧光显微技术是比较简单而准确测定细胞生活力的方法。Rotman 等在研究哺乳动物细胞中发现,荧光素 FDA 本身不发荧光,但在进入活细胞后可在细胞内酯酶作用下分解成发荧光的荧光素。当细胞具有酯酶活性和完整的细胞膜时,根据上述荧光可判断其为生活的,当细胞不具酯酶活性或细胞膜被破坏而荧光素流失时,细胞均不发荧光。因此,根据 FDA 处理后细胞这一现象,可以有效地鉴定细胞生活力。

(1) 花粉生活力测定。1970 年 Heslop-Harrison 等首先用 FDA 测定花粉生活力成功,这一方法后被其他研究者广泛采用。后来,他们继续研究 FDA 和花粉膜状态的关系,并通过与几种测定花粉管萌发力的方法进行比较,进一步肯定了 FDA 与萌发力有很高的相关性。

(2) 液泡鉴定。可以用于鉴定液泡的多少。用 FDA 处理后,非液泡(带有原生质)部分显荧光,而液泡本身是暗区。

6. 活体染色与荧光示踪

许多荧光素在低浓度时无毒性,因而适于超活染色和活体染色。

1) 原生质体融合摄取外源遗传物质

用荧光素标记不同来源的原生质体或外源遗传物质,可把已融合摄取的原生质体和其他原生质体区分开来,作为筛选细胞杂种的一种方法。例如,用 FITC 和罗丹明 B 分别标记大豆的不同原生质体,利用这两种染料的荧光差异(前者呈黄色,后者呈红色)来鉴别融合原生质体(同一细胞呈两种荧光)。Patnaik 用 FITC 标记矮牵牛悬浮培养细胞的原生质体,使之与烟草叶肉细胞原生质体融合,于是杂种异核体兼有 FITC 荧光和叶绿体自发荧光。

2) 核间质物质转移的荧光示踪

应用荧光素作示踪物,可研究物质在细胞质与细胞核间的交换。有人用 FITC 标记各种蛋白质,将它们分别用显微注射器注入蟑螂卵母细胞质中,然后观察其进入细胞核的可能性与速度。后来又将该技术应用于体细胞实验：将荧光示踪物注入摇蚊唾腺细胞，观察其核间质由质向核的转移及核膜的选择作用。

3) 细胞间物质转移的荧光示踪

植物细胞间的物质转移通过质外体或共质体两条途径，二者皆可用荧光素示踪。Goodwin 等用荧光示踪法研究物质在共质体系统中的转移，将 FITC 标记的几种氨基酸及羧基荧光素作示踪物注入植物叶细胞中，以上分子均不能通过原生质膜，但其中有些可通过胞间连丝在细胞间运动。

4.2　荧光染色技术

4.2.1　染色原理

生物体的各种组织或细胞成分能被染色，传统的理论仍然是以它们的物理现象或化学现象为依据，对染色原理做出解释，其主要有物理作用学说和化学作用学说两种。

1) 物理作用学说

此学说是以各种物理作用为基础解释一切染色现象的学说，有以下几种解释。

（1）吸收作用　也叫做溶液学说。该理论认为某些组织能被染色，主要是由于吸收作用所致。组织的染色与溶液的颜色相同，而与干燥染料的颜色不一定完全一致。例如，品红在干燥状态时为绿色，而其溶液呈红色，组织在染色后也呈红色，即使组织变干燥，其红色仍不变，所以对某种组织的染色可用溶液学说来说明。这种解释似乎过于简单，不能用来说明某些鉴别化学成分的染色现象。

（2）吸附作用　吸附作用是固体物质的特性，它能从周围溶液中吸附一些细小的物质微粒（化合物或离子）。各种蛋白质或胶体有不同的吸附面，因此可以吸附不同的离子，也就是说对离子的吸附有选择性，即有的容易被某些物质吸附，有的则不容易吸附，这样就可解释鉴别染色现象，但仍不能说明当某种染料平均进入细胞组成之后，有些可被提取出来，而另外一些就很难提出。

（3）沉淀作用　为了解决上述问题，又提出了沉淀作用学说。该理论认为染料借吸收作用与扩散作用进入细胞后，有时由于细胞内含有酸类、碱类或其他化学物质而发生沉淀，因此就不能被简单的溶剂提取出来。沉淀作用虽有可能发生化学作用，但一般不认为在染料与组织之间有真正的化学结合。

2) 化学作用学说

其主要理论根据是染料的性质有酸性、碱性和中性之分，而在细胞组成中，原生质的性质也各有不同，这样，原生质的碱性部分（如细胞质）容易与含有阴离子的酸性染料发生亲和力而结合，而原生质的酸性部分（如染色质）容易和含有阳离子的碱性染料亲和而发生作用。又如某些类型的细胞（如红血细胞），具有特殊的性质，能与中性染料发生亲和力而结合。由此可以看出,细胞成分染色的强弱,与细胞成分及染料的性质有密切关系,两者之间的亲和力强,染色也就深;亲和力弱或无,染色也就浅或无。换句话说,组织或细胞成分染色的深浅或有无,完全是由所发生的化学反应不同所引起的。

上述这两个主要的染色理论,目前看来都有缺点,若单独用一种学说来解释所有的染色现象是有困难的。例如,如果完全用物理作用学说来解释孚尔根(Feulgen)反应就有困难,因为孚尔根反应确实证明染料(无色品红)与细胞成分(染色质)之间有化学反应产生,但若完全以化学作用学说来解释,则有些事实又很难说明。如果染色全为化学的结合而产生了新的物质,那又如何能解释组织经染色后,若长时间浸于水中或酒精中将会部分或全部褪色,由此可见,染色的机制是很复杂的,可能既是一个化学的,又是一个物理的现象,它是由于各种组织或细胞成分及染料的不同而发生不同的性质结合。尽管如此,如果我们熟悉了这些理论,会对我们选择和利用各种染料有一定帮助。

20 世纪 40 年代以后由于组织化学方面的进展,染色机制又有了新的认识和发展。新的文献没有把染色作用区分为物理的及化学的学说,事实上单用化学或物理认识都不能对染色作出全面的解释。近年来,知道染色上的事实愈多,愈了解到生物组织中染色步骤的复杂性,则较难单纯地应用某一种理论圆满地解释它。目前仍认为生物的细胞之所以能够染成各种颜色,乃是由于物理的与化学的综合作用的结果。

1. 染色的物理作用

物理作用包括毛细管作用及渗透作用、吸收作用、吸附作用,通过这三种因素的一种或全部,染料就能进入细胞或组织内。

(1) 毛细管作用及渗透作用　组织有许多小孔,染料由渗透作用进入组织,它与组织没有牢固地结合,所以是单纯的物理作用,不能称为染色,因所谓染色必须是染料留存于组织内与组织有较稳固的结合。

(2) 吸收或溶液作用　组织吸收染料,并与其牢固结合,组织的着色与溶液的颜色相同,但不一定和干燥染料的颜色相同。如品红溶液为红色,所染组织也为红色,而干的品红为绿色。

(3) 吸附作用　吸附作用是固体物理的特性,它能从周围溶液中吸附一些细小的物质微粒,这些微粒可能是溶于溶液中的化合物,也可能是只可在溶液中单独存在的离子。如染液中分散的染料粒子进入被染物质的粒子间隙内,由于分子的引力作用,染料粒子被吸附而染色。由于各种蛋白质或胶体有不同的吸附面,它可以吸附不同的离子,即某种蛋白质对某种染料有其吸附作用,因之可解释鉴别染色。

2. 染色的化学作用

一个动物或植物细胞内,一般有酸性和碱性部分的区别,含有酸性物质的部分能与溶液中的阳离子结合,含有碱性物质的部分能与溶液中的阴离子结合。例如,细胞核,特别是核内的染色质,一般认为是由酸性物质组成的(其中主要有核酸),故它和碱性染料的亲和力很强,如氧化苏木精配合盐,因为碱性染料中的碱性部分有染色作用的是阳离子;而细胞浆则相反,它含有碱性物质,和酸性染料的亲和力很大,易于染上它的颜色(如伊红),因为酸性染料中的酸性部分有染色作用的是阴离子。所以细胞核为碱性染料苏木素所染,细胞浆为酸性染料伊红所染。细胞内核的染色质、黏液和软骨的基质都能被碱性染料所染,细胞浆及其内含的某些颗粒染酸性染料。但必须知道,嗜碱性和嗜酸性是相对的而不是绝对的,若细胞在盐基性染液内留置过长,细胞浆也可着上盐基性染料的颜色。酸性染料的染色较广泛,除染细胞浆外,核亦染之。

染色的化学学说认为蛋白质是两性物质,即在酸性溶液中呈盐基性,带正电荷,能与带负电荷的离子化合;在碱性溶液中呈酸性,带负电荷,能与带正电荷的离子化合。当染液中的 pH 值高于组织的等电点时,组织偏酸性,故染盐基性染料;反之 pH 值低于组织的等电点时,则染酸性染料。在近似中性的染色液中,细胞核内的染色质着盐基性染色,细胞浆着酸性染色,根据这个假定,凡是染色溶液的氢离子浓度在细胞组成的等电点以下的,就会染上碱性染料,在它的等电点以上的,就会染上酸性染料。例如长久保存于福尔马林液中的组织,细胞核不易为苏木素所染上,是由于甲醛因氧化而生成甲酸,使组织变为嗜酸性因而拒染碱性染料。

4.2.2 荧光染色原理

近十几年随着荧光显微技术的发展,对荧光染色剂的选择也就显得非常重要。荧光染色剂大部分是有机化合物,在组织学和细胞学中,常用的荧光染色剂有吖啶橙、罗单明 B、异硫氰酸荧光素等。

从这些荧光素的分子结构来看,它们和普通的染色剂有很大的相似之处:有酸碱性助色团,也有发色团(如异硫氰酸荧光黄的荧光颜色为黄绿色)。在这些荧光素中,酸碱性助色团和发色团的存在和普通染色剂一样,也是使荧光素易于离子化和发色。但它们对光的吸收和发射却不同,普通染色剂对光吸收却不发射荧光,而荧光染色剂吸收光并发射荧光,原因是什么?这就需要我们从整个分子的价键结构和空间构型来考虑,下面简述荧光的产生和分子结构的关系。

物质产生荧光必须满足下列两个条件:第一,物质的分子必须具有一个吸收光的结构;第二,吸收光能后的分子,必须具有高的"荧光效率"(荧光效率=发射光量子数/吸收光量子数)。因为会吸收光的物质并不一定会发生荧光,这是由于它们吸收光分子的荧光效率不高,而将吸收的能量消耗于同类分子或其他分子碰撞,因此无法发出荧光。

从化学价键理论出发,在讲发色团时,我们知道有色物质的吸光结构主要是含 p 电子的双键系统,普通的染色剂和荧光素的分子结构都具有这样的吸光结构。活泼的 p 电子吸收光能后使分子由基态处于激发态,分子处于这样的激发态是不稳定的,必须将吸收的能量释放出来。释放的途径有两种,一是以光能的形式释放即发射荧光,另一种即是以其他的能量形式释放。发射荧光最重要的条件是分子必须在激发态有一定的稳定性,能够持续约 10^{-8} s 的时间。然而多数分子不具备这个条件,它们在荧光发射以前就以其他的形式(如与邻近分子碰撞)释放了所吸收的能量。那么什么样的结构能做到这点呢?一般来讲,分子只要具有刚性结构和平面结构的 p 电子共轭体系(即单键和双键交替,有游动 p 电子),就能使分子的激发态保持相对的稳定性而发射荧光,因为长而宽阔的平面结构给受激发后的活泼 p 电子提供了活动的场所,避免了与其他分子的碰撞,刚性键的存在使分子共轭平面性增大,提高了 p 电子的共轭度,荧光效率也增大。任何有利于提高 p 电子共轭度的,都将提高荧光效率。

如果一个有机化合物具有共轭双键的非刚性键,使分子处于非平面结构,那么这样的有机化合物不能发射荧光。如前述的一些普通染料或有色物质,它们虽有共轭系统但不发射荧光的原因即在于此。如罗丹明与孔雀绿结构类似,前者为荧光素,后者则不发荧光;荧光黄与酚酞啉结构类似,而后者却无荧光。它们结构之间的差别,仅在于一个 O 桥,由于它的存在,增加了化合物的刚性(硬度),维持了分子的平面结构,扩大了共轭键系统的范围;而孔雀绿和酚酞啉皆以碳原子为中心联结着三个苯环,使分子的平面结构受到影响,分子成为"可塑"的,其中任一苯环的旋转,都将降低 p 电子共轭度,影响激发态的稳定性,减小荧光效率。显然这些结构特点对于分子发光是很重要的,它们与激发态的稳定性密切相关。

4.2.3 组织细胞的染色

组织细胞的染色主要是染色剂与细胞成分的结合,使细胞的结构显示出来。不同的染色剂对不同的细胞结构显示出不同的颜色,染色剂与细胞分子的结合是一个较复杂的问题。组织在固定时,经固定液的作用,使细胞各成分凝结和沉淀,这些凝结和沉淀的大部分是一些分子很大的高分子物质。组织染色时,染液中染料分子随着溶剂分子向细胞各部分渗透、扩散,当它接近于这些细胞大分子并达到一定的距离时,分子间产生了各种作用力,这种作用力的性质、大小取决于分子的结构,也即染料分子是否能和细胞分子结合,以及以什么样的形式结合,就取决于它们彼此的结构。由于染色剂大都是一些带正、负电荷的离子或极性很强的分子(酸碱性染料、荧光素等都是如此),因此在考虑染料分子与细胞成分结合时,对细胞各结构的电荷性质首先应当注意。

组成细胞核的主要成分是蛋白质和核酸,构成蛋白质的基本单位是氨基酸,它是两性化合物,既含有酸性的羧基($-COOH$),又含有碱性的氨基($-NH_2$),在溶液中氨基酸一般为两性离子,这是由于一个质子迁移到氨基上,羧基带负电,氨基由此得到一个正电荷。

构成巨大蛋白质分子的只有 20 种氨基酸,其中赖氨酸和精氨酸是含碱基较多的碱性氨基酸,带有更多的正电荷,酸性氨基酸带有更多的负电荷。

在蛋白质中氨基酸通过肽键连接在一起形成长链即多肽。肽链上带有正负电荷,它易与酸碱性染料以离子键的形式结合,同时还含有 O、N 等原子,O、N 电负性大,O 易与其他化合物如染色剂中的氢等形成氢键而结合,此时 N 原子因具有一对孤电子就易与金属原子螯合。多肽链如果由较多的酸性氨基酸组成就有更多的负电荷,如果由更多的碱性氨基酸组成就有更多的正电荷。

在细胞核中含有碱性蛋白质和酸性蛋白质,碱性蛋白质在这里主要是指组蛋白,它含有比例很高的碱性氨基酸:赖氨酸和精氨酸。酸性蛋白质可能含有大量的二羧基氨基酸,从带电性质来看,碱性蛋白质带正电,酸性蛋白质带负电。

核酸包括 DNA 和 RNA,它的基本化学成分是糖、碱基和磷酸,这些基本成分首先结合成单核苷酸,无数单核苷酸连接在一起形成多核苷酸长链。我们知道 DNA 是由两条盘绕的多核苷酸链构成的(双螺旋模型),在每一条链中,相邻的核苷酸的脱氧核糖单位由磷酸基团连接起来,形成朝外的磷酸骨架。核苷酸单位的嘌呤和嘧啶碱基是朝向内部的,且通过碱基连接起来,一条链上的每个碱基都和另一条链上的一个碱基相配对的。

DNA 的双螺旋结构中,两条多核苷酸链的磷酸基都朝向外,磷酸是较强的酸,在水溶液中容易解离出 H^+,导致磷酸根带负电,因此两条盘绕的多核苷酸链靠外都带极强的负电,因此这样的核酸当然极易与带正电的碱性染料和媒染染料通过静电吸力或以离子键的形式结合起来。

4.2.4 荧光素

荧光显微技术中,需用的荧光试剂种类很多,各试剂对材料亲和力不同,凡具亲和力的物质才可激发出荧光,这类物质称为荧光物质或荧光素。使用荧光素时,由于较低浓度的染料便可被观察到,因而增加了染色反应的灵敏度。然而一个标本染色很深的区域,由于浓缩猝灭,可以只呈现微弱的荧光,除非使用落射照明。由于这个原因,通常用于荧光染色的染液比透光染色的要稀得多,通常典型的荧光素染液,其浓度是 1:10000,甚至有时使用更稀的溶液。

某些荧光素是异染的,其荧光呈现多种颜色现象,这称为荧光异染(fluorescence metachromasia)。像透光染料那样,荧光素从正染色变为异染色,涉及激发(吸收)峰向较短波长移动,而且在最大吸收值处,分子消光系数降低。此外,发射光谱亦相应地移向较长波段,并有量子效应减少的趋势,由于吸收与量子效应的减少,荧光强度降低。总之,荧光发生颜色转变至某个较长波段的颜色时,其荧光的亮度就会下降。

荧光异染性是由于染料分子紧密聚集而形成二聚体和多聚体的结果。异染性可作为染料局部高浓度的指征。异染性染色技术对实验上的变化也很敏感,欠染可预防异染性,过染则使一个标本全部异染。

现知所有的异染性荧光素都是吖啶类,应用最普遍的是吖啶橙,其正染色是绿荧光,异染色是红荧光,这些荧光素主要是作为阳离子染料而起作用。与其他阳离子染料相比,由于这些荧光素结合部位的数目和结合部位间的距离,是分别由荧光强度和异染性的程度来表示的,所以特别有用。

荧光素分专用荧光素(H33258、DAPI、FAD)、锡夫型荧光素(吖啶黄素、碱性品红等)、兼用型荧光素(曙红、刚果红),还有一种称为异色荧光素(如吖啶橙与DNA分子结合呈红色荧光),还有用于活材料荧光标记的如H33258(染色对象为染色质)、吖啶黄(染色对象为核酸)、ANS(染色对象为蛋白质与核酸)、DASMPI(染色对象为线粒体)、阿的平(染色对象为染色体),等等。

荧光素按酸碱度大体上可分如下三大类别。

(1) **碱性荧光素**　这类荧光素在酸性溶液中容易解离,其荧光组分带有正电荷,因此也就是能和生物标本中的酸性基团进行离子结合,在碱性溶液中处于非解离状态。

(2) **酸性荧光素**　在碱性溶液中容易解离,其荧光组分带负电荷。

(3) **中性荧光素**　弱酸性或弱碱性荧光素为电中性染料,在荧光染色过程中其解离没有实际意义,这种染料多用于显示大分子结构。

1. 荧光素的激发光与荧光波段

一些常用荧光素的激发光与荧光波段特征如表4-1所示。

表4-1　一些常用荧光素的激发光与荧光波段特征

荧光素	激发光/nm	荧光/nm
FITC	495	520
DNAS	340	525(450～620)
RB200	575	595、710
吖啶橙	430～500	530、650
阿的平	430	495
橄榄霉素	405～440	532
SITC	340～360	415～420
荧光胺	390	475～495
MDPF	290～390	480
二甲苯酚橙	375	435～445
土霉素	425	525
罗单明B	560	550～700
荧光素钠	490	500～600
伊红	527	540～640
金胺O	435	535

2. 荧光素的激发光源及应用范围

一些常用荧光素所需激发光源及其应用范围如表4-2所示。

表 4-2　一些常用荧光素所需激发光源及其应用范围

染料名称	激发光源	应用范围
FITC	蓝光	免疫荧光
伊文斯兰	绿光	与 FITC 对染色产生红色荧光
DNAS	紫外线	免疫荧光
BAO	紫外线	DNA
吖啶黄	紫光	核酸
磺胺黄	紫外线	组蛋白
吖啶橙	蓝光	细胞核
可立氏磷 O	蓝光	细胞壁
噻嗪红	绿光	蛋白质
阿的平	紫光	染色体
刚果红	绿光	β-葡萄糖细胞壁
樱草素	蓝光	细菌组织

3. 影响荧光的因素

在有机化合物中,能吸收光量子的化合物不是都能发射荧光的,但平常不能发射荧光的分子在特定条件下(如孔雀绿在明胶中)也可以发射荧光。而我们所称的荧光素在一定条件下可能是不发荧光的(如在晶态),但在一些条件下荧光效率可能很高,而在另一些条件下荧光效率可能很低。由此可知,一种化合物是否发射荧光及荧光强弱,除主要取决于分子结构外,还与分子所处的环境及其状态密切相关。因此,了解荧光素发光的规律性及其影响条件,对于提高荧光染色的质量是有必要的。如果说荧光是吸收光能的转换,那么大多数吸收本领很强的物质之所以无荧光,只能是另外的过程消耗了分子的激发能。对于荧光素,其荧光的减弱(叫做荧光猝灭)无非是吸收降低或吸收后被其他竞争过程消耗了能量(所谓无辐射跃迁),这是事物的本质,能够影响它们的因素是很多的,下面列出比较重要的几点。

1) pH

荧光素分子在溶液中基本上都成离子状态,因此溶液中的氢离子浓度对荧光的影响极大,特别是荧光物质为弱酸或弱碱时,溶液的 pH 的改变对溶液的荧光强度将有很大的影响。例如,1-奈酚-6-磺酸这个化合物具有两个酸性基团(强酸性的磺酸基和弱酸性的酚基),这两个酸性基团在溶液中解离情况不一样,磺酸基很易解离($-SO_3^-H^+ \longrightarrow -SO_3^- + H^+$),受溶液 pH 影响小,而酚基难解离,受溶液 pH 影响大。有研究指出,血液涂片固定之后,吖啶橙的荧光在 pH=6.5、染色体染色在 pH=6.0、骨骼培养细胞在 pH=7.1 时最好。此外,在不同 pH 时应使用不同缓冲液,如 pH 为 3.6 时用醋酸-醋酸钠缓冲液,pH 为 5.0 时用 1/15mol/L 磷酸缓冲液,pH

为 7.0 时用 0.2mol/L 苛性钠-磷酸二氢钾缓冲液,pH 为 9.3 时同前,但 pH 为 7.0 时最好还是用蒸馏水。各种物质的荧光强度与它对激发光的吸收曲线关系很密切,例如维生素 B_1 在 pH 为 7.0 时吸收峰在 234 nm 处,pH 为 5.0 和 pH 为 3.0 时最高吸收峰在 267 nm 处。

pH 的改变,会引起荧光素的荧光光谱的改变和荧光强度的改变,每一种荧光物质都有自己最合适的 pH,因此使用荧光染色剂时要充分注意溶液的 pH。

2) 温度

温度对于溶液的荧光强度有着显著的影响。一般荧光物质的溶液随着溶液温度的降低,荧光效率升高、荧光强度增大;随着溶液的温度的升高,荧光效率通常多为下降。因为温度的升高加强了各部分的振动,直接引起分子吸收本领的降低,干扰激发态的维持,从而导致纯粹的温度猝灭。

一般荧光素在 20℃ 时即开始表现温度猝灭作用,之后随着温度的升高而加强,在 20℃ 以下发光效率随温度的变化不明显,基本上保持恒定。

3) 光分解

某些荧光物质的溶液在激发光较长时间的照射下不发生显著变化,但有些荧光物质的溶液在激发光照射下很容易发生光分解作用,从而引起荧光强度急剧降低。所谓光分解作用,是指某些物质受到光线照射后,将所吸收的光线能量用于断裂分子内的一个键或几个键,使该物质分解,这种分解使激发能消耗,因而不能发射荧光。增强激发强度可以提高荧光观察的灵敏度,但增强激发光的强度常常加剧荧光物质的光分解作用。因此应在不影响荧光观察的条件下,尽可能选用吸收曲线的长波部分激发。

4) 浓度

荧光物质在固态时一般发光微弱或不发光,只有在溶液中才显出荧光来。在极稀的溶液中,荧光强度与浓度成比例的增加,但当浓度增加到一定程度时,荧光强度保持不变。对于较浓溶液,荧光强度不仅不随溶液浓度的增大而增加,反而常常随着溶液浓度的增大而下降,因浓度增大时,分子之间易碰撞,激发的分子在发出荧光之前和未激发的荧光物质分子碰撞将能量损耗。不单是碰撞,溶液浓度过高时,聚合分子形成,导致分子的性质发生了改变,也引起荧光强度降低。1950 年 N. Schumhelfeder 报道吖啶橙是所有荧光素中最佳的染料,它在 pH 为 2~7 的溶液中都能完全溶解(水溶液),随着水溶液的浓度改变,细胞核发出的荧光也不同,例如浓度为 1×10^{-2} 时发出红色荧光,1×10^{-3} 时发出黄绿色,1×10^{-4} 时发出绿色荧光。

因此荧光强度和溶液浓度呈线性关系只限于极稀溶液。溶剂的性质对荧光强度也有影响,一般在水中引起的下降比在有机溶剂中强。

5) 猝灭剂

在荧光物质溶液中,加入某种化合物,使溶液的荧光强度显著降低,这种化合物称为猝灭剂。很多分子或原子对荧光物质溶液都具有猝灭作用。

猝灭作用可能是由于一部分荧光物质分子 M 与猝灭剂分子 Q 作用而生成了配

合物 MQ。如配合物 MQ 的形成是由于微弱的范德华引力的作用,则所形成的配合物并不发生荧光。在这种情况下,荧光物质分子 M 和配合物 MQ 相对地都吸收光,但配合物吸光后并不发生荧光,而将所吸收的光降解为热,唯有荧光物质 M 在吸收光之后发生荧光,因此猝灭剂的加入将使荧光强度大大地降低。

主要的猝灭剂有某些金属离子(如 Fe^{3+}、Ag^+ 等)、具有氧化作用的物质、没食子酚、硝基苯等。

6) 时间

时间对荧光光谱的变化也是非常重要的,这里只简要地提示这个问题,荧光素溶液最好使用新鲜配制的,染色后观察次发荧光或观察未染标本的自发荧光(固有荧光)时都要注意时间,最好都在染色或激发后短暂时间内完成,每次观察的时间都要尽快尽短。

荧光素中有受激发光的荧光素,也有消光荧光素,后者主要用以抵消自发荧光而增加荧光素的显色反差。

荧光素的用量很低,一般配制溶液浓度都在百万分之一到十万分之一,因此对于培养中的活细胞毒性很小,配制培养液时加入这样微量的荧光素不影响细胞的生长,这就为荧光观察活细胞提供了极为方便的技术手段,而且所显示的是细胞结构中的生物化学组分。

当前荧光显微技术从方法学角度来看,最理想的目标就是被荧光素标记的(或染色的)被检物体激发出最强的荧光影像,但是往往发自某些物体的自发荧光干扰被检物影像。为了抑制这种干扰,可用另一种性质的荧光素配合其他荧光素来解决,前者在本来意义上并非荧光素,而是压制自发荧光的抑制剂。

4.2.5 免疫荧光细胞化学染色方法

免疫荧光细胞化学是根据抗原抗体反应的原理,先将已知的抗原或抗体标记上荧光素,制成荧光标记物,再用这种荧光抗体(或抗原)作为分子探针检查细胞或组织内的相应抗原(或抗体)。在细胞或组织中形成的抗原抗体复合物上含有荧光素,利用荧光显微镜观察标本,荧光素受激发光的照射而发出明亮的荧光(黄绿色或橘红色),可以看见荧光所在的细胞或组织,从而确定抗原或抗体的性质并定位,以及利用定量技术测定含量(见图 4-4)。免疫荧光细胞化学抗体染色的方法主要有以下几种,现做简要介绍。

1. 直接法

(1) 染色 切片经固定后,滴加经稀释至染色效价如 1∶8 或 1∶16 的荧光抗体(如兔血清 γ-球蛋白荧光抗体或兔血清 IgG 或 IgA 荧光抗体等),在室温或 37℃ 染色 30 min,切片,置于能保持潮湿的染色盒内,防止干燥。

(2) 洗片 倾去存留的荧光抗体,将切片浸入 pH=7.4 或 pH=7.2 的 PBS 中洗两次,每次 5 min,再用蒸馏水洗 1 min,除去盐结晶。

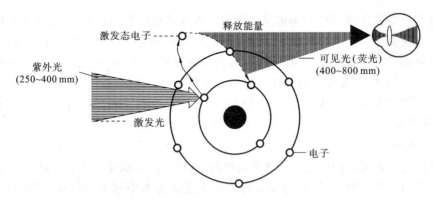

图 4-4 紫外光激发荧光物质放射荧光示意图

(3) 用 50% 缓冲(0.5mol/L 碳酸盐缓冲液,pH=9.0～9.5)甘油封固、镜检。

(4) 对照染色 ① 正常免疫荧光血清染色,如上法处理切片,结果应为阴性。② 染色抑制试验(一步法),即将荧光抗体和未标记的抗体球蛋白或血清(相同)等量混合,如上法处理切片,结果应为阴性。为证明此种染色抑制不是由于荧光抗体被稀释所致,可用盐水代替未标记抗血清,染色结果应为阳性。③ 类属抗原染色试验,前面已作叙述。

直接法比较简单,适合做细菌、螺旋体、原虫、真菌及浓度较高的蛋白质抗原如肾、皮肤的检查和研究,此法每种荧光抗体只能检查一种相应的抗原,特异性高而敏感性较低。

2. 间接法

1) 双层法(double layer method)

双层法的步骤如下。

(1) 切片固定后用毛细滴管吸取经适当稀释的免疫血清,并滴加在切片上,置于染色盒中,保持一定的湿度,在 37℃ 下作用 30 min,然后用 0.01 mol/L pH=7.2 的 PBS 洗两次,每次 10 min,用吸管吸去或吹干余留的液体。

(2) 再滴加间接荧光抗体(如兔血清 γ-球蛋白荧光抗体等),步骤同上,染色 30 min,温度保持在 37℃,缓冲盐水洗两次,每次 10 min,再用缓冲甘油封固、镜检。

对照染色:① 抗体对照,即用正常兔血清或人血清代替免疫血清,再用上法进行染色,结果应为阴性。② 抗原对照,即类属抗原染色,亦应为阴性。③ 阳性对照。

2) 夹心法

即用未标记的特异性抗原加在切片上,先与组织中相应抗体结合,再用该抗原的荧光抗体重叠结合在其上,而间接地显示出组织和细胞中抗体的存在,方法步骤如下。

(1) 切片或涂片固定后,置于染色盒内。

(2) 滴加未标记的特异性抗原作用切片于 37℃,30 min。

(3) 用缓冲盐水洗 2 次,每次 5 min,吹干。
(4) 滴加特异性荧光抗体再作用切片于 37℃,30 min。
(5) 同步骤(3),水洗。
(6) 用缓冲甘油封固、镜检。

间接法只需制备一种荧光抗体就可以检出多种抗原,敏感性较高,操作方法较易掌握,而且能解决一些不易制备的动物免疫血清的病原体(如麻疹)等的研究和检查,所以已被广泛应用于自身抗体和感染病人血清的试验。

3. 补体法

1) 材料

(1) 免疫血清 60℃灭活 20 min,用 Kolmers 盐水按补体为 2 单位的条件稀释成 1∶2,1∶4,1∶8,…。补体用 1∶10 稀释的新鲜豚鼠血清、抗补体荧光抗体等,按下述的补体法染色,免疫血清补体结合的效价如为 1∶32,则免疫血清应作 1∶8 稀释。

(2) 补体用新鲜豚鼠血清,一般作 1∶10 稀释,或按补体结合反应试管法所测定的结果,按 2 单位的比例,用 Kolmers 盐水稀释备用。Kolmers 盐水配法:在 pH=7.4、0.1mol/L 的磷酸缓冲盐水中溶解 $MgSO_4$,使其浓度为 0.01%。

(3) 抗补体荧光抗体 在免疫血清效价为 1∶4、补体为 2 单位的条件下,用补体染色法测定免疫豚鼠球蛋白荧光抗体的染色效价,然后按染色效价 1∶4 的浓度用 Kolmers 盐水稀释备用。

2) 方法步骤

(1) 涂片或切片固定。
(2) 吸取经适当稀释的免疫血清及补体的等量混合液(此时免疫血清及补体又都稀释一倍)滴于切片上,37℃作用 30 min,置于保持一定湿度的染色盒内。
(3) 用缓冲盐水洗 2 次,搅拌,每次洗 5 min,吸干标本周围水液。
(4) 滴加经过适当稀释之抗补体荧光抗体,在 37℃条件下静置 30 min,然后再水洗,同步骤(3)。
(5) 蒸馏水洗 1 min,用缓冲甘油封固。

3) 对照染色

(1) 抗原对照。
(2) 抗血清对照 用正常兔血清代替免疫血清。
(3) 灭活补体对照 将补体经 56℃条件恒温处理 30 min 后,按补体同样容积稀释,与免疫血清等量混合后,进行补体法染色。

此方法的荧光抗体不受免疫血清的动物种属的限制,因而同一种荧光抗体可作更广泛的应用,敏感性亦较间接法高。效价低的免疫血清亦可应用,节省免疫血清,尤其是对检查形态小的如立克氏体、病毒颗粒等或浓度较低的抗原物质时甚为理想。

4. 双重染色法

在同一标本上有两个抗原需要同时显示(如 A 抗原和 B 抗原),A 抗原的抗体用

FITC 标记，B 抗原的抗体用罗单明标记，可采用以下染色方法。

1）一步法双染色

先将两种标记抗体按适当比例混合（A＋B），再按直接法进行染色。

2）二步法双染色

先将 RB200 标记的 B 抗体染色，不必洗去，再用 FITC 标记的 A 抗体染色，按间接法进行染色。

结果显示，A 抗原阳性呈现绿色荧光，B 抗原阳性呈现橘红色荧光。

4.3 荧光素的选用

荧光素的选择，主要是由各试剂对试材的亲和力不同所决定的。当然，也有些是由活材料荧光标记特定对象决定的，现选择几种常用的荧光染色剂作介绍。

1. 脱色水溶性苯胺蓝

材料：泡桐受粉后的雌蕊（柱头与花柱），挑选有花粉粒在柱头上萌发的材料进行实验。

方法：

（1）将材料采集后经 Carnoy 液固定；

（2）转入 70％酒精；

（3）水洗（或移入乳酸-酒精混合液(1∶2)中浸一夜）；

（4）水洗半小时；

（5）用脱色水溶性苯胺蓝染色（压片）后观察；

（6）用万能显微镜配置落射式荧光附件观察。

结果：花粉管为黄绿色荧光。

药品配制：磷酸盐缓冲液 pH＝8.2，KH_2PO_4 26 g，蒸馏水 100 mL，苯胺蓝 10 mL。

在 100 mL pH＝8.2 的缓冲液中，加入 10％～20％甘油，染色液静置一昼夜，褪为无色后方可使用。

2. H33258

H335528 是与 DNA 重复序列有亲和力的荧光素，常被用于染色体的荧光显带，最初用于显示培养细胞的核鉴别及 DNA 含量荧光光度测定。

材料：根尖表皮、胚囊、柱头、培养细胞等。

固定液：Carnoy 液。

缓冲液：柠檬酸-磷酸盐溶液(pH＝5)。

储备液：H33258 1 mg，溶于 1 mL 蒸馏水（4℃黑暗环境下保存数天）。

染液：用缓冲液稀释储备液 50～1000 倍，注意配制时缓冲液浓度不能过低，否则染料沉淀。

方法：

(1) 将材料用 Carnoy 固定后转入 70％乙醇中保存；

(2) 用自来水彻底洗去多余固定液；

(3) 用柠檬酸-磷酸盐缓冲液浸泡；

(4) H33258($1\mu g/mL$)染色时间按材料而定，组织可染几小时，悬浮细胞 30～60 min；

(5) 加甘油透明并封片观察。

效果：细胞核、染色质、染色体呈绿色荧光。

H33258 作为与 DNA 专一结合的荧光素，效果良好，它还有荧光衰退慢、毒性低等优点，不仅适宜于观察体细胞，而且也适于观察分离胚囊，进一步可用它作胚、胚囊、胚乳发育过程中 DNA 的定时观察以及离体培养条件下的变化。

3. FDA

FDA 无现存的试剂供应，必须按一定方法合成，产品为无色针状结晶。FDA 染色法的原理是因荧光素双醋酸特点，其自身不产生荧光，无极性并可自由透过完整的原生质膜，进入植物原生质体后，由于受到酯酶分解而形成能产生荧光的极性物质——荧光素，于是便不能自由出入原生质膜，有活力的原生质体能产生荧光，无活力的无荧光产生。

材料：

(1) 花粉，FDA；

(2) FDA 储备液：5 mg/mL FDA 丙酮液储放于冰箱 4℃，0.5 mol/L 蔗糖液稀释 50～500 倍，成染液。

方法：

(1) 载玻片上加滴少量 FDA 染液，加在花粉上；

(2) 转入培养皿数分钟，盖片观察。

效果：活细胞呈绿色荧光，死细胞无荧光，在 1 h 内荧光观察效果较好。

4. VBL

VBL 为荧光增白剂厂生产的 4,4′-双-2,2′-均二苯代乙烯二磺酸。

材料：甘蓝植物的茎髓部分，胡萝卜的根部分，先用酶法脱壁，0.7 mol/L 甘露醇配成体积分数为 0.1％的荧光增白剂溶液。

方法：

(1) 吸取原生质体悬浮液 0.1～0.2 mL，加等体积 0.1％荧光增白剂混合；

(2) 10 min 后用手摇离心机离心，吸去上清液 0.5～0.7 mol/L，用甘露醇洗涤 3～4 次；

(3) 加 0.1～0.2 mL 培养液或 0.5～0.7 mL 甘露醇液，重新悬浮；

(4) 吸一滴悬浮液于载玻片上，加盖玻片镜检。

效果：当细胞壁脱得很干净时，看不见原生质体周围有绿色荧光。当脱壁不干净时,原生质体周围呈现绿色荧光,其程度随残存多少而异,残存越多绿色荧光越强。

5. 派罗宁 B

派罗宁 B 是对孢粉素有特异性的荧光素,用荧光显示后可追踪孢粉素在孢粉发育过程中的动态。

材料:派罗宁 B、百合植物花药中的花粉粒、pH=8 的磷酸缓冲液。

方法:

(1) 取 1 g 派罗宁 B 溶解于 200 mL 氯仿中,完全溶解后加入 200 mL 蒸馏水,于分液漏斗中摇匀;

(2) 溶液分层后,上层为黄色水溶液,下层为红色氯仿溶液,用分液漏斗取出上层黄色水溶液,并且将上层水溶液用 100 mL 纯氯仿尽量洗去存在的红色组分,得到在普通光下有黄绿色荧光的黄色水溶液;

(3) 黄色水溶液冷冻干燥后得到 365 mg 深黄色染料,红色氯仿溶液蒸发后得砖红色染料;

(4) 将百合植物花药中的花粉粒溶于 0.03% 派罗宁 B 黄色染料水溶液染色液中,染色 2 min;

(5) 花粉在指形玻璃管中染色后,用滴管吸少量滴于载玻片上,用滤纸吸干染色液后,用 40% 甘油封片观察。

效果:花粉粒外壁部分产生强烈的黄绿色荧光。

6. DAPI

DAPI 是一种高度灵敏的 DNA 染料,特别是它使得过去难以在显微水平上分辨的核外遗传物质 DNA 及 DNA 分子形态能够被清晰地观察到。DNA 本身仅具极弱荧光,但与 DAPI 结合后,其复合物荧光强度直线上升,前后相差 25 倍。DAPI 不仅对核和染色体,而且对 DNA 分子有极好的荧光效果。它灵敏度高,特异性强,可对单个细胞甚至细胞器内的 DNA 进行测定,而且它对生活细胞无明显破坏,并能追踪单个细胞或细胞器的 DNA 在各种条件下的动态变化。

方法:

(1) 分离提取 DNA 分子;

(2) 固定于 10 mmol/L 的 $MgCl_2$ 中,滴于载玻片上;

(3) 用 DAPI 染色后,进行镜检。

效果:观察和测量所得 DNA 的分子长度与电镜观察结果相符;DNA 细丝在溶液中可自我折叠,甚至成为紧密颗粒状。

注意:

(1) 选用 Poly(dA-dT) 含量较高的 DNA;

(2) 宜在中性或偏酸条件下使用;

(3) 细胞染色之前置于适宜条件下培养,避免过多的磷酸颗粒积累;

(4) 用 0.5 mg/mL 的 DAPI 水溶液染色 10 min。

影响 DAPI-DNA 复合物荧光强度的因素有以下几个：

（1）DNA 浓度越高，与 DAPI 结合的复合物所发出的荧光越强，在一定范围内，近似于直线；

（2）DAPI 宜在中性或偏酸条件下使用，高 pH 使荧光强度降低；

（3）DAPI 使用浓度也影响它与 DNA 复合物的荧光强度，浓度越高，荧光也越强。

7. 吖啶橙

材料：铁明矾媒染液、铁明矾 4 g，加蒸馏水至 100 mL；吖啶橙 0.1 g，加蒸馏水至 100 mL；担子菌子实体酸性粘多糖。

方法：

（1）用福尔马林或特定固定液固定担子菌子实体（如木耳、银耳等）；

（2）石蜡切片；

（3）切片脱蜡至水；

（4）用 4% 铁明矾媒染 5～10 min；

（5）用流水冲洗 2～3 min；

（6）在 0.1% 吖啶橙水溶液中染 2 min；

（7）洗后，以甘油封片，用蓝光及黄色滤光目镜观察。

效果：担子菌子实体酸性粘多糖处呈橙红色荧光，其他许多组织成分均无荧光显现。

8. 金胺染液（1∶1000，含 5% 碳酸）

材料：1∶1000 的 K_2MnO_4 溶液、碱性美蓝染液、3% 盐酸酒精、结核杆菌。

方法：

（1）按常法涂片，干燥后火焰固定；

（2）滴加金胺染液，加温冒气，染色 5 min 后水洗；

（3）用盐酸酒精脱色 15～20 s，水洗；

（4）1∶1000 K_2MnO_4 处理 5 s，水洗；

（5）用美蓝染液染色 30 s，猝灭涂片中不应有发光部分，水洗，干后镜检。

效果：结核杆菌菌体发明亮黄绿色荧光。

4.4　荧光显微镜

一架普通的光学显微镜，配上特殊的光源和滤光装置后，就构成一个荧光观察系统，这就是荧光显微镜（fluorescence microscope）。

荧光显微镜是一种实验室高级复合光学显微镜，基本结构与普通显微镜相同，其差别在于：① 光源不同；② 集光器镜口率高于物镜；③ 光源与标本间所用透镜为石英或能透射紫外线的透镜构成，载物台下有反射镜和石英三棱镜；④ 第一和第二滤光片有互补作用，光经过第一滤光片滤去光波中的长波光线，让紫外光透过来，然后第二滤光片仅让可见光通过,而滤掉其他滤光片透过的所有激发光线;⑤ 从黑色背景中观察荧光。一个多功能大型研究用显微镜可装配荧光显微镜部件,作为专用荧光显微镜、荧光光度测定、荧光照相显微镜使用,也可加装暗视野、位相差、干涉装置,即可作暗视野荧光显微镜、位相差荧光显微镜、荧光干涉显微镜观察。多功能大型荧光显微镜的物镜、聚光镜等通过激发光线的所有透镜、棱镜、反光镜都是由萤石、熔融水晶等高档材料研磨制成,这类光具组是不具自发荧光的成像系统,高级荧光显微镜的最主要要求就在于此。为了标明无自发荧光特性,专用于荧光显微镜的物镜上都刻有"FLUAR"、"NEOFLUAR"等字样。

荧光显微镜都配备有紫外光含量高的照明装置(illuminator),这些照明装置都和专用聚光器组成一个统一的照明系统,这是荧光显微镜的首要共同特点;其次是荧光显微镜必须配备整套滤光片系列。

根据成像光路的差异,荧光显微镜可分为透射光荧光显微镜和落射光荧光显微镜,落射光荧光显微镜又可细分为正立落射光荧光显微镜和倒置落射光荧光显微镜。

1. 透射光荧光显微镜

透射光荧光显微镜(transmited light fluorescence microscope)可以和暗视野装置、干涉装置配合使用,但是透射光荧光显微镜的照明光路即激发光束必须通过载玻片。为了减少激发光线的损失,透射光荧光显微镜应该配用石英玻璃载玻片。研究工作中大量使用专用的石英载玻片和盖玻片是一项昂贵的消耗,因为透射光荧光显微镜的这种缺点,目前愈来愈多的研究工作者开始喜欢落射光荧光显微镜。

2. 落射光荧光显微镜

落射光荧光显微镜(incident light fluorescence microscope)的优点在于它的激发光路不经过载玻片而直接照射在标本上,因此激发光的损失小,荧光效应高。落射光荧光显微镜有两种类型,一种为激发光和荧光通过同一物镜成像;另一种就是激发光通过落射光物镜(epi-objective)的外层透光系统照射到标本上,再从标本反射的荧光通过该物镜的内层透光成像系统输送到目镜。较为简易的落射光显微镜是在普通显微镜的镜体上装置一架专用于荧光显微镜的落射荧光照明装置(fluorescence vertical illuminator),如图 4-5 所示。

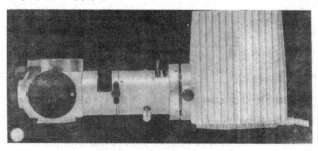

图 4-5　落射荧光照明装置

荧光显微镜的最关键部件是落射聚光器,这种聚光器的核心部分是色光分离镜,分离镜的位置与激发光路和成像荧光光路成45°角,它将激发光线向物镜反射,而来自标本的成像荧光光束透射过去输向组合滤光片,后者阻挡剩余的激发光。

另一种类型的落射光荧光聚光器不装色光分离镜,而装置着折光棱镜,因此激发光束折射到落射光物镜,该物镜将反射荧光成像光束输送给目镜。

4.4.1 荧光光源

光源的职能是提供光,其波长应与荧光体的最大激发波长相适应,目前实用的光源包括灯、滤光系统和用于聚焦光线的聚光系统。灯和滤光片均影响光线强度、光线波长和光线的光谱纯度。

Köhle的实验认为需要纯正的紫外光(UV)才能激发荧光,所以需要使用碳弧灯。碳弧光含紫外光量很高,使用过程并不方便,同时燃烧中产生的臭氧(O_3)含量很高,所以目前很少使用碳弧灯作荧光显微镜光源。一般多使用高压汞弧灯、氙弧灯和卤素钨灯作荧光光源,后来认识到从紫光到绿光范围的较长波长均可用作激发光。使用较长波长可免除UV对石英光学系统的特殊要求。

现代大型荧光显微镜都配备有高压或超高压充气弧光灯管。灯管管壁是紫外线透光度高的石英质料管球,管球内充满5～10个大气压的汞、氙或氢蒸气和少量氖气。管球内电极的正极为钝头形状的钨棒,负极为呈尖锥形的铈钨合金。当灯管在使用过程中管壁变黑阻挡紫外光时,必须更换灯管。

汞弧灯有三种功率:200 W、100 W和50 W。其中200 W灯(如HBO200)是第一个被广泛接受的弧光灯,并仍广为应用,相应的100 W灯具有很小的电弧,光强度高,适用于落射照明系统,但其供电器远较HBO200昂贵,50 W灯由于其相对价廉,对大多数工作来说其亮度比较令人满意,所以很普及。汞弧灯将其绝大部分能量用于发射特殊的波长(汞谱线),这样适于荧光激发选择。

新灯第一次点燃时,应接通电流几个小时,在此期间,电弧的位置将趋于稳定,以后使用时,其闪烁将减至最小限度。灯的寿命部分取决于开关的次数,所以开关灯次数应少,单次照明时间长比多次短时使用更为经济。一般推荐将一个散热器固定于弧光灯的上端,而不允许将灯置于强通风装置内。当灯泡老化时,灯泡里将产生一层金属镀膜(从电极而来),从而减小其光线强度。通常当电弧的图像不清晰,或光线太暗而不能满足需要,或光线出现剧烈闪烁时,均应更换灯泡。

氙灯具有实用的连续光谱,较适用于那些与汞灯光线波长相重叠的荧光素,如FITC。

卤(素)钨灯主要用于免疫荧光,由于有了低功率汞弧系统,且卤(素)钨灯用于荧光显微镜的亮度不够,因而使用不多。

荧光显微镜的光源灯管的种类、型号、规格很多,图4-6至图4-9中展示的是高压汞灯、高压氙灯、卤钨灯(白炽灯)的发光波长曲线。

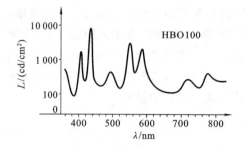

图 4-6　高压汞灯 HBO100 的波长曲线

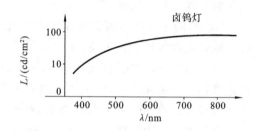

图 4-7　高压汞灯 HBO50 的波长曲线

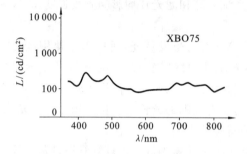

图 4-8　高压氙灯 XBO75 的波长曲线　　图 4-9　卤钨灯的波长曲线

高压汞灯 HBO100、HBO50 的光源中以波长 380 nm、449 nm、550 nm、600 nm 的谱线为主,还含有少量红外线,高压汞灯的发射光谱中的各谱线的高峰都很尖锐。高压氙灯的发射光谱中几乎所有日光光谱都俱全,但发射曲线的峰值不高,从发射光谱波长曲线的对比中,看出高压汞灯是较为理想的荧光显微镜光源。

高压氙灯的优点是光通量、辉度都很高,使用寿命很长。

如果说汞灯光源光谱曲线具有原子光谱的线性特征,那么氙灯光源光谱曲线有类似分子光谱的带状曲线的特征,卤钨光源仅是连续光谱曲线。

图 4-10、图 4-11 显示的是高压汞灯、高压氙灯光源的相对能量分布曲线。从图中可以看出高压汞灯光源的能量高,而且能量集中在 350～450 nm 波段处,而高压

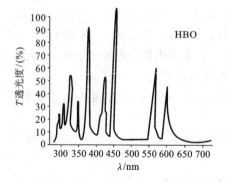

图 4-10　高压汞灯光源相对能量分布曲线

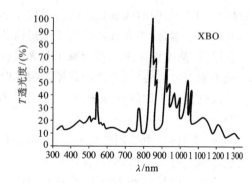

图 4-11　高压氙灯光源相对能量分布曲线

氙灯的最高能量分布在 800～1100 nm 之间。

从列举的物理参数可以肯定,目前所有荧光光源中高压汞灯,尤其是超高压汞灯应推为荧光光源之首。但是不论高压汞灯,还是高压氙灯,从它们的光谱曲线和相对能量分布曲线来看,作为荧光显微镜光源必须加阻热滤光片借以阻挡热辐射,同时也必须用高质量的激发滤光片吸收无用谱线和干扰谱线。

4.4.2 光的吸收和滤光片

光是一种既有波动性又有粒子性的电磁波,光在真空中可以直线传播,并不减弱,其速度 $c=299792458$ m/s,约等于 3×10^8 m/s。光进入空气层就会出现光与地球物质的相互关系,其中最主要的关系为折射、吸收、色散及能量的转换。因此可以说在自然界中不存在真正透明的均匀媒质(或介质),平常人们所说的均匀介质就是指相对透明的物质。有些透明物质对于日光光谱的各波段的谱线不加选择地均匀吸收,透明质的这种特性称普遍性吸收或称一般吸收。空气、水、玻璃、水晶、石英都是普遍性吸收的介质。但是普遍性吸收光线的介质在特殊的光谱波段内,对某段谱线具有较强的吸收力,这叫介质的选择性吸收本领。选择性吸收本领取决于组成该物质的元素、原子的性质。例如石英在可见光范围内是普遍性吸收介质,但在 3.5～5.0 μm 范围的红外线是不透明的选择性吸收介质。水在可见光范围内是透明介质,可以普遍而轻度地吸收所有谱线,在红外线范围内则是有选择性地吸收的不透明介质。

介质吸收光线与其厚度关系密切,如图 4-12 所示,平行光通过透明介质 dx 薄层后光强由 I_0 减低到 (I_0-dI)。朗伯(Lambert)认为入射光强 I 与透射光强 dI 的关系 $-\dfrac{dI}{I}$ 与介质的厚度成正比,即 $-\dfrac{dI}{I}=kdx$,k 为介质的吸收系数。对于厚度为 x 的介质层则有

$$-\int_{I_0}^{I_x}\frac{dI}{I}=-\int_x^0 kdx$$

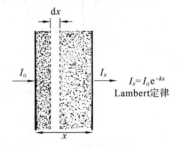

图 4-12 光的吸收与介质的厚度

于是 $-\ln\dfrac{I_x}{I_0}=kx$,则 $I_x=I_0 e^{-kx}$。

在一般吸收范围内 k 值的变化可以忽略,但在选择性吸收范围内 k 是波长的函数,k 值愈大,光的吸收愈强烈。例如 $x=1/k$ 时,$I_x=I_0 e^{-k\cdot\frac{1}{k}}=I_0\cdot e^{-1}=\dfrac{I_0}{e}=\dfrac{I_0}{2.71828}\approx\dfrac{I_0}{2.72}$,即光强减弱到入射光强的 $\dfrac{1}{2.72}$。

介质吸收光的决定性因素是组成该介质的元素和原子的性质。前面已述及水对红外线是不透明介质,因为氧原子是水选择性吸收红外线的根本原因,而臭氧

（O_3）则是紫外线的不透明介质。氢、钠、氮、铁、镁是最易吸收 510～650 nm 的谱线的元素，钙具有选择性吸收紫外线的特性。人类利用物质的选择性吸收规律，在玻璃质料中掺进各种元素，制造了各种高质量的滤光片，应用于吸收光谱分析或荧光技术。

荧光显微镜最关键的问题是滤光片的组合，激发滤光片与屏蔽滤片都必须适合于被观察的荧光体并相互匹配。对一些特定用途，选择滤光片若有错误，有可能产生误解，甚至错误的结果。荧光显微技术的成就和高质量滤光片及巧妙配用滤光片组是不可分隔的，荧光显微镜的滤光片种类有以下几种。

1) 吸热滤光片

吸热滤光片是防止光源光谱中的热辐射线损伤光具组所必需的滤光片。较早的高级显微镜配备有可装蒸馏水的鼓形瓶充当吸热装置，现代各类大型研究用的显微镜在光源灯箱或叫灯室（lamp house）中都装有玻璃吸热滤光片，这是一种透明的微带黄色的玻璃片，Leitz 公司的 KG_1（2 mm）、BG_{38}（4 mm）滤光片能够通透近乎所有紫外光和可视光光谱，是通光量可达 98% 的滤光片。它只选择性吸收红外光热辐射线，从其透光曲线可以看出 KG_1 和 BG_{38} 的优越性能（见图 4-13）。

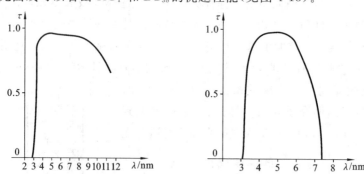

图 4-13　KG_1（左）、BG_{38}（右）吸热滤光片的透光曲线

2) 激发滤光片

激发滤光片（excitation filter）可以选择性吸收长波谱线而只通透紫外线，紫色、蓝色和绿色光线的滤光片为激发滤光片。Zeiss 公司、Reichert 公司、Olympus 公司的 B 系列、G 系列、BG 系列，Shott 公司的 UG 系列，Opton 公司的 H、G、BP 系列，Leitz 公司的 BP 系列等滤光片均属激发滤光片。

3) 阻挡滤光片

阻挡滤光片是选择性吸收短波谱线和红外线而通透较长波可视线的滤光片，其功能是使观察者能够看到被检物体所激发出来的荧光，同时保护观察者的角膜免遭紫外线伤害。

4) 色光分离滤光片

色光分离滤光片（dichromatic beam splitter）是将激发光反射到被检物体上，使被检物体激发出荧光,再将荧光透射到目镜的滤光反射镜。这类滤光片只能用于落射光聚光器中,而透射光荧光显微镜不需要色光分离。

5) 干涉滤光片

干涉滤光片(interference filter)是高性能激发滤光片的一种。它是将数张薄层金属膜叠放在抛光的两张玻璃片之间制成的滤光片。每张薄金属膜的折光系数都不相同,因此照明光源的各种不同波长的谱线在每张金属薄膜上反复进行反射,使得某些波长的谱线因相消干涉而抵消,另一些波长的谱线相加干涉而得以加强,并透射过去,这样得到透射波谱很窄、半波峰宽度只有 6~20 nm、透光度可达到 60%~70% 的滤光片。

4.4.3 滤光片的性能

对于高性能滤光片,应该是频幅选择性范围窄、光谱特异性强才能达到荧光光度分析的高水平的需求。这种性能若用光学物理量表示的话,就是半波峰宽度和透光度的数据。以 Leitz 公司的两张绿色滤光片为例来比较这些物理量的具体参数,图 4-14 所示的绿色玻璃滤光片的波长选择范围为 400~600 nm,透光度为 60%,半波峰宽度为 80 nm。从透射曲线的波峰的中腰部(1/2 高度)向 x 轴(波长)引两条垂直线,两线间的宽度就是半波峰宽度,它能准确地反映出滤光片的选择性波长的质量。

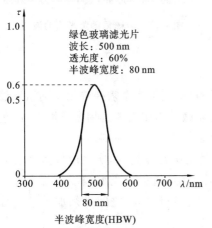

图 4-14 绿色玻璃滤光片的透射曲线

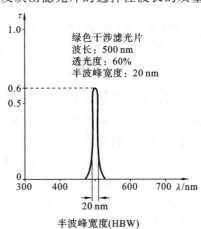

图 4-15 绿色干涉滤光片的透射曲线

图 4-15 所示为绿色干涉滤光片的透射曲线。这种滤光片的波长选择范围为 480~520 nm。透光度为 60%,半波峰宽度(HBW)为 20 nm。从两张透射曲线图可以看出,同样是绿色滤光片,透光度都是 60% 的条件下,后者的半波峰宽度仅 20 nm,其相对能量几乎集中在 500 nm 处的很窄范围内,证明绿色干涉滤光片是窄频谱、短波长、光谱特异性很强的高性能滤光片。

用荧光显微技术在观察受激而发光不强的标本时,往往需要给予最强光源才能得到所需的荧光效应。为此需要最强激发高性能宽频谱干涉滤光片,这些滤光片所透射的波长范围内荧光效应最清楚。荧光素能否激发出最强、最鲜艳的荧光,最关键的因素就是正确选配与每一种荧光素相匹配的滤光片组。

要掌握每种荧光素所发射的荧光光谱波峰,才能正确应用滤光片的特征性激发光谱波峰、阻挡光谱波峰和分色光谱波峰。例如异硫氰酸荧光素的激发光光谱波峰在 490 nm,而发射荧光的波峰在 525 nm,二者之间只有 35 nm 之差(见图 4-16)。

为了得到异硫氰酸荧光素最强最鲜艳的荧光效应,就应当选择一个透射光谱的波段为 450～490 nm 的蓝色激发片或激发滤光片组,对应这种激发片应选配一个 LP515 长波阻挡滤光片,再附加一个截止点为 510 nm 的色光分离反射滤光片,即能保障激发光和发射荧光的波峰分离,这就是说为了得到异硫氰酸荧光素的最佳荧光影像,就要选配 LP450+KP490、RKP510、LP515(见图 4-17)。

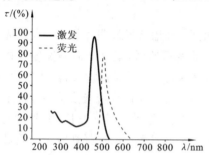

图 4-16 激发光波峰与荧光波峰

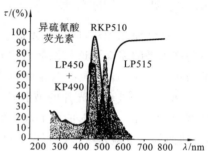

图 4-17 异硫氰酸荧光素的波谱

4.4.4 滤光片的使用方法

应用透射荧光显微镜时,根据不同研究目的,不同荧光素需要选用不同激发滤光片和与之相匹配的阻挡滤光片,而在落射荧光显微技术中需要选用激发滤光片、色光分离反射滤光片和阻挡滤光片,选择和搭配时必须遵守下述原则。

(1) 滤光片的顺序不能颠倒,最靠近光源处为吸热滤光片,次之应放置激发滤光片组合,而后为被检标本,最后安放阻挡滤光片,这是透射荧光显微镜的滤光片使用顺序。在落射荧光显微镜应用中,在激发滤光片和被检标本之间必须加进色光分离反射滤光片(FT 或 RKP)。

图 4-18 所示为透射荧光显微镜的滤光片使用顺序,图 4-19 所示为落射荧光显微镜的滤光片使用顺序。

(2) 使用滤光片时必须遵守斯托克斯定律:吸热滤光片的透射波长＜激发滤光片的透射波长＜色光分离反射滤光片的透射波长＜阻挡滤光片的透射波长。

(3) 使用滤光片时必须注意配用滤光片的透射谱线之间愈是相互靠近愈好。

图 4-20 中所示的第一区段是吸热滤光片兼激发滤光片 BG_{12} 的透射谱线波段,第二区段为激发滤光片 LP450+KP490 的透射谱线波段,第三区段为阻挡滤光片 LP520 的透射谱线的波段。

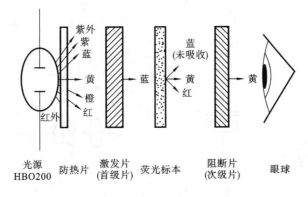

图 4-18 透射荧光显微镜的滤光片使用顺序

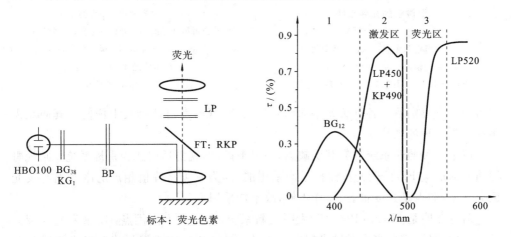

图 4-19 落射荧光显微镜的滤光片使用顺序 **图 4-20 滤光片与斯托克斯定律**

4.4.5 荧光显微镜的光路系统

荧光显微镜中有三种不同的光路照明系统。

（1）明视野透射 与普通光学显微镜的明视野照明系统一致，唯一不同的是在光源与聚光镜之间没有激发滤光片，在物镜与目镜之间没有阻挡滤光片，图 4-21 所示为其光路系统。

（2）暗视野照明 与上述透射式光路相同，仅用暗视野聚光镜代替明视野聚光镜（见图 4-21）。

（3）落射照明 采用入射光照明的方式，其主要特点有：① 在激发滤光片和物镜间设置二向色镜，将浸透发光有用部分从上至正中反射至物镜。② 物镜兼有聚光镜功能，通过物镜自上而下聚于标本。③ 标本发射的荧光自下而上地返回物镜，再通过二向色镜与阻挡滤光片剔除杂光，到达目镜（见图 4-22）。

落射式荧光显微镜常将激发滤光片、二向色镜、阻挡滤光片三者组装成一套滤光

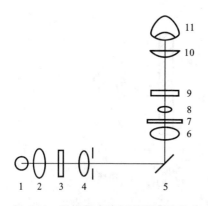

图4-21 明视野或暗视野照明的荧光
显微镜的光路系统
1—灯;2—聚光镜;3—激发滤光片;
4—视野镜和光圈;5—台下反射镜;
6—聚光镜;7—荧光标本;8—物镜;
9—屏蔽滤光片;10—目镜;11—观察者的眼或照相机

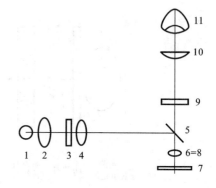

图4-22 落射照明的荧光显微镜的光路系统
1—灯;2—聚光镜;3—激发滤光片;
4—视野镜和光圈;5—光束分路器;6—物镜;
7—荧光标本;8—聚光镜;
9—屏蔽滤光片;10—目镜;
11—观察者的眼或照相机

片组合。有分别适于各种荧光素的滤光片组合,观察者可选择其中任何一套而无需单独选配三种滤光片。

以上三种照明系统各有其优缺点,一般来讲,明视野透射式为常规系统。暗视野照明是为适应FITC荧光抗体技术而采用的,因为它可将峰值相近的激发光与荧光区分开来,弱点是光度很弱、操作不便,故不常采用。

落射照明是Ploem(1967年)发明的新系统,它具多方面优点:① 激发光与荧光发射方向相反,避免多余激发光对荧光干扰;② 运用二向色镜可将激发光波段与荧光波段准确分开;③ 照明和观察是由标本同一侧进行,避免透射照明系统中光线通过标本时的损失,对厚标本尤为有利;④ 物镜代替聚光镜,免去聚光镜调焦;⑤ 物镜是聚光镜,因而物镜放大倍数愈高,数值孔径愈大,荧光可见度也大,特别适于荧光的高倍观察、摄影与光度测定;⑥ 同一显微镜中,落射照明和镜台下透射照明是两个独立系统,可同时使用。

4.5 荧光显微摄影术

很多荧光标本是暂时的,如果需要一个永久的记录,则需要使用显微摄影术。荧光显微摄影术有其特殊要求,主要是亮度低和荧光体的褪色。一般来说,用于荧光显微镜技术的切片制备与其他类型光学显微镜技术的要求没有区别,除非被激发的波长小于350 nm,一般石英载玻片和盖玻片必须使用无荧光的封固剂:水、无机缓冲液、甘油和液体石蜡,这些试剂全都没有荧光。对于固体非水性封固剂,我们常用DPX专用商品封固剂作为非荧光性封固剂。脱水时须避免使用已脱过伊红染色切片的溶剂(如酒精等),因伊红具有强荧光,Stoward 推荐用吸墨纸吸干,脱水时先用异丙醇,更换 3 次,继以用异丙醇-二甲苯混合液(1:1),二甲苯需更换 3 次并封固于 DPX 中。另外,亦可使切片在空气中干燥,直接用 DPX 封固,封固介质可影响荧光消退的进度。

4.5.1 荧光标本制作中的要求

(1) 荧光素配制一般以 1:1000、1:10000 水溶液较好,有时也用有机溶剂(如酒精溶液)。由于荧光素溶液易受外界环境影响,染色时最好现配现用,配制方法一般以定量荧光素溶于常温溶剂,充分振荡后以玻璃纤维或多层滤纸过滤,然后装于褐色玻璃容器内,置于低温下观察,避免强光观察。

(2) 标本制作切片时,应了解荧光素性质,尽可能避免使荧光性质发生改变。

(3) 配制荧光素时,宜用缓冲液使 pH 值稳定。

(4) 蛋白质粘贴剂、石蜡、加拿大树胶都能发生荧光,一般不用,可用甘油胶、阿拉伯树胶等封藏。

(5) 载玻片上的有机物必须擦净,否则会干扰荧光。

4.5.2 荧光显微观察及摄影

由于荧光显微镜是一种实验室复合光学显微镜的变型,所以其荧光观察与摄影与一般显微术无多大区别,这里只讲其特殊之处。

荧光显微术观察程序包括制样和观察两个环节,每个环节都有一些需要注意的事项。

1. 制样

(1) 应了解荧光素性质,荧光素应保存于低温、无光处,一般先配成较浓的储备液,临用前再稀释。

(2) 用于荧光观察的生物材料视不同情况可采用新鲜的或固定的标本,如系后者,应考虑固定剂中是否含有诱导蛋白质荧光的甲醛。

(3) pH 对荧光染色有影响,宜用缓冲液配制荧光素溶液。

(4) 标本多用临时封藏剂,不可用有强烈的自发荧光树胶。

2. 观察

(1) 荧光显微镜应安置在光线较暗的室内。

(2) 用消色差或消球差的聚光镜与萤石物镜。

(3) 高压汞灯发射的光中含紫外线,要防止损伤眼睛。

(4) 切不可使易燃物品接近光源。

(5) 光源启动后需稍候片刻才能达到稳定。

(6) 避免反复启闭光源,观察宜在较短单元时间内完成,完成后再关闭光源,如欲中途停止,则应在关闭 10 min 后开启。

(7) 针对荧光色团特点,选用适合的滤光片组合,并在观察记录中注明采用组合。

(8) 荧光素被激发后会发生化学反应，导致荧光衰退，故不宜使标本长久受光。应先用普通光搜寻标本，就绪后方作荧光观察，荧光衰退标本在黑暗条件下经一定时间有某种程度的荧光恢复。

(9) 在观察与镜检物像时，宜选用普通透射视野观察，当准确检查到物像时，再转换荧光镜检，可减退荧光消退现象。

(10) 油浸系物镜所用的油，须用低荧光油。

(11) 镜检完毕，对显微镜要作清洁保养，方可离开工作室。

3. 摄影

荧光显微术中，显微镜像的质量主要取决于像的反差和像的亮度。像反差是由样品中特异染色结构与本底上观察到的光之比决定，本底光包括阻挡激发光的第二滤波器杂散激发光、组织成分的自生荧光和显微镜光学部分的光。荧光显微技术中重点要解决的是既要获得最佳像反差，又要维持足够亮度。为便于直观观察和显微照相，获得最佳像反差的办法是用适当短的曝光时间，大多数应用中，必须兼顾特异荧光强度与非特异本底荧光之间的要求。

摄影时，由于摄影底片上影像的暗淡，所以需要采用快速底片或长曝光。快速底片受限于银颗粒的细度，长曝光（超过 0.1 s）导致荧光体的褪色和底片倒易失效。"倒易失效"(reciprocity failure)一词，是指在影像亮度与所需曝光时间之间成反比的相互关系失效，这种失效发生于曝光时间极短或曝光过长。底片对光的敏感度（ASA，DIN），常被制造者引用于假设其曝光为 1/100 s 的时间概念，然而曝光时间过长或过短，底片的灵敏度都将失灵、失效。另外每次曝光后，应及时隔数次再激发光照标本，减少荧光衰退。对于彩色底片所给予的感光速率，是把底片作为一个整体而言；严格说来，每一个感光层都有其自己的倒易性特性，长时间曝光结果会失去其正确的颜色平衡，颜色的平衡丢失，对荧光显微摄影术并不重要，因为还有其他一些更重要的可变因素，如屏蔽滤片的色畸变和在暗光下观察者视力的承受程度。

使用黑白底片时，相继曝光时间的比例应大致为 4（例如标准曝光为 20 s，则实际曝光时间应分别为 5 s、20 s、80 s）。这种在标准条件下的标准曝光系统，原则上记录了各个标本荧光实际强度的各种变化，这在免疫荧光中对比较试验和对照标本特别有用。然而随着弧灯老化，曝光将需要逐渐增加。当灯泡更换后，此系统需要重新校正。此外，荧光强度的变化可能比底片所能适应的范围要宽。

全自动系统的曝光时间由曝光计自动控制，在某些条件下使用较方便，但受到四种限制：① 某些光线丢失于曝光计中，此曝光计必须连续地监视影像；② 试验标本和对照标本不能方便地给予同等的曝光；③ 用斑点测量系统时，取得读数的视野区与斑点测量区的中心可能不一致；④ 不能纠正所用各个底片的倒易性特点。

为使荧光显微摄影术效果达到最佳，要求：① 用一个曝光计测荧光的亮度；② 计算出或从表上查出曝光时间；③ 应考虑到因提前曝光而产生底片的倒易失效；

④ 最好是由一个电计时器按指定所需要的时间来控制曝光。

用黑白底片,必须在高速率短曝光与长曝光精细之间折中选取。实际上,任何中等速率的底片(100 至 400ASA,21 至 27DIN)都会得到满意的结果。某些具有严重倒易性质的底片应避免使用。用彩色记录荧光,选择较为困难,目前彩色负片没有用处,除非你能自己翻洗相片,或能安排一个标准的翻拍。现代商用彩色翻转片,是为业余爱好者的需要定做的,把全部颜色调整为一个中性灰色,至于彩色正片,原则是选择一个日光型底片,具有尽可能高的敏感性及与此相符的可接受的颗粒细度。对于特别微弱光线的曝光,可用预先曝光,以有效地增加底片的敏感性。

使用荧光显微摄影时,由于光度较弱和荧光衰退,宜用快速感光胶片。为使荧光尽可能通过,宜用数值孔径较大的物镜和放大倍数较低的照相目镜。自动曝光装置根据整个视野的平均亮度决定曝光时间,而荧光显微镜视野偏暗,当发射荧光标本在视野中所占比例很小时,根据测光表确定的曝光时间往往不合适。由于底片对紫外线光是很敏感的,所以与目测时一样,也必须使用保护滤光镜滤掉紫外线,否则,强烈的紫外光会使荧光淹没掉。

4.6 荧光显微镜的应用

在血液学领域中荧光显微技术常用于对缺铁性贫血的诊断。凡是含有正常数量血染料的红细胞不能激发荧光,而血红素合成有障碍的红细胞胞质中的原卟啉(protopor phyrin)具有自发荧光。在正常生理条件下,具有原卟啉的红细胞在血液中只占 1‰左右,当人们患有缺铁性贫血疾病时荧光红细胞数增高。这种红细胞激发荧光的持续时间是很短暂的,一般不超过 6~7 s,至多 1 min。动物体内各种组织中的弹力纤维、神经胶质等都有自发荧光,但这种现象具有明显的年龄差异,婴幼儿组织的自发荧光很弱,而成年组织的自发荧光很强。

生物体各种组织的自发荧光在很大程度上取决于该组织所含染料或维生素的含量,如维生素 A_1 发出绿色荧光,而维生素 A_2 发出红色荧光。

维生素 B_2 的水溶液具有黄绿色荧光,当溶液的酸碱度在 pH=3~9 之间时,这种性质是稳定的。核黄素是因为在它的结构中有—NH—基团才发生特异性荧光。

维生素 B_2 的荧光强度在 pH=6、波长为 565 nm 时处于最高峰。维生素 B_1 本身不带荧光,只有维生素 B_1 分解成脱氢硫胺素(2,7-dimethylthiach romine-8-ethanol)时,才能激发出很强的蓝色荧光。另外脱氢硫胺素在碱性溶液中对光极为敏感,在这种条件下其荧光立即消失。脱氢硫胺素的定量测定广泛应用于生物学、医学领域中的维生素 B_1 的检验中。

烟酰胺是辅酶Ⅰ和辅酶Ⅱ的重要组分,这种物质在脑和肾上腺组织及几乎所有细胞质中都有。当烟酰胺分解变成 F_2 时,用荧光光度法容易测定它,还可借此方法研究辅酶含量。

荧光显微技术在现代免疫学研究中被公认是一种先进的示踪技术,例如预先制备抗体,再将所使用的抗体用异硫氰酸荧光素进行标记,以这种标记抗体准确地找到特异性抗原的方法称为免疫荧光法。免疫荧光法有三大类,下面分别进行详细介绍。

4.6.1 直接免疫荧光法

1) 检查抗原法

这是最早的方法,用已知特异性抗体与荧光素结合,制成荧光特异性抗体,直接与细胞或组织中相应抗原结合,在荧光显微镜下即可见抗原存在部位呈现特异性荧光。此法特异、简便,但一种荧光抗体只能检查一种抗原,敏感性较差(见图4-23)。

图 4-23 直接免疫荧光法

2) 检查抗体法

将抗原标记上荧光素,即为荧光抗原,用此荧光抗原与细胞或组织内相应抗体反应,而将抗体定位检测出来。

4.6.2 间接免疫荧光法

1) 检查抗体法(夹心法)

此法是先用特异性抗原与细胞或组织内抗体反应,再用此抗原的特异性荧光抗体与结合在细胞内抗体上的抗原相结合,抗原夹在细胞抗体与荧光抗体之间,故称夹心法。

2) 检查抗原法

用已知抗原细胞或组织标本的切片,加上待检血清,如果其中含有切片中某种抗原的抗体,抗体便沉淀结合在抗原上,再用间接荧光抗体(抗种属特异性IgG荧光抗体)与结合在抗原上的抗体反应(如检测人血清中的抗体必须用抗人IgG荧光抗体等),在荧光显微镜下可见抗原抗体反应部位呈现明亮的特异性荧光。此法是检验血清中自身抗体和多种病原体抗体的重要手段(见图4-24)。

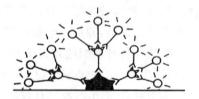

图 4-24 间接免疫荧光抗体法

3) 检查抗原法(双薄片)

此法是直接法的重要改进,先用特异性(对细胞或组织内抗原)抗体(或称第一抗体)与细胞标本反应,随后用缓冲盐水洗去未与抗原结合的抗体,再用间接荧光抗体(也称第二抗体)与结合在抗原上的抗体(是第二抗体的抗原)结合,形成抗原-抗体-荧光抗体的复合物。由于结合在抗原抗体复合物上的荧光抗体显著多于直接法,从而提高了敏感性。如细胞抗原上每个分子结合3~5个分子抗体,当此抗体作为抗原时又可结合3~5个分子的荧光抗体,所以和直接法相比荧光亮度可增强3~4倍,此法除灵敏度高外,它只需要制备一种种属间接荧光抗体,可以适用于多种第一抗体的标记显示,这是现在最广泛应用的技术。

4.6.3 补体免疫荧光法

1) 直接检查组织内免疫复合物法

用抗补体 C3 等荧光抗体直接作用组织切片,与其中结合在抗原抗体复合物上的补体反应,而形成抗原抗体补体复合物——抗补体荧光抗体复合物,在荧光显微镜下呈现阳性荧光的部位就是免疫复合物的存在处,此法常用于肾穿刺组织活检诊断等。

2) 间接检查组织内抗原法

常将新鲜补体与第一抗体混合同时加在抗原标本切片上,经 37℃ 水浴锅恒温水浴处理孵育后,如发生抗原补体抗体反应,补体就结合在此复合物上,再用抗补体荧光抗体与结合的补体反应,形成抗原抗体-抗补体荧光抗体的复合物,此法优点是只需一种荧光抗体,可适用于各种不同种属来源的第一抗体的标记显示(见图4-25)。

图 4-25 补体免疫荧光法

荧光显微镜有许多重要的应用,如应用荧光染色技术显示染色体分带,并结合显微分光技术、图像分析技术将细胞遗传学研究水平提高到新的高度。再如氮芥(quinacrine,quinacrine mustard)特异性显示染色体上的核苷酸,发射出美丽醒目的绿色带形,操作简便,图形清晰,容易分析被检细胞核型,从而准确指出遗传病理学上的改变。此外,荧光显微镜下还随时可以观察培养瓶内的体外培养细胞的生长过程,因为渗入培养液中的荧光素的浓度可在百万分之一到十万分之一,这种低浓度对于生活细胞几乎无毒性作用。

荧光显微镜在微生物学研究工作中及临床细菌学诊断中主要用于:① 涂片上荧光染色细菌体;② 悬液中的细菌染色;③ 标记培养液成分,显示活菌的生理状况;④ 病理切片上显示细菌。如金胺 O(auramine O)、硫酸黄连素(berberine sulfate)、伊文思蓝(Evans blue)等荧光素在显示细菌体(如结核菌、布鲁氏杆菌、鼠疫杆菌、葡萄状球菌、四叠体菌等)方面效果非常显著。

在载玻片上放置一点棉花,滴加污染有浮游生物的水,再加一滴荧光素,可以看到草履虫和眼虫的鞭毛运动、消化管道中的食物等颇有趣味的现象。

吖啶橙特异性结合脱氧核糖核酸可呈现出黄绿色荧光,结合核糖核酸则呈现出红色荧光,根据这种荧光可以鉴别病毒类别。

用千分之一浓度的樱草灵(primuline)染料染色 15~30 s,可以清楚地显示出野生种狂犬病毒、麻疹病毒的金黄色荧光,但风疹病毒、牛皮癣病毒不易显出荧光。

在生理学、病理生理学范围内荧光显微技术也是重要的研究手段,例如在生物体观察微小循环生理现象方面,采用荧光显微技术将会非常方便。

总之荧光显微技术在医学、生物学、分子生物学领域内已成为不可缺少的有力研究手段。近年来所发表的标记免疫组织的化学论文中除金属标记、生物素标记、同位素标记外,荧光标记的论文在数量上也有不少。荧光显微镜也有其局限性,与这种技术方法简便、迅速、效应敏锐的优点相反,就是它的不稳定性,同一种染料随着制备时间的长久、酸碱度的改变、镜下观察时间的延长都可能出现不同结果。荧光标本在镜下非常美丽,但是无法长久保存,仅仅是"昙花一现",尽管有人探索到不少保留标本的方法,可是标本的稳定性仍是大问题。

4.7 荧光细胞化学

荧光显微技术以生物标本为对象,观察神经细胞或神经纤维、抗原、抗体、弹力纤维、胶原纤维、血细胞核和细胞质,鉴别肿瘤细胞和正常细胞,鉴别死细胞和活细胞,鉴别幼稚细胞和成熟细胞,鉴别细菌种类,鉴别病毒类别,等等,实质上都可以归结为一种方法即细胞化学,这些都是用不同荧光物质选择性地结合细胞结构、细菌结构和病毒结构中的核酸、类脂质、生物染料、激素和维生素等,使之发射出荧光,借以观察那些不同标本的化学成分而已。

同时显示 DNA 和 RNA 的最好的荧光素就是吖啶橙,在荧光显微镜下吖啶橙与DNA 结合发射出黄绿色或绿色荧光,同时 RNA 发出鲜红色荧光。

喹吖因芥子素(quinacrine mustard)、喹吖因(阿的平,quinacrine)、溴化乙锭(ethidium bromide)之所以能为染色体显带,就是因为这些物质能与腺嘌呤-胸腺嘧啶(A-T 对)、鸟嘌呤-胞嘧啶(G-C 对)进行特异性结合而发射荧光之故。

在很多著名的组织化学及细胞化学杂志所发表的论文中,应用免疫组织化学技术研究酶反应、蛋白质和抗体的论文的比重愈来愈多。在这项技术中,通常以过氧化酶、荧光素、放射性同位素标记抗体来显示所研究的物质在细胞内的分布,而荧光标记法在这方面具有简便、敏锐的特点,故其应用非常广泛。

第5章 显微操作技术

显微操作技术(micromanipulation technique)是在20世纪60年代后期随着细胞学实验、细胞核移植技术和医学界显微外科技术的开展而发展起来的,显微操作技术是指在细胞层次上和显微镜的观察下所进行的人工切割、打孔、注射、握持、吸附、摘除和物质转移等机械操作技术,目前主要应用于细胞遗传学操作方面。显微操作技术包括细胞核移植、显微注射、嵌合体技术、胚胎移植、显微切割、细胞膜打孔、外源基因显微注射导入等,是现代生物学重要的实验技能之一。细胞核移植技术已有几十年的历史,Gordon等人早在1962年就对非洲爪蟾进行核移植获得了成功,我国著名学者童第周等在鱼类细胞核移植方面也进行了许多工作,并取得了丰硕成果。

显微操作技术具体是指在高倍复式显微镜下,利用显微操作器(micromanipulator,见图5-1)进行细胞或早期胚胎操作的一种方法。显微操作器是用以控制显微注射针在显微镜视野内移动的机械装置。

图 5-1　尼康 NT-88NE 显微操作/注射仪(图片来自 http://www.nikon.com)

5.1　显微操作仪

显微操作仪目前使用较为广泛的有两类:一类为球面、齿轮机械传动操作式,如德国 Leitz 公司生产的 Micromanipulator M（见图 5-2）；一类为液压传动操作式，如日本 Narishige 公司生产的 MO-IM 系列（见图 5-3）。

 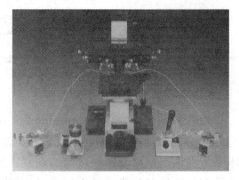

图 5-2　Leitz 公司生产的 Micromanipulator M　　图 5-3　日本 Narishige 公司生产的 MO-IM

显微操作仪的基本部件包括显微镜和显微操作器，附件配备有显微锻造器、拉针仪、吸管研磨器、微型注射器等。为了工作方便和完善，另外也可配备激光打孔仪和细胞电融合器等外设器件。正所谓"工欲善，必先利其器"，工具越多越好。

5.1.1　显微操作仪的显微镜

常用于显微操作观察的显微镜有倒置显微镜、落射光或透射光显微镜及荧光显微镜等，其要求视场、工作距离大，最好配备有显微摄影装置或显微摄像装置，以便记录和分析。

5.1.2　显微操作仪

1. 显微操纵器主机

我们常用的显微操纵器主机主要有机械传动操纵式和液压传动操纵式两种。机械传动操纵式以 Leitz 公司生产的 Micromanipulator M 为例，其结构如图 5-4 所示，液压传动操纵式以 Narishige 公司生产的 MO-IM 为例，其结构如图 5-5 所示。

Narishige 三方向液压传动显微操纵器是以液压进行驱动的，针尖不受振动，因而可以顺利且无振动地驱动操作。另外，它还有三方向的移动功能，用一个操纵杆可集中控制四个方向的移动，具有操作简便的特点。

2. 针具套管

图 5-6 所示为 Leitz 公司生产的针具套管。

液压传动显微操纵器的针具套管及套管夹持固定装置与机械传动显微操纵器基本相同，但主要操作有所不同，它是通过液压传动装置而非机械球面微动传动。液压传动具有更稳定、操作简便及针具运作更安全的特点。

3. 机械传动操作仪的操作步骤

机械传动操作仪是很精细的操作仪器，使用时必须十分小心，其操作步骤如下。

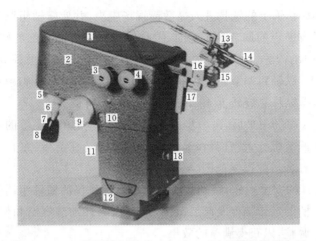

图 5-4　Leitz 公司的 Micromanipulator M 显微操纵器主机

1—罩盖;2—操作器上部;3—横轴粗调节轮;4—纵轴粗调节轮;5—操纵杆动静螺圈;6—幅度调节圈;
7—操纵杆;8—精细旋转调节轮;9—倾斜调节轮;10—倾斜标尺;11—粗细高度调节轮;12—基座;
13—针具双夹簧片;14—针具套管;15—针具固定栓;16—球形固定栓;17—针具高度调节滑块;18—夹具螺栓

图 5-5　Narishige 三方向液压传动显微操纵器主机(MO-203,MO-204)

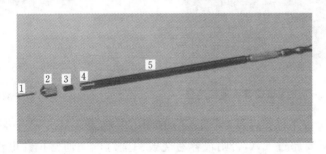

图 5-6　针具套管

1—针具;2—紧固螺帽;3—引导圈;4—丝管;5—套管

（1）将显微镜及显微操作仪置于无震动的坚固实验台上,此时应注意避湿、避水和避免阳光直射。

（2）调整显微操作仪的倾斜标尺为"0";调整显微操作仪,使其上罩盖和显微镜的载物台保持水平。

(3) 调整针具套管上的针具进入显微镜视场中央,并使横轴粗调节轮左右、纵轴粗调节轮前后具有一定的调节动作范围,同时保持操纵杆和精细旋转调节柄相对垂直,以便获得适中的操作范围。通常垂直调节在 28 mm 内,水平调节横轴粗调节轮在横向 16 mm 内,纵轴粗调节轮在纵向 40 mm 内,水平调节精细旋转调节在 0.1~4 mm 之间可变,操纵杆总旋转度 40°,倾斜调节在 15°可调。

(4) 针具进入视场中央后,进一步进行显微镜的进光和焦距等的调整,同时调整显微操作仪上各调节螺栓,使针具在显微镜的视场内能在前后、左右、上下及倾斜操作动作上均保持有合适的操纵范围。

(5) 为了针具的安全操作,特别需要注意显微操作仪的横轴粗调节轮、纵轴粗调节轮上旋转调节柄的运作幅度及倾斜范围,通过操纵杆动静螺圈和幅度调节圈进行幅度控制及松紧调整,以获得满意的效果。

(6) 操作完毕,针具退出视场,关闭光源,擦拭清洁显微镜及显微操作仪器,并给予保养,盖好防尘布罩。

4. 显微操作仪附件设备

显微操作仪附件设备主要有显微针具锻造器、磨针器、拉针器、显微注射器及毛细玻璃管针具等。如图 5-7 中的 Narishige MF-9 玻璃管微型锻造器,主要是用来加热锻造玻璃管针具,包括各种玻璃管微型工具。图 5-8 中的 Narishige MG-4 玻璃管研磨器,主要是通过机械研磨将玻璃针尖加工成各种斜角、粗细角、钝锐角等。

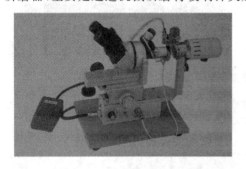

图 5-7　Narishige MF-9 **玻璃管微型锻造器**　　**图 5-8**　Narishige MG-4 **玻璃管研磨器**

Leitz Du Bios 水平拉针器(见图 5-9)的专用电源为 6 V、30 W 功率。拉针时电源变压器电流不要超过 6 A,否则很容易烧毁铂金灯丝。通常拉针电流为 5.5 A 较合适,5 A 以下时,玻璃煅烧不熔。温度越高,拉针越细长,温度越低,拉针越粗短。另外,针的粗细长短也与弹簧拉力大小相关,拉力调节螺和毛细玻璃管拉力夹向外旋,拉力大;反之,拉力小。拉力大,温度高,拉针短而细;拉力小,温度高,拉针长而细。垂直拉针器(见图 5-10)应用道理与此相同。拉出的针套在显微注射器前端软管针套中就可实际操作运用了(见图 5-11)。

专用硬质毛细玻璃管(如硼硅酸盐玻璃毛细管)外径 1 mm,可以向专业厂商购

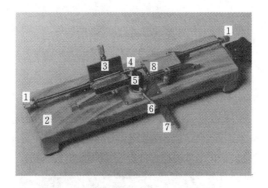

图 5-9　Leitz Du Bios 水平拉针器
1—拉力调节螺杆；2—底座；3—毛细玻璃管拉力夹；4—毛细管夹高度调节；5—铂金灯丝；
6—灯丝调节锁定螺杆；7—灯丝电源开关和拉力扳机；8—毛细玻管拉力夹

 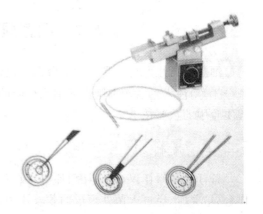

图 5-10　Narishige PB-7 垂直拉针器　　**图 5-11　Narishige IM-5A/5B 显微注射器**

置（见图 5-12）。利用针具锻造器、拉针器和研磨器及自制工具可以制作各种显微玻璃管针具（工具），如图 5-13 所示。针具制造需要积累经验，不断摸索创造，熟能生巧。

 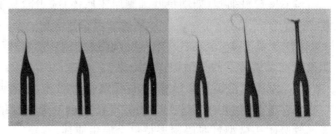

图 5-12　毛细玻璃管针具　　**图 5-13　各种显微玻璃管针具**

针具做好后竖插于放有海绵泡沫块的培养皿内，并用烧杯罩住（见图 5-14）。

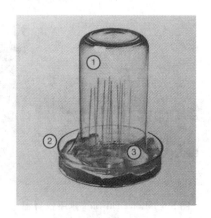

图 5-14 针具保存装置
1—烧杯;2—培养皿;3—插有针具的海绵泡沫块

5.2 细胞显微注射实验

细胞显微注射技术是利用显微操作仪、显微注射器将外源物质(如基因片段、探针分子等)注入生活靶细胞内或细胞核内的精细操作,是目前细胞遗传工程、基因工程实验中的重要技术之一。

5.2.1 材料、设备的准备

备好显微操作仪、显微注射器、显微玻璃针具、显微镜、组织细胞培养箱、超净工作台、培养皿、经过灭菌处理过的载玻片和盖玻片、培养材料(如动物细胞、植物原生质体等)、缓冲液或培养液。

5.2.2 方法与步骤

(1) 仪器、针具、显微镜等设备调试准备。

(2) 将材料细胞(如烟草叶细胞原生质体)滴于涂有半固体琼脂糖培养基的盖玻片中央。

(3) 把滴有 10 个左右的烟草叶细胞原生质体的盖玻片置于培养皿中,把该培养皿放置在显微镜下的显微操作台中央。

(4) 先用低倍镜找到目标,然后用高倍镜对焦,针具调整进入视场。

(5) 用一开口内径(10 ± 1) μm,口径大小与烟草叶细胞原生质体直径相匹配的玻璃管吸附头微型针具吸附握持单个原生质体。

(6) 握好另一已吸入 FDA(荧光素二醋酸酯)-缓冲液的玻璃显微注射针(开口内径 $0.2\ \mu m$),在被吸附的原生质体相对面上,利用显微操作仪的精细调节柄,操纵注射针尖,下压进针。

(7) 针尖进入细胞原生质后,使用注射器施加注射压。注射速度过快将搅乱细胞质成分结构,应缓慢均匀注入。

(8) 注射完毕,轻轻拉出针尖,并且操纵吸附针头,轻轻推压放开被吸附的原生质体,移动操作杆,找到下一个细胞原生质体,重复步骤(5)至步骤(7)。

(9) 已注射完毕的烟草叶细胞原生质体用悬滴方法置于 25℃培养箱中培养,隔天后在荧光显微镜下镜检,可见活细胞质内荧光较明显。若需作后续愈伤组织转化、植株分化培养等实验,可参考有关烟草细胞组织培养实验。

上述实验注射的是检测活细胞用的 FDA-缓冲液,若换成核酸,即成了外源基因导入显微注射实验。

5.2.3 植物外源基因导入实生苗实验基本流程示意图

植物外源基因导入实生苗实验基本流程示意图如图 5-15 所示。

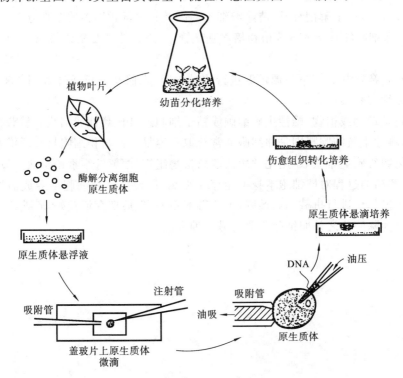

图 5-15 植物外源基因导入实生苗实验基本流程示意图

5.3 显微切割与摘取实验

获取植物卵细胞可以用于转基因、试管受精、单倍体培养、雌配子胚胎发育实验等多项研究。虽然用酶解可以获得,但用机械方法剥离挑出,既快捷损害又较小,且后期存活率也较高。

1. 材料、设备的准备

备好显微操作仪、显微玻璃针具、显微镜、组织细胞培养箱、超净工作台、培养皿、载玻片、缓冲液或材料培养液,盖玻片灭菌,苔藓、蕨类植物颈卵器表面消毒。

2. 方法和步骤

(1) 设备、仪器调试就位,针具(钩环、铲刀、长短玻璃解剖针等)、材料准备就绪。

(2) 将表面消毒的苔藓、蕨类原叶体颈卵器材料置于培养皿中央,滴入无机盐缓冲液。

(3) 把装有材料的培养皿置于显微操作仪的显微镜下,先用低倍镜找到目标,然后用高倍镜对焦观察,并且调整显微操作仪玻璃针具进入显微观察的中央。

(4) 先用套环针尖从上至下按住、固定颈卵器腹部,后用玻璃铲刀或解剖针具"裁切"或"调撕"颈卵器颈部,暴露出卵细胞后,用吸附头针具吸附并握持住卵细胞,松开套环针具,换上解剖针具,清除卵细胞周围及其基部颈卵器残余部分。

(5) 卵细胞转移至 MS 等植物培养基试管中,进行体外受精或外源 DNA 导入等实验。

(6) 培养箱中 25℃下恒温恒湿进行诱导培养、光照及生长条件等相关植物培养和生物习性观察实验。

不管是动物或植物,雄性生殖细胞或精子细胞通常比雌性卵细胞较易获得,且数量也多,雌性生殖细胞特别是卵细胞通常获取不容易。而植物细胞具有纤维素壁,一般较动物卵细胞更难获取,用化学酶法解离植物组织,溶解纤维素壁虽然可以获得卵细胞,但解离的过程对卵细胞本身可能存在影响,以使后期卵细胞培养成活率较低。利用显微操作仪进行机械剥离挑取,虽获得率不高,但后期存活较好,若熟练操作,还是可以成为除酶法之外卵细胞获取的另一种方法。

第6章 显微记录方法

显微记录方法,是将显微镜视野下观察到的材料用胶片或数码技术保存下来供分析和研究的方法。胶片保存的方法就是我们常见的相片摄影方法,数码技术则是用数码相机拍摄材料的结构后保存在计算机中的一种方法。

6.1 胶片显微照相术

显微照相术(microphotography)是一种利用显微照相装置来拍摄显微镜视野下所观察的物体的结构并如实地记录,用来分析和研究的技术,也称显微摄影术(photomicroscopy)。显微照相装置是医学、生物学研究领域和科学研究中一项常规的不可缺少的研究工具,胶片显微照相术是细胞生物学工作者必须熟练掌握的一项技术。显微照相装置主要包括显微镜、照相机和照明装置三部分,此外,还必须具备洗印和放大等成套的暗室设备。

6.1.1 照相原理和照相机的构造

1. 照相原理

照相机是通过透镜成像的原理来工作的,外界一定距离的景物通过聚光透镜后,由于光的折射,使之聚焦并成一个倒立的实像于屏幕上,若在屏幕的成像处放置感光片,经适当时间的曝光后,就可在感光片上获得与景物相反的实像,这就是潜像(见图 6-1)。把感光过的底片经显影、定影及洗印、放大等一系列处理后,即可获得一张与景物相同的照片。显微照相与一般照相在原理和基本操作上有许多相似之处,其不同点在于显微照相时,是把照相机安置在显微镜的镜筒之上,而被拍摄物体放置在镜头与聚光镜之间的载物台上,被拍摄物体的大小及镜头到标本之间的距离受显微镜本身的结构所限制,然而,这正是显微照相的特色。

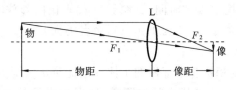

图 6-1 透镜成像的原理图示

2. 照相机的构造

照相机的种类、型号较多,但其基本构造大致相似,不外乎有以下几个主要组成部件:镜头、光圈、快门、机身、取景器、测距器及其他附属设备。各部件的构造及性能简述如下。

1) 镜头

镜头是照相机上主要的部件,能使被拍物体在像平面的感光片上成像,并借光的作用使感光片产生潜影,它由一至多片玻璃透镜组成,其球差、像差和色差均经过精细加工校正过。一架相机成像质量好坏,镜头是最关键的部分,在镜头上刻有"F=75 mm"或"F=50 mm"等号码,相机"F"是代表焦距,50 mm 是镜头焦距的长度。在相机镜头上还标有 1∶3.2 或 1∶2.8(或写成 F/3.2、F/2.8)等字样,它代表镜头最大的有效口径,反映一架相机的性能。镜头要保持清洁,切勿用手指擦镜面,不用时盖上镜头罩保护。要注意防潮,要避高温和强烈日光长时间照射,更要注意防止震摔。

2) 光圈

光圈由一组可调节的金属薄片组成,装在镜头的中间。光圈能开大,能缩小,用以控制通光量。光圈调大时,进光量多,反之则少。此外,可用于调整景深范围的大小(所谓景深是指感光底片上成像清晰范围的大小),光圈大,景深小,反之则景深大。光圈能影响成像质量,在照相时,总有某一档光圈的成像质量是最好的,这个档俗称"最佳光圈",即受各种像差影响最小的,可使用专门仪器测出"最佳光圈"的准确位置,一般来说,最佳光圈位于 F/8 左右,故通常把光圈放在此位置上。镜头焦距与光圈直径的比值称为光圈系数,通常有下面两种排列方式:① 英美制 2、2.8、4、5.6、8、11、16、22、32;② 中国制 2.2、3.2、4.5、6.3、9、12.5、18、25、36。现今生产的相机多采用第一种排列方式,并标于镜头前缘的圈上,就进光量而言,数字愈大,表示进光量愈小。

3) 快门

快门是控制光线在感光片上照射时间长短的部件。快门开的时间长,光线进入量多,快门开的时间短,则光线进入量少。快门开启的时间长短是按倍增减的,光线进入的量也是按倍增减的。快门通常用下列数字表示:T、B、1、2、4、8、15、30、50、100、250、500、等等。其中 T 为长时间快门,按一下按钮,快门开启,再按一下,快门闭合;B 为手控快门,用手按下按钮,快门开启,松手后,快门闭合。在显微照相时,经常使用 T 或 B 装置来控制曝光时间,其余数字代表快门开放时间的倒数,通常以 s 为单位,如 1 为 1 s,2 为 1/2 s,4 为 1/4 s……,余者类推。

4) 暗箱

暗箱是连接和固定相机各个部件的主体。它能防止从镜头以外来的光线射到感光片上,并能调节镜头与感光片之间的距离,以保持影像的清晰。暗箱大体可分三类:方匣式、折叠式和节筒式。方匣式多用金属或胶木制成,有的是固定的不能伸缩,有的可以伸缩;折叠式多用皮、人造革制作,通称为皮腔,它可以伸缩和折叠;节筒式由金属制成,可以伸缩或更换,是装在135照相机上的。

5) 装片装置

装片装置通称暗盒,是固定感光片的装置。有两种形式:一种是装单页片的,另一种是装卷片的。单页片的装片装置是一长方形的暗盒,一次可以装一张或两张感光片,拍照时将装好片的暗盒装在照相机后部像平面位置上;卷片的装片装置是装在相机后部像平面的两端,一端是装片轴,另一端是卷片轴,装片轴是装未拍照的感光片,卷片轴是承卷已拍照的感光片。

6) 取景器

取景器是供摄影者在照相时用来瞄准被摄对象和控制拍摄物范围的装置。小型照相机的取景器一般有两种,一种是框形的,只要在框子里面观察到的景物范围,就是拍照范围,但这种取景器有视差,物距越小,视差越大;另一种是装有透镜玻璃的光学取景器,装在机身前面或顶面,体积小,能扩大视角和缩小景物影像,观察方便而清楚。在显微照相时,由照相器上的测目镜观察显微镜视野内的拍摄物,其范围可由物镜放大倍数加以调节。

7) 滤光器

滤光器是用于提高影像质量的重要光学附件,放在镜头的前面,它包括调节色光用的滤色镜、柔化光线用的柔光器及防雾镜、偏光镜等。而滤色镜是显微照相时最为常用的一种附件,它由一块具有一定阻光率的有色玻璃制成,可放置在镜头的前面以滤掉不需要的光线,达到提高影像的反差和成像质量的目的。滤色镜有黄、绿、红、蓝、橙等多种色调,可吸收或透过不同波长的色光,在照相时,选用何种颜色的滤色镜取决于标本的颜色和对反差程度的要求。目前许多光学仪器厂,均制造成套不同色调的滤色镜,以供显微照相之用。

6.1.2 感光材料

感光材料是指摄影用的感光胶片和印放照片用的相纸,因在其片基上涂有一层乳白色的遇光能起化学反应的卤化银乳剂,它能把被拍景物通过照相机镜头聚焦成的像固定下来,通过负片处理或正片处理,成为底片或照片,所以常称为感光材料。感光胶片是由片基、乳剂膜、结合膜、保护膜和防止反光膜等五层不同物质组成的。为了获得理想的拍摄效果,不仅需要有专业的知识眼光,还要掌握感光材料的性能,根据不同的拍照对象和要求,选择适当的感光片和相纸,以便获得质量较好的底片和照片。

1. 感光胶片的组成和种类

感光片的组成结构是:片基上涂结合膜,结合膜上涂感光乳剂膜,乳剂膜上涂保护层,在片基背面涂一层防止反光膜。感光纸的组织结构是:纸基上涂白粉层,白粉层上涂乳剂层,乳剂层上再涂保护层(见图6-2)。

乳剂膜是感光材料中最重要的组成部分,它是由精胶和能感光的物质如银盐与

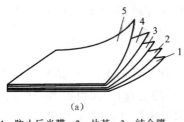
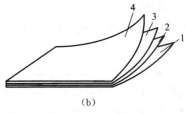

(a) 1—防止反光膜；2—片基；3—结合膜；4—乳剂膜；5—保护膜

(b) 1—纸基；2—白粉层；3—乳剂膜；4—保护膜

图 6-2　感光片(左)和感光纸(右)的组成结构

色素所组成的。能感光的物质多是银的卤化物，如氯化银($AgCl$)、溴化银($AgBr$)、碘化银(AgI)等，其中用得最多的是氯化银和溴化银。氯化银感光慢，印相纸的乳剂膜皆为此种；溴化银感光快(或再加入少许碘化银感光则更快)，许多感光片或放大纸的乳剂膜多属此种。

精胶(动物胶)不但是一种极好的胶合物，可使乳剂很容易附着在片基上，而且能使卤化银颗粒均匀地悬浮，不让它聚成一团。它能长期保存，而不改变感光乳剂的性能。在精胶所含的物质中有少量化合物具有增感能力，能使感光片提高感光速度。

各种银盐只能感受短波的紫蓝光，对于绿、黄、橙、红诸色均不能感受。欲使乳剂感色性增多，制作时须加色素，使它感受某些颜色。不同的色素增感的颜色也不一样，如红色素四碘荧光红(erythrosin)能感受波长 $250\sim600$ nm 的光波，可增感颜色为绿黄，加此种色素制成的感光片为分色片。又如绿黄色素氰醇(pinacyanol)能感受波长 $250\sim700$ nm 的光波，可增感的颜色为绿、黄、橙、红，加此种色素制成的感光片为全色片。

感光色素只用于制造感光片的乳剂，而一般感光纸的乳剂中都不含有色素。把乳剂涂布在片基或纸上，干燥后便形成乳剂膜；用乳剂涂布于透明玻璃片或柔软的赛璐珞(celluloid)片上，干燥后就构成照相用的感光片；用乳剂涂于纸基上，干燥后就构成印相或放大用的感光纸。

片基和纸基：片基是感光片的支持体。硬片的片基采用平滑的清洁玻璃，胶卷和卷片的片基是由一种平薄、透明、无色、柔软的赛璐珞制成的。赛璐珞有两种：一种为硝酸纤维制成的，另一种为醋酸纤维制成的。前者虽然机械性能好，但易燃，已被淘汰，后者虽然机械性能差些，但具有安全、不易燃、不易分解变质等优点，因此应用广泛。一些特殊用途的，如航空摄影、卫星摄影及染印法彩色胶片等，则用涤纶片基，这种片基具有更好的物理机械强度和几何尺寸的稳定性。纸基是感光纸的支持体，它的表面上涂有乳剂。作为相纸用的纸基应具备下列条件：长时间浸泡在水中，纸质不松软损伤，经水浸泡后不发生形变或伸缩。纸的颜色除了纯白的以外，还有奶白、象牙白等颜色。

结合膜：感光乳剂膜若直接涂布于片基上，易发生脱落。因此在乳剂膜与片基之间涂布一层胶质膜,以增强感光乳剂膜对片基的附着能力,片基和乳剂膜之间的这个薄膜层叫做结合膜。

保护膜:感光片或感光纸上的乳剂膜,在使用或显影时因常与外物接触易被划伤,所以在制造时,在其表面涂刷一层韧度较强的胶质保护膜,以防止划伤或因摩擦产生"摩擦灰雾"现象,影响照片质量。

防止反光膜:通过镜头照射到感光片上的光渗入乳剂层使之感光,而乳剂中银粒能使透进的光线发生乱反射,光线透过乳剂层射到片基底层,有一部分光线由底层又反射到乳剂层中而引起再感光,这样就在乳剂膜上的光点外围产生光晕圈,使影像模糊不清,此现象称为"反光晕"。为了消除此反光晕现象,在片基底层涂上一层有颜色的防止反光膜,以吸收反射的光线。防止反光膜也有涂在乳剂和片基之间的,涂在底层的防止反光膜分色胶片为红色反光膜,全色胶片多为绿色或蓝灰色反光膜,这种色素在显影时可自行溶去。

白粉层:白粉层是感光纸组织结构中的一层,其原料为硫酸钡,敷在感光纸的纸基和乳剂膜之间,涂后压成平滑面以供涂布乳剂用。

白粉层能增加感光线的反光能力和光泽程度,使照片上的影像层次分明,防止乳剂渗入纸基及防止纸内不洁之物对乳剂膜的影响,以保证照片的质量。

感光片按其片基不同可分为硬片(干片)和胶卷两大类。硬片是指以玻璃为片基的,涂有感光乳剂膜所制成的散页片,它在大型照相机上常用;胶卷是指在透明的片基上涂以感光乳剂制成的卷状胶卷或散页片,如 120、135 及 127 胶卷等,适用于小型照相机。目前国外还有 110、126、220 等型号的胶卷,玻璃干片或负片一般成单张装入相机,其规格较多。

2. 感光片的性能

为了适应拍照不同对象的需要,就要很好地研究和了解感光片的性能。感光片的性能主要有感光速度、感色性、密度、灰雾和反差性等。感光片的性能,是我们选用和识别感光片的标志。

1) 感光速度

感光速度是指感光片对光感受的灵敏度,也就是说感光片对光感受的快慢。灵敏度的高低,是由于乳剂膜在制作过程中配料的不同和处理的不同而有区别。在乳剂制作时加热程度越高的感光片速度越快,但银粒越粗。同是全色片其速度最快和最慢相差约 20 倍。感光片的感光速度是曝光时间长短的依据之一,感光度高的胶片只需较弱的光线就能使胶片起感光变化,在显影后形成具有一定密度的可见的银影。达到一定密度所需的曝光量越少,表示该胶片的感光度越高。因此可以说,胶片的感光度是指在胶片上产生一定密度所需曝光量的倒数。"感光度"常用数字表示,数字愈大表示感光速度愈快。在同一条件下拍照速度高的,曝光时间少;速度慢的,曝光时间就长。所以在使用感光片之前,必须了解其速度。每一种感光片都有它固定的速度,一般的都标志在感光片的包装纸上。感光片的速度以数字来表示,数字越大,感光速度越快,银盐颗粒越粗;数字越小,感光速度越慢,银盐颗粒越细。速度的数字大,说明灵敏度高,感光快,曝光时间短;速度的数字小,说明灵敏度低,感光慢,曝光时间长。有些人根据感光片速度的快慢不同而将其分为高速、中速、低速和最低速四级。高速片乳剂中的银粒较粗,低速片中银粒较细。高速片多用于光线不足或夜间灯光下摄影,而在显微照相时,通常使用中速片或低速片。

目前世界各国测定感光速度的标准,主要有以下几种:我国的国家标准(暂行)是"GB"制,德国是"DIN"(定)制,欧洲国家是"SCH"(仙纳)制,美国是"WESTON"(威斯顿)和"A.S.A"制,英国是"H&D"(哈德)制,日本是"N.S.G"制。GB制、定制和仙纳制的度数每差三度其感光速度则相差一倍,如GB18°比21°慢一倍,其他几种则数值差一挡或接近一挡,其速度也差一倍。

2) 感色性

感色性是指感光片对可见光不同波长的色光感受的范围。按其对色光感受的范围不同,把黑白感光片分为盲色片、分色片和全色片等几种,以适应不同拍照对象的需要。

(1) 盲色片　盲色片又叫无色片,其感光乳剂膜除溴化银及少量碘化银的混合剂外,未加入化学增感剂,只能感受可见光谱中的紫、蓝色,而对其他色光不感受,其感受波长在330~480 nm的波长区,故可在红色安全灯下操作。这类感光片的特点是感光速度慢、银粒细、反差大、解像力高,适于黑白、蓝紫等色光影像的显微摄影,不能用以拍摄红、绿和黄等色的影像,胶片对这些色光不感受,在照片上呈黑灰一片,不能分辨。所以,用醋酸洋红和孚尔根反应的制片标本,不能使用盲色片摄影,铁矾苏木精制片的标本则可以使用盲色片。

(2) 分色片　分色片的感光乳剂中加入了黄绿增成色素,它除能感受蓝紫色光外,还能感受黄、绿二色光,但对于红、橙光不能感受,其感受波长范围为330~600 nm。除红色标本外,可广泛用于显微摄影,是理想的显微摄影胶片。分色片感光为中速,反差适中,银盐颗粒粗细于盲色片与全色片之间,能记录出较多的亮度等级和较宽的感色范围,用醋酸洋红染色和孚尔根染色的标本不能使用分色片拍摄。

(3) 全色片　全色片的乳剂因加有能感受红色光的绿、黄色素,所以其增感的能力较分色片为高,对光谱中人眼所能见的诸色光都能感受,所以名为全色片。其感受波长为330~700 nm,因对绿色光感受较弱,所以冲洗底片时可在暗绿色灯光下进行。全色片感光速度快,银粒粗,反差弱,影像层次丰富,拍得的物体影像的色调与实物明暗程度极为相似,这些特点,会使显微摄影本来影像反差就小、黑白对比不鲜明的缺点更加突出,照片中的标本不黑,背景不白,呈灰暗状态,但使用感光度低(AsA50以下)的全色胶片,可获较好的效果。因此,全色片仅在照相中应用极为广泛。

除上述常用的几种感光片外,还有专用的红外线片和彩色片。

3) 密度

密度就是指感光片经曝光显影后在负片画面变黑的程度,这种变黑程度,不仅取决于乳剂中卤化银颗粒本身的特性,而且感光的多少及显影的程度对形成的密度大小都有直接影响。负片画面上越是透明的部位密度越小,越是不透明的部位密度越大,每一种感光片都有自己的最大密度值,即当再增加曝光强度和显影时间的情况下,其密度值增到某一最大值后,再也不会继续增加,这个最大值就称之为该感光片的最大密度。

4) 灰雾

曝光适度的感光片经过显影后,产生的银粒密度是正常的影像密度,但是感光片上没有经过曝光的部分在经过显影加工后也会有部分的金属银被分解还原出来,而形成一定的密度,这种密度就称为灰雾密度。感光片的灰雾密度主要是由于卤化银性能不稳定而引起的,但保存条件不好也会引起。对任何品种的感光片,它的灰雾密度都是越低越好,而当感光片的灰雾密度超过一定限度之后则不宜使用,轻度的在冲洗过程中应采取降低灰雾的措施。

5) 反差

反差性是指感光片对所拍物体阴暗层次的亮度差别,也就是影像的黑白相差程度。其明暗差异程度越是明显,即黑白分明的称之为反差强;反之,明暗差别不明显的称之为反差弱。当我们用不同反差性的感光片对某一固定反差的景物进行拍照时,所得底片的反差表现就会不同,这是因为感光片本身具有的反差性能不同的缘故。在摄影上,反差可由以下三类指标来表述:① 景物亮度差,即最亮和最暗亮度的比值;② 底片密度差,即最大和最小密度的差别;③ 照片影调差,即最深和最浅的影调的差别。一般而言,感光片的速度快,反差就小;速度慢,则反差就大。如盲色片反差强,分色片反差适中,全色片反差弱。为此我们不能使用反差过强的感光片去获得弱的反差表现,也不能使用反差过弱的感光片去获得强的反差表现,但是我们可以使用反差弱的感光片去降低景物的反差,也可以使用反差强的感光片去增强景物影像的反差。

感光片本身的反差性,用性质不同的显影液和不同的处理方法能改变其强弱程度。强性感光片用极柔性显影液,反差能变弱;柔性感光片用极强性显影液反差能加强。长时间曝光短时间显影能使反差变弱,短时间曝光长时间显影能使反差增强。数种反差性能不同的感光片,按其速度作适当的曝光,在用同一种显影液、相同温度和时间的条件下,其负片密度的大小和反差的强弱由于感光片本身反差性的不同而有区别。

3. 相纸的性能和种类

根据乳剂中卤化银成分不同,相纸可分为印相纸、放大纸和印放两用纸三种。印相纸又称氯化银感光纸,其乳剂中只含氯化银的粒子,感光速度较慢,画面色调为冷黑色;放大纸又称为溴化银感光纸,乳剂中只含溴化银粒子,感光速度快,画面色调也为冷黑色;印放两用纸又称为氯、溴化银感光纸,即乳剂中含氯、溴两种粒子,感光速度依两者比例不同而异,用此种相纸所洗印或放大的照片,其层次较丰富,色调较和谐。根据纸面形状不同相纸又可分成大光面、半光面、绸纹面、布纹面及粗糙面等五种,此外纸面的颜色、纸的厚薄等也有所不同,在印放照片时可根据需要适当地选择。

因相纸乳剂中所含成分不同,因此在感光速度、反差强弱及色调浓淡等方面均有差别。相纸反差性能常用软、硬来表示,它可分为特软、软、中、硬和特硬五个级别,用数字表示时,即为 1、2、3、4、5,数字愈大者表示性能愈硬,反差愈大,速度愈慢。国产放大纸的性能分为软性、中性、硬性、特硬性(即 1、2、3、4 号)四种。在放大照片时,按底片密度差,选用适当性能的放大纸,调节反差的强弱,以便使反差过强或反差过弱的底片得到正常的表现。

一般来讲,反差正常的底片要搭配中性感光纸,反差弱的底片要搭配硬性感光纸,反差强的底片要搭配软性感光纸。

4. 感光材料正反面的辨别

各种感光片都有正反两面之分。涂有乳剂膜的一面为正面,无乳剂膜的一面为反面。因其操作均在黑暗条件下进行,故摄影时必须判断底片或相纸的正反面,不然就会造成工作上的损失,如底片装反,不仅影像不清晰,感光不足,而且影像会左右颠倒。一般鉴别正反面的方法是:① 在安全灯下,以感光片的两面互相比较观察,反光小的一面为正面,反光大的一面为反面,但须注意,不可距离安全灯太近(应在一米以外),时间不宜太久,否则会产生灰雾现象;② 在暗室内,或装片袋内用手指触摸感光片的正反面,感觉光滑小的一面为正面,感觉光滑大的一面为反面,应该注意的是,触摸感光片时用力要轻,以免留下指印和擦痕,同时要注意不能用不干净或有汗液的手指触摸,防止污染感光片;③ 在一般情况下,胶片多呈弯曲状态,向内凹入的一面为正面,向外凸出的一面为反面,但在天气潮湿时或长期受力压迫的感光片,用这种判断办法来鉴别可能有错;④ 散页片在制造时,为了方便使用者的鉴别,一般多在右上角处刻有缺口作为记号,以作辨别感光片正反面之用,以右手中指与食指拿住页片的长边,用食指去摸页片短边的右上角,如有缺口,即说明页片的上面为正面,下面为反面。

6.1.3 滤色镜

滤色镜是显微照相必备的光学滤光组件。利用滤色镜对色光选择吸收的原理,通过控制色光,突出或抑制影像在胶片上的感应,以期获得理想的照相底片。显微照相质量的优劣与影像的反差有密切关系,如果所照的标本之间反差较强,则显示的结构就明晰,若反差不足,则结构显示就差,影像反差不足的原因有两个:① 标本在视野以外,被照明部分散射的光线太多;② 集光器的光阑比物镜所能容许的为大,如欲校正这种缺点,可以缩小集光器下的光阑,使反差增强,但这又降低了分辨力,所以一般增强反差,都用滤色镜来控制,效果较好。

1. 选择滤色镜的依据

普通光线经分光镜后,色散形成红、橙、黄、绿、青、蓝和紫七种单色光,这段可见光谱的波长为400～700 nm。通常将该七种色光概括为红、绿和蓝三段,大致的波长范围为:蓝,400～500 nm;绿,500～600 nm;红,600～700 nm。白光就是由这三种色光等量混合组成的,而红、绿和蓝色光的不等量混合,会形成各种不同的色光。

在摄影中,通常把红色光、绿色光和蓝色光称作三原色光(见图6-3(a))。把蓝光与黄光、绿光与绛红光、红光与青光称作三对互补色光,这三对互补色光分别相加皆可得到白光,黄、绛红和青三色,就称为红、绿和蓝三原色的补色。但在彩色摄影印加工技术中色光的相加法过于复杂,因此,人们改用彩色滤光片的叠加方法取得无数混合彩色,这就是黄色、青色、绛红色(见图6-3(b))。

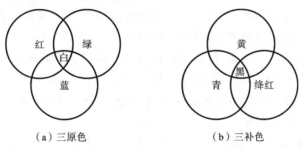

(a)三原色　　　　　　　(b)三补色

图6-3　三原色与三补色

滤色镜对各种色光有选择吸收的特性,凡与滤色镜颜色相同的色光则能透过,而与滤色镜颜色互补的色光则被吸收。例如,绿色滤色镜,在白光下把光谱中的蓝色光区段和红色光区段全部吸收,只让绿色光段的色光透过,滤色镜显示绿色。黄滤色镜吸收蓝色光,透过红光和绿色光。红滤色镜,把光谱中由蓝到绿光段的光波全部吸收,只让红色的一段光透射。蓝色滤色镜吸收了由红到绿光段的色光,仅使蓝色光通过。

在显微镜的光路上,加滤色镜、从白光中减去与滤色镜颜色互补的色光,使改变的色光透射物体,造成影像色调和反差的改变。显微摄影利用滤色镜提高影像的反差和清晰度,以获得理想的底片。被摄物体反射出来的色光,如果被滤色镜透过,在黑白底片上产生相应的密度,印放出的照片上这部分影调比较明亮;假若该色光被滤色镜吸收,底片上的密度就薄,制出的照片影调就暗。根据以上所述我们就可知道,如果要使某一种颜色的物体更接近于黑色,那就必须用完全被该色所吸收的光,也就是说,用包含在该色的吸收光带内的波长光来进行镜检或照相,例如染绛红色的标本要增强它的反差,就须加上绿色的滤色镜,这样就可使绛红色物体吸收更多的绿色,使反差增强。

为提高影像反差,选用滤色镜的原则是选用与被摄物体吸收的色光同一颜色的滤色镜,即选用被摄物体的补色滤色镜,则可达到理想的最佳影像对比,这是因为视野中的物体影像的色调和反差可被补色的滤色镜加强,而被同色的滤色镜所削弱。举例说明如下:染色体用铁矾苏木精染色后呈蓝色,这种蓝色染色体吸收红光和绿光,透过蓝光,摄影时加用蓝色的补色——黄色滤色镜,可把照明光线中的蓝色光吸收,通过的是黄色光,滤色镜透射的色光恰好是染色体吸收的色光,致使透射在染色体上的黄色光全被吸收,不再作用在底片上,染色体在冲洗后的底片上呈白色,其他部分为黑色,印放出的照片上将是深黑色的染色体散在光亮的白色背景上,影像清晰,黑白分明。

对双重染色的切片标本,拍摄时要选用突出重要影像的滤色镜。例如,用孚尔根反应外加固绿,切片材料的染色体染成红色,细胞质部分呈绿色,加绿色滤色镜则突出红色,削弱绿色。总之,显微摄影选用何种滤色镜取决于材料的染色,如果滤色镜只透过染色标本所能吸收的光谱,或滤色镜的透射曲线与标本的吸收曲线相同,即选用补色的滤色镜,定会达到理想的最佳影像对比。

此外,尚须提及的一点是,摄影时选用与被摄体同色的滤色镜,可提高影像的分辨率。滤色镜只限于用全色胶片拍摄时使用,不能到处滥用。对于只有黑白或灰色的物体影像,由于能均匀地吸收或透射各种色光,滤色镜在此不起作用。

2. 选择滤色镜的步骤

(1) 选用滤色镜时,最好的方法是在显微镜下检视目的物体,以得到最大的反差或最清晰的结构。

(2) 如果要更好地把标本的细微结构显示出来,可以选择适当的滤色镜成对地配合使用(见表 6-1),这样就能得到特定波长的单色光。使用这种单色光时,就可以不必考虑色差了。一般消色差物镜,可选用黄色或绿色滤色镜,以除去色差。在各种不同染色的标本中需要增加反差时,可参考使用下列滤色镜:染成蓝色或绿色的标本使用红滤色镜,染成红色或紫色的标本使用绿滤色镜,染成黄色或棕色的标本使用蓝

表 6-1 常见滤色镜组合

染料名称	吸收波谱/nm	配对使用的滤色镜	使用的光带/nm
甲基绿	620~650	纯红	610~680
亮绿	600~660	纯红	610~680
亚甲蓝	600~620,650~680	橙红	590~700
天青 I	580~640	绿和橙	560~600
海氏苏木精	560~600	绿和橙	560~600
苯胺蓝	550~620	绿和橙	560~600
酸性品红	530~560	绿和深黄	510~600
碱性品红	520~550	绿和深黄	510~600
洋红	500~570	绿和深黄	510~600
曙红 Y	490~530	绿和蓝	510~540
番红	480~540	绿和蓝	510~540
橘红 G	470~500	蓝紫	400~510

滤色镜,染成蓝偏紫色的标本使用黄滤色镜。

(3) 各种不同的生物染料染成标本后,可根据表6-1选择适当的滤色镜组合。

3. 滤色液的配制方法

滤色液与滤色镜的作用一样,选择适当颜色的滤色液,就能增强某种物体的反差,提高分辨力,同时还有吸热的作用。常用的滤色液有绿色与蓝色两种,现将其配方介绍如下。

硫酸铜氨水溶液:将10 g硫酸铜溶于100 mL氨水中,加水至1000 mL,如发生白色沉淀,再加氨水就会消失,这种溶液呈蓝绿色,能使波长短于500 nm的光线通过。

硫酸铜-苦味酸水溶液:将硫酸铜30 g和苦味酸1.8 g溶于300 mL的蒸馏水中,这种溶液能透过波长540 nm左右的光线。

硫酸铜铬矾水溶液:硫酸铜5 g、铬矾5 g溶于300 mL的蒸馏水中,这种溶液适合于加强红色(曙红)或蓝色(苏木精)标本的反差。

6.1.4 曝光和放大率

曝光又叫感光,是指感光片的乳剂膜上银盐受光化作用后,即发生变化,在乳剂膜的表面,肉眼虽然看不出变化,但已经产生了潜影,经显影的还原作用即可出现影像,这就是曝光。它是照相技术上最重要的一项基本功,一张照片的成败和感光有密切关系,上述的各项准备工作做好后,对准焦点,即可曝光。

1. 影响曝光时间的因素

影响曝光时间的因素有以下几个方面:照明使用的方法或照明光线的组成,使用的光源强度,使用不同的滤色镜,集光器的类型、镜口率(NA)及其焦距,物镜的类型、镜口率及其焦距,目镜的类型及其焦距,胶片的性质及其感光的程度,标本的性质及颜色,光学系统中所有透镜的光吸收总量,各种光阑孔径的大小和焦点的调整等。

2. 试验曝光

在初次进行显微照相或拍摄一种新的目的物时,应该先进行试验曝光。它的方法很简单,可采用物镜测微计或需要拍摄的标本为目的物,在相同的条件下,按照几何级数所拍的各种不同曝光时间的试样显影和定影后决定正确的曝光时间。

进行试验曝光的正确方法如下:取一张普通大小的干片或胶片,为了节约起见,可把它切成二或三条狭长的片带,然后把它们分别装入暗盒中;将暗盒的挡光板抽出,直至干片全部露出为止,并将整个干片进行一次一定时间的曝光(例如4 s),将挡光板推入暗盒,再重复同样时间的曝光;陆续将挡光板推入,使遮住距离相等的各段,每一段的曝光时间为前一段的2倍,上例的干片共分四段,曝光了四次,结果如下,第一段4 s,第二段(4+4)s=8 s,第三段(4+4+8) s=16 s,第四段(4+4+8+16) s=32 s;如用物镜测微计为拍摄的目的物,结果为曝光不足时标尺的条纹黑而粗,曝光太过时标尺的条纹白而细;将试验曝光的条件与结果记在记录本上。

3. 正确曝光时间的估计

在经过试验曝光以后所得的适当曝光时间仍然随着条件的改变而变动，不过有些条件是可以固定的，有些条件改变后，其曝光时间可以推算出来。现将几个经常改变的条件与曝光时间的关系介绍如下。

在同一放大率下所使用的物镜镜口率愈大，曝光时间愈短。更换目镜、物镜或调节像距改变放大率时，曝光时间与放大率的平方成正比。例如，使用的目镜为 $10\times$，物镜为 $20\times$，总放大率为 200 倍，其适当曝光时间为 1 s；如配合的物镜为 $40\times$，总放大率为 400 倍，时间则为 4 s。目前我国生产的胶片的速度以"定"（DIN）计，每增加 3 度，其曝光时间减少一倍。

4. 放大率

在显微摄影时，像的放大倍数须与镜检放大倍数相同或低于镜检的放大倍数，因为像的清晰度与摄影机镜头的分辨率及底片的分辨率有很大关系。为此，最适宜的放大倍数要根据拍摄目的的不同而异。一般拍摄组织标本用 100～300 倍，拍摄细胞概况用 1000 倍以上，拍摄细菌用 800～1200 倍或更高些，拍摄染色体用 1500 倍左右。有时可先拍摄低倍轮廓，后拍高倍细微部分。做同一系统的研究时，最好利用同一放大倍数拍摄，便于比较。

6.1.5 暗房技术

完整的显微照片的制作需经过两个过程：第一是负片（底片）的处理过程，这个过程称为负片处理；第二是正片（照片）的处理过程，这个过程称为正片处理。获得一张理想的照片，除了需要正确的拍摄技术外，还需熟练地掌握底片的冲洗和照片的晒印及放大技术。

1. 负片处理技术

负片处理，通俗说是冲洗胶卷或冲洗单页片，它包括显影、停显、定影、水洗、晾干等步骤。拍摄后的底片冲洗步骤如下：水中浸润→显影→停显→定影→水洗→晾干等。

1）水中浸润

将感光底片从暗室内取出，放在蒸馏水中浸润 1～2 min，使底片各部分均匀湿润，排除附着底片上的气泡，防止底片浸入显影液后，因各部分接触不均而产生斑块。

2）显影

显影就是采用化学的方法使底片上的潜像成为可见影像的过程，也是利用一些化学药品的作用将已感光的银盐潜影转化成可见的金属银影。其实质在于用显影剂（即还原剂）使已感光的卤化银还原成黑色的金属银，而未潜像处的卤化银不被还原，从而使底片上形成具有一定反差的影像。因此，影响负片效果的主要是显影，显影过程掌握得好，能使曝光不足或过度的负片得到弥补；反之，即使曝光准确，但显影不当，也可能前功尽弃。

显影液是由显影剂、保护剂、促进剂和抑制剂调配而成的,其中显影剂为主剂,保护剂、促进剂等均为辅助剂。

(1) 常用显影液的成分和性质。

① 显影剂 显影剂是一种化学还原剂,它是一种结构复杂的有机物质,能够使已感光的银盐还原成为黑色银粒的化学药品,它对未曝光部分的晶体不产生影响。常用的显影剂有以下几种。

米吐尔($OHC_6H_4NHCH_3 \cdot \frac{1}{2}H_2SO_4$),又叫衣仑、美多、米妥尔、米得尔。化学名称叫硫酸对甲氨基苯酚,为无色或微带灰褐色针状晶体,亦有浅褐色、粉末状的。它属于急性显影剂,显影能力强而快速,显影时对感光少的部分与感光多的部分有同时进行显影的能力,因此,用它显出的影像反差弱而柔和。显影温度对其影响不大,显影温度低于10℃时,其显影能力也不会显著地降低。同时还具有较少灰雾及污染底片较小的优点。怕强光,应密封保存在干燥的黑暗处。

对苯二酚($C_6H_4NH_2$),又称氢醌,商品名叫海得尔或几奴尼或坚安,为白色或微灰褐色的细短针状结晶体,属于缓性显影剂。其显影能力较米吐尔低,显影时间较长。显影时对于感光较多部位的显影作用较强,可以获得较大的密度,对于感光较少部位的显影作用较弱,只能获得较小的密度,因此,所得影像反差很强,明暗对比较大,常用来配制快速高反差显影液。对苯二酚显影剂的显影能力受温度影响很大,显影温度低于正常温度时,其显影能力显著降低,在28℃左右时,其显影速度快,而在10℃以下时,则几乎不起显影作用。

亚硫酸钠(Na_2SO_3),也叫硫养。它与氧气的化合作用极强,若将硫养加入显影液中,不待氧气与显影剂化合,它首先与氧化合,可起到保护显影剂的作用。硫养一般分为无水亚硫酸钠和结晶亚硫酸钠($Na_2SO_3 \cdot 7H_2O$)两种。一份无水的硫养等于两份结晶的硫养,使用时可以按此比例互相代替。硫养易溶于水,在空气中极易氧化为硫酸钠,在潮湿情况下尤为显著,因此,保存要严密,应放置于干燥处,以防氧化失效。

此外还有对氨基酚、阿米多尔、菲尼酮等。

② 促进剂 促进剂也叫加速剂,是一些碱性物质,能促进显影剂的解离,从而增加阴离子数目,加速显影速度。一般的显影剂(阿米多尔除外)单独使用即可,但其显影能力极为缓慢或根本不产生作用,即使中性溶液中也不起显影作用,或显影能力甚微。加入一种碱性物质后,由于碱性物质的促进作用而产生显影能力或增强显影能力。显影剂在对银盐颗粒进行显影时,会产生一定数量的能限制银盐颗粒还原的酸性物质,如果显影液中存在着碱性物质,就可以和酸性物质中和,不会使显影中途停止。常用的显影促进剂有以下几种。

碳酸钠,也叫碳养、纯碱、苏打,属纯碱性,易溶于水,性能较强,对感光乳剂促进显影作用速度快,但密度增加慢。它对金属银有结合和加粗作用,用量大而温度又较高时将影响显影效果。一般多用无水硫酸钠,其质量纯净,呈白色。它有四种形态,即无水碳酸钠(Na_2CO_3)、一水碳酸钠($Na_2CO_3 \cdot H_2O$)、七水碳酸钠($Na_2CO_3 \cdot 7H_2O$)、十水碳酸钠($Na_2CO_3 \cdot 10H_2O$,也称结晶碳酸钠)。一份无水碳酸钠相当于1.14份一水碳酸钠、2.18份七水碳酸钠、2.7份十水碳酸钠,这四种物质性质相同,按上述比例换算,可互相代替。

硼砂($Na_2B_4O_7 \cdot 10H_2O$),又名四硼酸钠,是白色透明的棱形晶体,易溶于水,呈碱性,性质轻柔弱,常用于高温或微粒显影液中。

此外,还有偏硼酸钠($NaBO_2 \cdot 2H_2O$)、苛性碱($NaOH$ 或 KOH)和碳酸钾(K_2CO_3)等,也可以用做促进剂。

③ 保护剂　显影剂在水溶液,特别是在碱性溶液中易被氧化而失去显影能力,因此,为了保持显影剂的效用,就需要在显影液里添加一种能防止显影剂被氧化的、起保护作用的物质作为保护剂。常用的有亚硫酸钠(Na_2SO_3)、亚硫酸氢钠($NaHSO_3$)和焦亚硫酸钾($K_2S_2O_5$)等。

④ 抑制剂　在显影液中还需加入溴化钾一类的抑制剂,它能抑制感光少的或未感光部分溴化银的还原,减轻底片或照片上形成的灰雾,并可减缓显影速度,避免显影不均等弊病。在显影液中常用的抑制剂有以下几种。

溴化钾(KBr),是白色透明晶体,易溶于水,主要作用是抑制未感光的银盐放出溴、增长初显期,延长显影时间,降低灰雾。对感光多的部位和感光少的部位的表现和反差起调节和控制作用,在硬性和快速显影液中用量大(10~20 g),在软性微粒显影液中用量较小或不用,在普通显影液中用量为1~3 g。

苯骈三氮唑,又名连三氮茚($C_6H_5N_3$),是一种微带黄色的纤维状结晶有机防雾剂。防雾力比溴化钾强,用量也较少,但对感光材料的感光影响较大,对灰雾较大的感光材料有显著的防灰作用,还可以防止黄色显影灰雾。

(2) 常用显影液配方有以下几种。

D-76普通微粒显影液配方(适用于冲洗底片或负片的显影液):温水(50~52℃)750 mL、米吐尔2 g、无水亚硫酸钠100 g、对苯二酚5 g、硼砂2 g。

配制时,先将米吐尔溶于温水中,待完全溶解后,边搅拌边加入亚硫酸钠,然后再加入对苯二酚使它完全溶解,另将硼砂溶于少许温水中,待完全溶解后将两液混合,再加冷水至1000 mL。显影时使用原液,须保持液温在20℃,显影时间依底片感光速度而定,速度低的为5~10 min,速度高的约为15 min。拍摄的标本反差愈小,所需的显影时间愈长。另外此液保存力较大,能连续用十几次,假如每冲1卷后更换30 mL新液(即补充液),则可提高药效5倍(当然不能无限期使用),此时不要延长显影时间。

D-72普通显影液配方(适用于干片、胶片和相纸):温水(50~52℃)750 mL、米吐尔3.1 g、无水亚硫酸钠45 g、对苯二酚12 g、无水碳酸钠67.5 g、溴化钾1.9 g。

上述各种化学药品,按配方次序溶解于温水中,不可颠倒,加蒸馏水至1000 mL

即可。在液温为 18～20℃下,用原液冲淡一倍。晒印照片显影时间约 1 min,放大照片显影 2～3 min,感光速度低的底片为 2～8 min,速度高的为 7～15 min;若用于冲洗底片或幻灯片,用原液时显影时间约 8 min,负片显影时间约 4 min;正片显影时,将此原液一份加清水 2 份冲淡,此液也适用于反差很微弱的底片。

(3) 显影时注意事项。

化学显影法是一种化学反应过程,显影效果好坏与显影液温度、显影时间、药液性能、翻动等因素有很大关系,在实际操作过程中,必须准确地加以控制。

① 配制时,必须预先清洁处理所有器皿,按规定的先后顺序逐项加入药品并充分溶解,不时搅拌,但切勿过分用力,以免空气进入药液而降低药效,不能把加药顺序颠倒,否则将产生混浊沉淀。

② 蒸馏水最好用煮沸过的,温度在 52℃,太高会降低药效,过低则使药品溶解缓慢;感光片应全部始终地浸泡在显影液中,注意不要使药膜面被擦伤或划破,一般不宜用手直接拿着负片进行操作显影,以免由于手的温度影响,使药膜面松软或溶化。

③ 正确的显影时间主要取决于所用底片或相纸的性能及显影液的性能,通常情况下,按厂方推荐的配方、时间均可获得满意的结果,但更理想的办法是通过自己试验。

④ 显影温度一般控制在 18～20℃为宜,液温太高,使影像变深,反差加大,灰雾增加,银粒变粗,液温超过 24℃以上,感光层过分膨胀,就有溶化脱落之危险,而且药效易被氧化,寿命缩短,影像上会染上棕黄色的污斑,如液温太低,造成影像太淡,反差不足等缺陷。

⑤ 此外,在显影中所用的药品中,有毒性的如米吐尔、升汞、氰化银等,有腐蚀性的如硫酸、盐酸等。在操作中需小心,防止触及皮肤、伤口或进入口腔等。

(4) 显影方法。

为了防止感光片显影不均,显影前先将感光片放在清水中润湿,然后放入显影液中,并不断地摇动显影液,或不断地翻动感光片。在安全灯下观察可以看到负片的显影过程,随着显影时间的增加,感光片上感光较多的部分开始变黑,而后感光较少的部分也逐渐变黑,直至整个影像轮廓隐约可见。如从感光片的背面仍看不见影像轮廓,这说明影像密度还不够,需要继续显影,直到感光片从正面看是一片黑色,从背面看能看到影像的轮廓,即可停止显影。若到规定的显影时间背面仍看不见影像轮廓,这说明可能是感光不足,可适当地延长显影时间,如果延长了规定时间的 1/3 以后,仍不见影像轮廓,则应停止显影,再延长显影时间不仅不能增加负片的密度,反而会产生灰雾。如果显影只到规定时间的 1/2 时,从负片背面就能看到影像的轮廓,这说明拍照时曝光过度,应立即停止显影。另在安全灯下每次观察显影程度的时间不能过长,一般每次以 5 s 左右为宜,以免使负片产生灰雾。

上述方法对感光片背面没有防止反光色素或这种色素已被溶液洗掉的才适用,如果感光片背面还存在这种色素,则只能从正面观察判断显影程度,这需要在日常工作中不断观察摸索并积累经验,加以总结,逐步掌握这种观察显影的方法。

常用的负片显影方法有"盘中显影"和"罐中显影"两种。

① 盘中显影　盘中显影是在暗室中把感光片放在显影盘或其他器皿中进行显影操作的方法。要防止胶卷与盘底摩擦,可在微弱的绿色安全灯下操作。可整卷冲洗,也可单张显影。显影以前须做以下的准备工作:第一,按照需要将显影液、停显液及定影液等配好;第二,取洁净而又光滑的显影盘四只,按次序放好并分别注入清水、显影液、停影液及定影液,将其温度调整至标准温度;第三,检查暗房各处有无漏光的孔隙,安全灯是否安全;第四,备好应用物品,如剪子、底片夹等并放在一定的位置,以备使用。

做好了上述准备工作即可关灯,取出底片,两手各持一个底片夹,夹住感光片的两端,将底片浸入清水盆中,使底片各部分浸水均匀,然后,将底片取出,药膜面朝上,浸入显影液中进行显影,在显影液中可上下拉动或往返卷动底片,使负片的各部分得到均匀地显影。盆中显影便于在安全灯下观察显影进度,但显影盆和安全灯距离不能短于 30 cm,太近了,容易使负片产生灰雾现象。显影用的安全灯,盲色片和分色片用深红色的安全灯,全色片用深绿色的安全灯。

② 罐中显影　罐中显影是把感光底片装入胶带式或沟槽式的显影罐中进行显影的方法。这种方法的优点是除装片外,显影等过程都可以在普通光线下进行,显影液、定影液、清水都从罐上小槽注入和倒出,显影需定时定温,操作方便,感光片始终浸泡在显影罐的药液中,不与空气接触,可以减少灰雾现象的产生;不与外物接触,不易受摩擦而产生痕迹,也易调整温度,获得微粒效果;缺点是每次使用的药液需450~500 mL,不能单独调整底片显影时间,装片时需注意勿使胶卷的药膜贴于中轴之上或使胶卷彼此互相叠合。

3）停显

经过显影的感光片,乳剂里充满了显影液,在这种情况下,即使把它放在清水里加以短时间的漂洗也仅能将表面的一层显影液洗去,而乳剂膜里仍含有显影液。如果将这样的感光片放到定影液里去定影,乳剂膜里的显影液仍然能够发挥显影能力而进行显影,易产生显影过度,发生斑块和灰雾现象,因此,在定影之前,要进行停显。

停显液主要成分是酸性物质,感光片在显影以后,浸入酸性物质里,酸性物质渗入乳剂膜,与残留的显影液中的碱性物质发生中和作用,使其停止显影。

常用停显影 5B-I 配方:蒸馏水 750 mL、28% 醋酸 48 mL,加蒸馏水至 1000 mL 即可。

将已显影的负片放在此液中冲洗半分钟(照片一般为 10~20 s),然后放入坚膜液中,再放入定影液中定影。

感光片经显影、停显等,其乳剂膜的胶质很容易发生松软现象,特别是在夏季或是炎热地带因温度较高,胶膜容易脱落,必须进行坚膜。坚膜液的主要化学药品有矾类和福尔马林,它对胶质有收缩作用,可增强胶质的坚固能力使其韧度增大。

显形后坚膜底片的配方:

① 水 1000 mL、钾铬矾 30 g。

② 水 1000 mL、钾铬矾 30 g、醋酸(28%)49 mL,坚膜的时间 3～5 min。

4) 定影

感光片的乳剂膜里有感过光的银盐,经过显影的还原作用,银盐里的银粒会析出形成金属银,呈现出被拍物的影像。未感光的银盐在显影过程中不产生变化,但在光的作用下仍会发生变化,损坏整个影像。定影就是把感光材料中在显影后剩余下的未感光的遇光会起变化的银盐溶去,变为可溶于水的盐类,将影像固定下来。所以定影是把未显影的银盐除去的一个化学过程。

(1) 定影液的成分和作用。

定影液有四个组成部分,即定影剂、酸性剂、保护剂和坚膜剂。

① 定影剂是指定影过程中能溶解卤化银的化学物质,常用的有硫代硫酸钠和氯化铵。

硫代硫酸钠($Na_2S_2O_3 \cdot 5H_2O$),俗名海波,又名大苏打,常用有结晶和无水两种。结晶的为柱形透明晶体,白色,不纯时略带黄色,易溶于水,这是常用的定影剂,也是定影液中最主要的成分,它能与被还原的卤化银起反应,形成一种难溶于水的配合物 $Na[Ag(S_2O_3)]$,而对未被还原的卤化银不起作用,从而使浓淡不同的影像固定下来。海波吸湿性强,应保存于干燥处。

氯化铵(NH_4Cl),为白色纤维状硬块或白粉,易溶于水,呈酸性,它和硫代硫酸钠作用后起置换反应,形成硫代硫酸铵,可加速溶解银盐。含有氯化铵的定影液可较通常定影时间缩短一半,只有在特殊需要的情况下才采用急速定影方法,一般情况下不宜使用。

此外如氰化物等也可作定影剂。

② 酸性剂 显影剂是呈碱性的,酸性剂起中和作用并起停显效用,但可使定影液的 pH 不低于 4,防止硫代硫酸钠分解产生硫沉淀,还可以防止由显影剂还原生成污染胶膜的有色化合物,避免照片染上污迹,常用的有冰醋酸(CH_3COOH)和硼酸(H_3BO_3)。

醋酸,又名乙酸、冰醋酸,其纯度可达 99%,有刺鼻的酸味,有毒和腐蚀性。纯醋酸在 17℃ 以下为白色晶体,温度升高时为透明液体,在定影中使用稀释液。硼酸为有光泽的半透明晶体,在冷水中不易溶解,70℃ 水中可溶解 16 g。

③ 保护剂 定影液 pH 值小于 4 时就会析出硫,对感光材料影响较大,因此常加保护剂以防止定影液中分解出硫。常用保护剂有无水亚硫酸钠、偏重亚硫酸钾、重亚硫酸钠等,其作用一是防止硫代硫酸钠遇酸分解产生硫沉淀;二是亚硫酸钠具有与氧迅速结合的能力,可保护定影液。

④ 坚膜剂 感光胶膜在处理过程中会出现膨胀、网纹、脱落等现象,为了防止这些现象发生,需加入坚膜剂,常用的有钾铝矾[$KAl(SO_4)_2 \cdot 12H_2O$]、铬钾矾

[KCr(SO$_4$)$_2$·12H$_2$O]和硫酸钠(Na$_2$SO$_4$)。

钾铝矾,也叫钾矾、明矾、钾明矾,为白色晶体,易溶于热水。在空气中易风化,但化学性质无变化,水溶液呈酸性。在 pH 为 4～6 的酸性溶液中坚膜性良好,和碱作用后形成白色冻状氢氧化铝沉淀。

铬钾矾,也叫铬明矾、硫酸铬钾,为紫色晶体,易溶于水,水溶液呈酸性。其坚膜性比钾铝矾更强,在 pH 为 3～4 酸性液中坚膜性最好。

硫酸钠,无水硫酸钠,又名元明粉,白色粉末,在空气中易吸水形成结晶的十水硫酸钠(Na$_2$SO$_4$·12H$_2$O)。十水硫酸钠是无色单斜晶系大棱晶,易溶于水,水溶液呈中性。在定影溶液中起坚膜作用,夏季显影,温度过高,加入硫酸钠进行坚膜,可防止胶片药膜过于膨胀、脱落。

(2) 常用定影液配方。

由硫代硫酸钠与水配成的溶液称简单定影液,由定影剂、酸性剂和保护剂三者配成的溶液称酸性定影液,一般使用酸性坚膜定影液(即除酸性定影液中的成分外,还加上坚膜剂)。

① 常用(F-5 式)配方:温水(52℃)600 mL、硫代硫酸钠(大苏打)240 g、无水亚硫酸钠 15 g、醋酸(28%)48 mL、硼酸 7.5 g、钾矾 15 g,按顺序逐项溶解后,再加蒸馏水至 1000 mL。

② F-7 式配方:温水(52℃)600 mL、硫代硫酸钠(大苏打)360 g、氯化铵 50 g、无水亚硫酸钠 15 g、醋酸(28%)48 mL、硼酸 7.5 g、钾矾 15 g,按顺序逐项溶解后,加蒸馏水至 1000 mL,此液可达到快速定影的效果,但需注意控制定影时间,防止底片被减薄。

配制定影液和显影液一样,要按配方中所列顺序一一溶解,并需待前一种药品完全溶解后再加入后一种药品。大苏打溶解时要吸收热量,由于它的溶解致使溶液温度下降而影响其他药品的溶解,所以最好用分别溶解的方法配制,最后混合在一起。同时要注意,水温不能过高,加醋酸时不能过急,要徐徐倒入并加以搅动,否则易产生白色沉淀物,轻则影响效果,重者失效废弃。

(3) 定影的方法。

显影后的负片或照片,经停显即可投入定影液中定影。定影温度以 16～24℃ 为宜。温度愈高,定影速度愈快,但乳剂膜易脱落或损伤;温度过低,定影速度慢。定影时间要充分,一般 10～15 min,定影时间也不能过长,因新鲜定影液有减薄作用,会造成影像浅淡,密度减小。另外定影时间与感光乳剂膜的厚薄有关,乳剂膜厚的高速度感光片,定影时间需要 15 min,乳剂膜薄的慢速度感光片,定影时间只要 5～10 min。

在一般情况下,每 1000 mL 定影液约可定影感光片 9 cm×12 cm 60 张,6 cm×9 cm 100 张,4.5 cm×6 cm 200 张,120、135 胶卷 20 卷;感光纸可按感光片面积增加 20% 左右。定影数量较多情况下,最好采取记数办法,估计定影液的效能消耗的程度,以免除因定影能力不足而造成的损失。

当定影液能力衰竭时,应另换新液,不宜增加大苏打继续使用;疲乏的定影液内,含有废显影液、溶化的复性银盐、停显、坚膜剂等,加入大苏打,虽然略可增加定影液的定影能力,但因其含成分复杂,产生的副作用甚大,影响影像的效果。

在定影过程中应经常搅动,以保持定影均匀,定影后影像颜色变成棕色,是因大苏打受到酸性物质或温度的影响将本身所含的硫析出,这些游离的硫便可能与影像的银粒产生化学变化,生成硫化银。

5) 水洗

经显影的负片和照片上的银盐,在定影过程中与大苏打不断地产生化学变化,生成一种可溶性的复性银盐。这种复性银盐和定影液中所含的各种化学物质,存在于乳剂膜的表面和内层,时间长了就会有硫被分离出来,和空气里的水分、氧气化合而成硫酸,使影像色调逐渐变黄,甚至可使全部影像消失。水洗彻底,可使负片或照片的影像经久不变,水洗温度最好与显、定影液相同,过高或过低都会损坏影像。水洗时间应掌握既快、又节约用水的原则,在温度20℃左右时,流动水漂洗负片需要20~30 min,照片需60 min以上,厚的纸基照片还要延长。静水漂洗底片每隔5 min换一次水,约10次,照片要换20次以上。为达到长久保存的目的,可将定影后的底片(或照片),先浸入含氯化钠或硫酸钠的水溶液或2%的亚硫酸钠溶液中浸1~2 min,再用流水冲洗5~10 min,即可达到良好的效果。

水洗用的水一定要清洁,以防负、正片沾染不洁之物;水流动不能过激,以免负片彼此摩擦而形成擦伤。

6) 晾干

水洗后,应用柔软的细纱、脱脂棉或海绵等物轻轻地擦拭负片的两面,以除掉附着的杂质和水渍,然后再晾干。最好将负片悬挂在空气流通的地方,待其自然干燥。若急用,可放入无水酒精中浸泡1~2 min后取出晾干或用吹风机吹干,如用烘干箱烘干,温度不能过高,在30~40℃,否则易损坏负片。晾片时要注意防止尘土黏附在负片的药膜上,在负片未干透时切忌用手触摸或与其他物品碰撞,以免污染或擦伤药膜。晾干的负片如发现有灰尘、沙子、锈迹、水渍或出现白色结晶物等,需重新水洗,待水洗彻底后再晾干。

2. 正片处理技术

正片处理是负片处理的继续,也是拍照获得一张照片的最后步骤。能否制作一张符合要求的照片,拍照、负片处理的好坏固然有直接关系,然而正片处理是否正确也是一个重要的环节。正片处理有印相和放大两种。印相、放大处理过程和负片一样,都要通过一定的感光(曝光)、显影、定影、水洗、晾干等步骤来完成,在正片处理中,关键的一环是根据负片的反差正确地选择相纸。

1) 负片和相纸的配合

要使负片和感光纸配合得好,首先要正确鉴别负片的密度和反差。一张正常的负片,既有黑的部分,也有透明部分,层次丰富,密度和反差适中;一张薄的负片,黑的部分不太黑,淡灰,透明部分占的多,缺乏中间层次,密度小;一张厚的负片,影像大部分浓厚,缺乏中间层次,密度大。负片的密度大小和反差强弱,一方面取决于被拍景物反射光量的情况,另一方面受曝光和显影条件的影响。我们应根据负片的不同反差和拍照内容选择适当的感光纸,选择正确与否将直接关系到正片的质量。

感光纸按其乳剂性质可分氯化银感光纸、溴化银感光纸和氯溴化银感光纸。氯化银感光纸叫做印相纸,其感光速度慢,适合印相用。溴化银感光纸叫做放大纸,感光速度快,适合放大用。氯溴化银感光纸其感光速度快于印相纸而慢于放大纸,印相和放大均可应用,叫做印放两用纸。

选配相纸时应以再现被拍物色调层次,更好地表现拍照内容为依据。同时,还要补救负片因曝光或显影不正确所产生的缺点。一般来说,反差强的负片配以软性相纸;反差弱的负片配以硬性相纸;反差正常的负片配以中性相纸。还应指出:认为密度厚的负片选用软性纸,密度薄的负片选用硬性纸,这是不对的,因为密度厚的负片不等于反差强,密度薄的负片也不等于反差弱,所以,必须根据负片的反差程度来选择感光纸,不能把负片密度厚薄作为选择感光纸的依据,负片密度的厚薄是印相和放大时决定曝光时间长短的主要依据。

2) 印相

印相也叫接触印相,是将负片乳剂膜与感光纸乳剂膜面相叠在一起,光线通过负片影像后在感光纸上感光成像。印相所获得的影像和负片大小相同,负片密度大的部分阳光多,感光纸上相应部位感光少;密度小的部分阳光少,感光纸上相应部位感光多。因此,所得的影像与负片的黑白相反,而与拍照的景物色调层次相同,这种影像叫做正像。

印相工具主要是印相机,它的结构比较简单,能自制,也有国产全自动的印相机。印相的方法如下。

(1) 在暗室红色安全灯下,按底片大小裁好相纸。将底片药面朝上,搁上黑纸框,再把裁好的相纸的药面向下,与底片重叠,一起放于印相机的毛玻璃板正中部位,压上盖板使相纸紧贴底片,注意底片使用前要清洁干净。

(2) 曝光 依底片反差大小、相纸性能及光线强弱等因素来确定曝光时间,一般数秒钟即可。操作时拨动印相白灯开关,使相纸感光至预定的时间,然后取出相纸,在红色安全灯下进行显影、停显和定影操作。

(3) 显影 常用 D-72 配方的原液或冲淡液,在液温 18~20℃ 下显影 1 min 左右。用夹子夹住相纸的一角轻轻地左右摇动,使相纸各部分均匀浸透,在红色安全灯下视照片色调偏深些为合适。

(4) 停显 将显影合适的相纸立即移入停显液(如 5B-I)或蒸馏水中,摇动漂洗 5~10 s,除去残留的显影液。

(5) 定影 移入定影液(常用 F-5 配方)中 15 min 以上,并经常搅动定影液,使照片各部分均匀定影。

(6) 水洗和晾干　用中速流水漂洗 30 min 左右，或间隔 10 min 换水浸洗三次左右。将水洗后的照片一角提起，去掉表面水滴，将正面向下放于干净的上光板上，加上干净的厚吸水纸及篷布盖，用滚动推子轻轻推压，使多余水分去掉，而照片紧贴上光板，待一定时间即可烘干，如果不用上光机，可放置于干净玻璃板上晾干。

(7) 烘干后取出，裁边，并装入有标记的纸袋内保存。

3) 放大

放大，也叫放大印相。与印相不同的是负片与感光纸不直接接触，负片影像借助光线通过放大机的放大镜头聚焦投影在感光纸上，把负片上影像放大若干倍。放大也可获得比负片小的或与负片大小相同的影像，放大还可以矫正影像变形，补救负片曝光不均，以及把两张负片重叠印成照片等。

放大工具，叫做放大机。放大机虽形式繁多，大小规格不一，但其基本结构有光源、底片夹、镜头、皮腔、聚光镜、底板、调焦螺旋等部分。放大操作的方法如下。

(1) 先将负片上的不清洁物去掉，然后将药膜面朝下放入放大机底片夹内，负片四周用底片夹挡板或黑纸框遮挡白光，以免白光射在放大纸上产生灰雾。

(2) 调整机身位置。将放大压纸板的尺寸格子移到需要放大尺度上，开启放大机的光源，负片影像就投影在放大压纸板上，这时升降放大机身，便可在压纸板上看到负片影像大小的变化，把影像轮廓调到需要的大小后，再进行调焦，调焦时转动放大机上调焦螺旋，待到投影在放大压纸板上的影像清晰，调焦才为准确。如果负片密度过大，调焦后如看不清影像，可借助放大调焦器进行调焦。

(3) 调焦时为了便于观察影像，一般把镜头的光圈转至最大位置上，缩小光圈至适当的位置上，以控制曝光量和调整影像清晰度，用红色滤色镜挡住投射的光线，用已裁好尺寸的放大纸，其药面向上代替下面的白纸。

(4) 移去滤色镜，按预定的时间进行曝光。曝光后，关闭灯源，取出放大纸，在红色安全灯下进行显影、停显、定影、漂洗及上光等操作。

4) 印放后的处理

印、放照片和负片处理一样，也要经过显影、停显、定影、水洗、晾干等操作过程，不同的是显影液用量的比例，以及显影、定影、水洗的时间。在显影过程中为了改变正片的反差，还应根据需要加以适当控制，如果为了使照片的影像反差减弱，曝光时间可以略长一些，使显影时间缩短，如果要加强影像的反差，曝光时间可以略短一些，但显影时间延长。还可适当地提高显影温度来加强影像反差，定影时间一般不能少于 15 min，并要不断搅动，以防定影不透不均，定影后取出在流水中漂洗约 1 h，即可取出晾干或由上光机烘干。

6.2　数码显微摄影技术

显微摄影一方面是为了探求奇异的微观世界，记录新鲜、罕见和奇妙的色彩构成,以及迥异的结构造型,另一方面是给科学家、医学工作者用于记录潜心钻研、刻苦追求的成果。科学家、医学工作者的目的是要清晰、再清晰地表达不同组织或物质,从而证明自己的推理,有助于自己的研究和实验工作。

传统的显微摄影一般使用传统的相机,将镜头去除,装在显微镜上,拍摄显微镜下看到的切片;或者使用专门的照相显微镜,照相显微镜有自己的专用片盒,可以拍35 mm 胶片,也可拍一次成像和"4×5"页片,对焦、光圈、曝光全在显微镜上操作完成,除了连续照明外,甚至装有闪光灯和色温表,自动曝光系统既可点测光也可中心重点测光,曝光补偿、倒记数显示等等,一应俱全。

传统的显微摄影有着和传统相机一样的缺点:拍摄的照片不能立拍即现,照片必须要经过冲洗、印相、放大、翻印等,细节有损失,等等。

数码显微摄影(见图6-4)在装置上,一般使用数码相机通过各种接口和显微镜的组合进行拍照,然后将数码相机和计算机相连,输出拍摄好的图片;数码显微摄影的优点在于,可即时浏览拍摄,拍摄后的照片即时观看,减少废片率;另外拍摄后的照片即时传入到计算机的分析软件,即刻得出分析结果,大大缩减了因冲洗照片而耽误的大量时间,从而解决了实验的连续性问题;再者,数码显微摄影拍摄的图片为数字化文档,可即刻用于 power point 教学或日后的编辑出版工作。

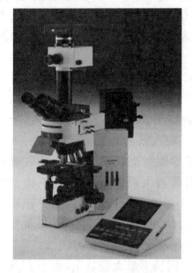

图 6-4 PM30 **数码显微摄影系统**

6.2.1 数码相机的结构和性能

什么是数码相机呢?详细来说,它就是使用一种叫做"CCD"的视频模块化元件,把影像转换成电子信号并保存成图像文件的照相机。可以把拍摄到的画面当场在液晶屏幕内进行观看,也可以马上除去不需要的图像,还可以方便地传送至电脑。胶片要经过拍摄,显像,冲洗,再经过扫描才能输入电脑,而数码相机就有可以直接输入电脑的优点。近年来,随着镜头、CCD 视频模块化等部件品质的提高,也可以用和胶片照相机相同的方法得到比胶片照相机更好的效果。

相机主要由机身和镜头组成。这无论是数码相机还是使用底片的相机都是一样的。镜头最主要的功能就是将捕捉到的画面清晰地收纳在机身内的底片或 CCD 视频模块上。为了将画面没有变形扭曲地拍摄下来,必须将多枚高精度的光学玻璃镜头组合在一起。

1. 镜头

我们先来了解镜头的基本术语:焦距、取景范围、光圈、定焦镜头、变焦镜头。

(1) 焦距　焦距是指需要对焦的点(或者是胶片面)到镜头中心的距离(见图 6-5)。焦距长时称为望远镜头(长焦镜头)、短时称为广角镜头(短焦镜头)。

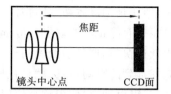

图 6-5　焦距示意图

(2) 取景范围　取景范围是指上下左右(宽窄)的拍摄范围,取景范围是由焦距决定的。如果拍摄画面的大小一定,则焦点的距离越短拍摄的范围越广,焦点的距离越长拍摄的范围越窄。

(3) 光圈　"F 值"是指用数值来表示镜头的透光度。F 值是通过调节光圈来调整的,F 值越小(越放开光圈),可以通过的光线越多,透光最大的 F 值称为最大光圈。

(4) 定焦镜头　定焦镜头如同字面的意思是指只有一种焦距的镜头。和变焦镜头不同的是无法调节焦距,所以它的取景范围是一定的。

(5) 变焦镜头　变焦镜头是可以调节焦距的镜头。只需要一个镜头就可使用到任何焦段(在可调节的范围内),因此非常方便。

(6) CASE A　定焦镜头「2.8/6.85」表示镜头的开放 F 值有"F 2.8"的明亮度,焦距为"6.85 mm"(如果换算成 35 mm 胶片的照相机,大约拥有与 37 mm 焦距的镜头相同的画面角度)。

(7) CASE B　变焦镜头「2.8/7.1~35.5」是指可变焦镜头的开放 F 值为"F 2.8",焦距可以在 7.1~35.5 mm 的范围内进行选择(如果换算成 35 mm 胶片的照相机,大约拥有与 38~190 mm 焦距的镜头相同的画面角度)。

2. 快门和光圈

当周围的环境明亮时,人眼会自动缩小瞳孔来调节进入眼睛的光线,数码相机也和人眼类似,会自动将通过镜头到达 CCD 的光线调节到最适合的亮度。因为无论太亮或太暗都无法成为完美的画面,数码相机也是通过光圈和快门对通光度(曝光度)进行调节的。

光圈和快门就像是跷跷板。光圈值变大的同时快门速度要相应的提高,这样照射到 CCD 上的光量才能合适。跷跷板达到水平状态时就是最适当的曝光值。

在光量不适当的情况下,比如照射到 CCD 上的光量过多时画面会显得比较白,当出现这种情况时,我们称之为"曝光过度"。相反的,当光量较少时,会出现画面过暗的情况,我们称之为曝光不足。

绝大部分的数码相机都配备有自动测量被拍摄物体的明暗并对其进行光圈和快门速度调节的内置自动曝光功能,因此,平时(在没有特殊照明的情况下)拍摄照片的时候无需在意光圈和快门速度的调节也可享受轻松的拍摄过程,这个功能称为程序自动曝光、光圈优先自动曝光(虹膜优先自动曝光)、快门速度优先自动曝光摄影模式。

快门速度慢是指光照射到 CCD 上的时间较长,可以记录下在这段时间内的整个动作状态并用比较模糊的画面来表示。使用高速快门时,光照射到 CCD 上的时间很短,即使是拍摄运动中的物体,也能得到如完全静止一般的效果,想让运动中的物体也能拥有静止时的效果就应选用高速快门,想要拍摄下"现在似乎在动"的效果就选用低速快门,这是选择快门速度时的基本原则。活用快门速度,可以拍摄到肉眼不可能捕捉到的瞬间,目标就是在使用自动曝光拍摄时只需看一下显示画面上的快门速度,就可以知道"使用这个快门速度拍摄会不会发生晃动"、"使用这个快门速度能否拍摄出完全静止的照片"、"使用这个快门速度有没有可能发生相机的晃动"等。

将光圈调小,对焦的范围就会扩大,光圈扩大,对焦的范围就会变得狭窄,像这样的对焦范围,我们称之为被拍摄物体的景深,分为深、浅两类。

被拍摄物体的景深是通过光圈值来调节的,但是麻烦的是并不是只要调节光圈值,还要配合其他各个要素来调节。比如说,同样的光圈值使用广角镜头时景深变深,而使用望远镜头时景深变浅,即距离越近景深越浅、距离越远景深越深的特点。光圈、焦距、景深及拍摄距离之间的一般变化规律见表6-2。

表 6-2 光圈、焦距、景深、拍摄距离之间的关系

被拍摄物体景深	近景←	→远景
光圈	开大	收小
镜头焦距	长焦	广角
拍摄距离	近	远

3. 取景器

常见的数字相机的光学取景器是旁轴式的,从光学取景器中看到的景物与镜头实际拍摄的照片不是通过同一个光轴,被摄物越近,视差就越明显。光学取景器中往往有一些近摄补偿标识,目的是告诉拍摄者大致的误差。使用LCD(视窗)取景可以在很大程度上解决这个问题,但是LCD的分辨率并不总是和相机的CCD成比例的,在测试中发现许多相机的LCD上看到的图像也不能在剪裁上与照片完全一致。

数码相机的方便性就是它可以立即察看拍下的照片,不满意可以删除,并且马上重新拍摄。对于构图取景、用光等明显的问题当然可以立即发现,但对焦不准、相机抖动等小毛病可能在分辨率很低的LCD显示屏上就看不出来了,这和使用传统胶片相机一样,拍好照片的重要前提是拿稳相机、对准焦点。另外,有的相机LCD亮度和色彩还原都有些误差,从LCD上看到的拍摄结果与最终在计算机显示器上的图像差异还是有的,仔细比较几次之后就可以适应这种差别了。

数码相机的快门时滞往往大到接近1 s,许多人使用数码相机时按完快门就放下了拿相机的手,结果在快门打开时相机在移动,得到了模糊的照片,使用LCD取景可以让拍摄更加方便,如果数码相机有光学取景器,尽量使用它,但缺点是耗电量过大。

4. 电子目镜

电子目镜是一种针对显微镜成像专门研制而成的光学与电子器件的产物,它能使被观察目标成像在图像传感器上,并转换成视频信号或视频数据流,在电视机或计

算机中进行显示,使观察、教学和科研等更为直观生动、便利。将电子目镜加装在显微镜的目镜中,USB 连线连接在计算机的 USB 接口,将驱动软件安装在计算机中,即可在计算机上实现观看、拍摄和存储静态文件,录制和存储动态视频内容,接在显微镜上的电子目镜通过与计算机相连,还可以和投影机、打印机、刻录机配合使用,实现实验演示、教学、书面资料的打印保存以及显微动态视频的光盘保存。

5. 记录介质

一般的数码相机可使用的记录介质有 Memory Stick(Cyber-shot)和 CD-R/CD-RW,也有的使用 3.5 英寸磁盘(Digital Mavica)。

Memory Stick 一般是和一块口香糖差不多大小的一块袖珍、超薄的 IC 记录介质。Memory Stick 有各种不同的容量,可以根据用途进行选择。使用装备了零售的 Memory Stick PC 适配卡,Memory Stick 磁盘适配器的电脑,可以轻松地进行传输,现在还诞生了很多支持 Memory Stick 的 AV 机器,让数据可以更方便地被利用。CD-R/CD-RW 为光盘记录介质,是 8 cm CD-R 或 8 cm CD-RW,在拍摄后可以通过电脑的 CD-ROM 驱动器方便地读取。3.5 英寸磁盘为一般的文件保存介质,市售价格便宜,很容易获取。

6. 文件格式

常见的数码文件保存格式有 JPEG、MPEG、BMP、GIF、TIFF 等几种。

(1) JPEG 是 Joint Photographic Expert Group 的简称,是最常用的格式,在记录数码相机拍摄的照片时经常使用 JPEG 格式。可以说是照片等文档较好的保存格式。

(2) MPEG 是 Moving Picture Coding Experts Group 的简称,是最常用的彩色影像压缩方式,除了影像,还可以压缩声音数据,根据画质和压缩率的不同,还有 MPEG1、MPEG4 等种类。

(3) BMP 是 BitMap 的简称,是 Windows 环境下标准的位图格式。

(4) GIF 是 Graphics Interchange Format 的简称,是在 Internet 的 WWW(World Wide Web)上经常使用的位图格式的一种,以前用来进行 CompuServe 下的数据转换。

(5) TIFF 是 Tagged Image File Forma 的简称,是 Aldus 公司和 Microsoft 公司开发的位图文件用格式,与其他位图格式不同之处在于,它还带有文件预览和图像大小等众多的信息,运用其软件可以在读取时忽略无法读取的信息,是不大依赖于系统平台的文件格式。

7. 拍摄模式

在说明拍摄模式(见图 6-6)前我们先了解一下 DPI 和 PIXEL。DPI 和 PIXEL 都是表示分辨率的词汇。电脑的显示器和打印机都是由细小的点组成的,这样的点越多,就越是细致,越可以呈现出更高精度的画面,分辨率就是指使用的点的相对数量,这样的点就叫做像素。dpi 是 Dot Per Inch 的缩写,即一英寸范围内有多少点(像素)的单位,同时也表现打印机或扫描仪的性能,1200 dpi 的打印机,是指一英寸的范围内使用 1200 个点来构成图像。Pixel 是 Picture Element 的缩写,是在显示上表示图像的最小单位。用横竖构成的点的总数来表示,如 1600×1200,就是指水平方向上 1600 点,竖直方向上 1200 点,用来表现显示器和图像的大小。

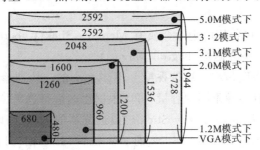

图 6-6　数码相机的拍摄模式

数码相机的拍摄模式大致可以分为 VGA、XGA、UXGA 三种(根据产品可能会略有不同)。

5.0 M 模式下→记录尺寸 2592×1944。

3.1 M 模式下→记录尺寸 2048×1536。

2.0 M 模式下→记录尺寸 1600×1200。

1.2 M 模式下→记录尺寸 1260×960。

VGA 模式下→记录尺寸 640×480。

3:2 模式下→记录尺寸 2592×1728。

在各种模式下都还分别有精细和标准两种模式。图像用 JPEG 格式进行压缩处理并储存,记录时所分到的储存空间也随模式的变化会有所不同,在需要追求画质的时候请使用精细模式(但是,有时也会出现画质差别不大的情况)。

6.2.2　数码相机和普通相机的区别

数码相机和使用胶卷的普通相机都是用来拍摄照片的工具,虽然在构成上有一些不同,但基本的组成部分还是一样的。拍摄步骤是:将相机对着想要拍摄的画面(被拍摄物),确定拍摄的范围,对焦(自动对焦相机则无需进行对焦),调节快门速度和光圈值来控制曝光度(全自动相机无需进行调节),然后按动快门进行拍摄。相机是由镜头、确定构图的取景器(及液晶显示器)、光圈和快门等部分构成的,数码相机和普通相机最大的区别在于普通相机使用胶卷而数码相机使用的是"记忆卡"。

普通相机是预先将胶卷装入相机内再进行拍摄的(见图 6-7),拍摄完后将胶卷送到相机店冲印,而冲印需要花费相当的时间和精力。

数码相机是使用记忆卡来记录画面的(见图 6-8),将记忆卡从相机中抽出后连接

图 6-7 普通相机使用胶卷

图 6-8 数码相机使用的是记忆卡

到电脑上就可以立即欣赏到拍摄的照片并对其进行修改。

取景、调节好焦距和曝光度,然后按动快门进行拍摄,这一点无论是普通相机还是数码相机都是一样的;将通过镜头捕捉到的景象在胶卷上成像的是普通相机,而通过 CCD 记录的则是数码相机。

1. 普通相机的拍照

将通过镜头在胶卷上成的影像作为隐像保存起来,使用化学药品对其进行处理,才能成为用眼睛可以看见的图像。在彩色底片上,显现为明暗和颜色都与原来相反的状态,然后再以这个底片为基础冲印彩色照片。

普通相机拍照的过程:光像→在底片上成像→作为隐像记录→让底片显像(化学处理)→显像后的底片→欣赏以成像后的底片为基础冲印成的照片。普通相机结构见图 6-9。

2. 数码相机的拍照

CCD 能将光像转换成电子信号,转换好的电子信号立即作为图像数据保存到记忆卡上,保存好的图像数据可以立即在液晶屏上进行查看,也可直接冲印成彩色照片或移动到电脑上、通过电脑屏幕进行查看。保存好的画像数据和显像后的底片及版画的木板起着同样的作用,如同遗失底片就无法进行二次冲印一样,遗失图像数据的话也无法将图像还原到保存过的状态。

数码相机拍照的过程:光像→通过 CCD 转换成电子信号→作为画像数据保存到记忆卡上→在液晶屏上查看图像数据,将它加工成彩色照片,或在电脑上进行欣赏。数码相机的结构见图 6-10。

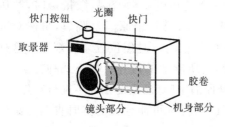
图 6-9 普通相机结构

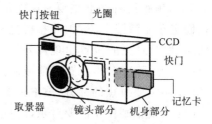
图 6-10 数码相机结构

6.2.3 数码显微摄影的要素

拍好照片主要靠三个关键要素:曝光、对焦和构图。曝光是指照射到胶片或 CCD 上的光的强弱。如果不将照射到胶片或 CCD 上的光线调节到适当的强度,则无法记录和识别。通过"对焦"及"快门速度"来控制曝光强度,从而获得正确的画面。

1. 曝光

通过对焦和调节快门速度,可以控制适当的曝光度。大多数数码相机都可通过自动对焦及调节快门速度来控制曝光度,这就是自动曝光摄影的功能(AE)。虽然叫自动曝光,但是并非每一次都能调节到最适当的曝光度,有时也会出现画面过暗(曝光不足,见图 6-11)或过亮(曝光过度,见图 6-12)的情况。当出现这种情况时,进行修正就是曝光补正。

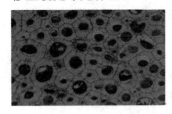
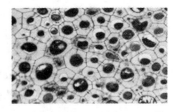

图 6-11 曝光不足　　图 6-12 曝光过度　　图 6-13 适度曝光

曝光过度时,照片会偏白,选择逆向补正,可以让画面接近适度曝光的效果。适度曝光(见图 6-13)不会使画面太亮或太暗,色彩也可真实再现。曝光不足会使画面过暗,选择正向补正,可以让画面接近适度曝光的效果。曝光补正应先在单目标栏选择[EV 补正],再进行正负调整。

2. 对焦

人眼会自动对想看的物体进行对焦,从而让我们可以清晰地看见一切,而相机的镜头会通过对要拍摄的物体对焦使拍摄更加清晰(见图 6-14)。对焦是通过镜头来调节的,而数码相机则具备自动调节焦距的功能,这就是自动对焦(AF)功能;虽然说可以自动对焦,但在哪一点进行对焦则必须由拍摄者自己来决定。

绝大部分的数码相机都配备有自动对焦功能,只要将相机对着想要拍摄的物体按动快门就可以了,但是这样简单的操作有时也会导致对焦不准的情况出现(见图 6-15),焦距没有调准主要有两个原因:第一个是相机晃动,在显微摄影时,数码相机固定在显微镜上方,因此相机晃动很容易克服;第二个原因是脱焦,虽然对准了焦距,但是对焦的位置出现偏差情况,对焦位置靠前或对焦位置靠后都导致这种情况的出现,防止对焦位置靠前或对焦位置靠后所导致的脱焦有以下几种方法:

(1) 将需要对焦的部分(被拍摄物)放在画面的中间(画面的四周不进行对焦);

(2) 不要拍到位于需要对焦部分前面的其他物体(可能会在对焦时将焦点集中在前面的物体上而导致对焦位置靠前的情况出现);

图 6-14　调整好焦距的照片
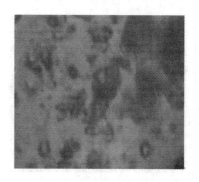
图 6-15　没有调整好焦距的照片

(3) 不要将快门一下子按到底(应先轻按快门确定焦距是否对准再按下快门进行拍摄)。

轻按快门开始对焦,这个操作称为"半按快门"。快门按钮是两段式的构造,第一段是控制自动对焦功能的开关,再深按下去为第二段,是快门的确定按键,在尚未熟悉半按快门的情况下可能会觉得操作比较困难,但是只要多练习几次就能掌握窍门。对于正确对焦而言,熟练掌握操作方法是非常重要的,所以应多多练习,掌握窍门。半按快门进行对焦后会听到"哔"的轻响,然后在取景器的画面中会出现一个绿灯,听到声音并看到灯亮后,再按下快门进行拍摄就可以防止脱焦情况的出现。在半按快门对准焦距后可以直接在半按快门的情况下进行取景,这就是"自动对焦锁定"功能,对焦时的焦点是集中在拍摄画面中央的,所以请将想要拍摄的物体固定在取景器的中央。但是,有时也会希望将想要拍摄的物体放在稍微偏离中央的地方,拍摄这样自由取景的照片时,"自动对焦锁定"功能就能发挥很大的作用,这里需要提醒大家注意的是,在半按快门进行对焦后不要将手指从快门按钮上移开,应在半按快门之后听到声音并确认灯亮之后就直接按下快门进行拍摄。数码显微摄影时,相机一般都固定好了,因此调节好焦距是拍摄清晰照片的关键。

3. 构图

人眼可以连续观看上下左右,但是照片只能从长方形的范围内去观察和记录,通过取景器或液晶显示器在较大的范围内选取极小的一部分,作为拍摄的画面,这就是取景;照相机逐渐向自动曝光和对焦的方向发展,但是取景的技术无论如何发展都无法成为全自动的,因此构图成为最为重要的一个因素。

仅通过图 6-16 我们很难知道作者真正想要拍的是什么,但是我们看右边这张照片,虽然同样是拍摄藻类的照片,但效果却大大不同(见图 6-17)。

即使可以正确地操作相机,也不一定能拍摄出中意的照片,要拍摄到好的照片,可以从下面几个方面去把握。

(1) 将被拍摄的物体拍得尽量大,照片是越大越有感染力的有趣艺术,将想要拍摄的物体,使用特写镜头尽量拍得更大,不要在一张照片中又想拍这,又想拍那。

图 6-16　显微照相图片　　　　　图 6-17　硅藻显微图片

（2）通过取景器不要只看想拍摄的部分，被拍摄部分周围也要看清楚，在拍摄的时候，不知不觉地会将精神集中到想要拍摄的部分上，而忽视了背景及周围的环境，应仔细对想拍摄物体及周围环境、背景协调后再进行拍摄。

（3）不要把多余的东西拍入画面内，如果照片中有拍到的废汽水罐或是陌生人的话，那么好不容易拍摄下来的照片就可能会很不理想，改变一下你的摄影角度，让您的照片内不再出现多余的东西。

（4）从绘画的角度去选择构图，照片和图画都是在长方形的框架中，记录下想拍的、想描绘的画面，拍照时也用绘画时的构思去构图，就可以拍下非常理想的画面。

（5）轻轻按下快门，即使正确的曝光和对焦，但如果手部抖动的话，也只能拍摄下模糊不清的照片，按快门的时候，手腕无需用力，只要用手指轻轻按下快门即可。

6.2.4　数码显微摄影的白平衡控制

白平衡对于数码相机来说是很重要的一个指标。那么什么是白平衡？这必须先说明什么是白色，物体反射出的光的颜色视光源的颜色而定，在我们身边的"光"，有很多种类，例如阳光，白炽灯光，水银灯光；仅在阳光中，就还有早晨和傍晚红彤彤的太阳光，以及背景显出略带蓝色的阳光，是具备"光"和"色"两方面的性质的。人的大脑可以侦测并且更正类似这样的色彩改变，因此不论是在阳光、阴霾的天气、室内白炽灯或荧光下，人们所看到的白光依旧，人的眼睛可以对类似的光的色彩进行了修正，无论在何种光源下都难以区分"颜色的偏差"。

然而，就数码相机而言，这些由不同光源产生的"白光"在颜色上来说还是不尽相同的，有的含有浅蓝色，有的含有黄色或红色，拍摄照片所要用的彩色底片和数码相机的 CCD 图像，会把光线微妙的偏差如实地反映出来，从而还原出略带偏差的颜色；为了贴近人的视觉，数码相机就必须模仿人类大脑并根据光线来调整色彩，以便在最后相片中能够呈现出肉眼所看到的自然光色，这种调整称之为"白平衡"，大多数的数码相机都提供了"自动白平衡"的这项功能,在不同的光源下,这个系统能完全符合人视觉的要求,拍摄出和人眼接近的没有颜色偏差的照片,可以在使用胶片的照相机上添加滤光镜,在使用数码相机时,就可以使用叫做"自动白平衡"的自动颜色修正功能,通过模数转换器、图像处理器将入射的影像光线进行调整,达到类似人眼所见的色彩(见图6-18)。"自动白平衡"功能无需进行像使用胶片照相机时添加滤光镜那样复杂的程序,就可以直接还原出和人眼看到的相同的颜色,因为它可以把白光所照的物体没有偏差的描绘出来。

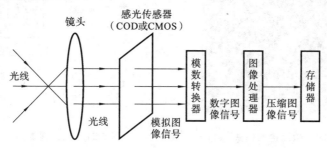

图 6-18　数码相机白平衡模式图

但是,自动白平衡和自动曝光拍摄模式一样,并非在所有时候都能选择到最正确的色调和曝光值,特别是不能在正确的色调(希望的色调)下进行拍摄的时候,请使用白平衡选择模式,自己选择合适的白平衡。数码相机白平衡的调整模式通常有自动、日光、日光灯和灯泡等四种模式(见图6-19),虽然可以将白平衡开启成自动模式,但是不见得在任何光线下都可以达到良好的效果,所以平时就应该多尝试不同光线下各种模式的运用,取得经验后,自然可以拍摄出令人满意的作品。

图 6-19　数码相机的白平衡调整模式标识

白平衡模式的选择,本来是为了把白色的物体忠实地还原成白色,但是也可以故意选择不适合的白平衡模式,突出特定场合的特别氛围,拍出别有意味的非现实色调的作品,如显微摄影的光源为灯光,选用相反的"户外"模式,就可以拍出橘色的暖色调照片。

6.2.5　数码摄影的微距拍摄

数码相机最擅长的就是微距拍摄,绝大多数的数码相机都配备有将微小的被拍摄物体放大很多倍进行拍摄的功能,这种功能被称为微距摄影模式或近距离摄影技能。在摄影模式中选择郁金香标志,就可以拍摄一般模式中无法拍摄的超近距离的物体。

数码相机配备有内置液晶显示屏,使用这个就可以在看着拍摄画面的同时进行选景,以避免因视觉误差引起构图差异。

在使用 cyber shot 时,只要直接按下微距摄影按钮就可以切换到微距摄影模式(见图 6-20),它在液晶显示器上表示为郁金香标志。半按下快门进行对焦,完成对焦后就会在屏幕上亮起一个绿色的灯(见图 6-21)。

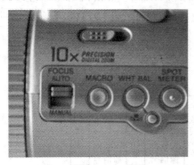
图 6-20 微距摄影模式

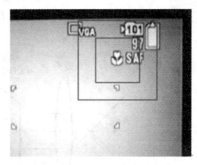
图 6-21 微距摄影的郁金香标志

微距摄影对生物材料的快照或特写非常有用,但并不是说只要选择了微距摄影模式无论多近的距离都可以进行拍摄。微距摄影有一个可以拍摄的最近距离,就是镜头的前端到被拍摄物体的距离,如果使用 cyber shot 来进行微距拍摄的话,一般的数码相机自动对焦可以适用于 2 cm 到无限远,也有的最近距离为 10 cm,应根据不同的相机来调整。

生物切片的数码拍摄,最常用的是将数码相机的摄像头安装在显微镜的目镜上,通过取景器或液晶显示器观察被拍摄的材料,然后调节显微镜,至材料清晰后拍摄,常用的数码显微拍摄装置见图 6-4。

6.2.6 数码显微摄影方法

在没有专用的电子目镜条件下,可用普通的数码相机代替专业显微数码相机。用于显微摄影的最大困难是与显微镜的连接,最简单的方法是通过显微镜的目镜拍摄显微图像,较好的方法是通过一个光学接口与显微镜的照相目镜相连接,我们在实际使用中也定制了一个这种接口,其上端与数码相机的镜头相连,下端为标准的 C 型接口,能与显微镜的摄像机接口相连。

拍摄显微照片时,由于数码相机的液晶显示屏上能实时显示所要拍摄的图像,当图像聚集清晰后将相机的快门按下一半,让相机的自动检测系统检测图像的色温、亮度和距离,等待 1~2 s 后再完全按下快门摄下图像。在拍摄图像时,还可以将数码相机实时显示的图像通过视频线输出到监视器或彩色电视机上,更方便图像的聚集观察。

1. 数码体视显微摄影配件的选择

(1) 数码照相机专用交流电转换器   数码照相机用电量大,进行体视显微摄影时使用交流电转换器,以保持长时间供电。

(2)光学通道接筒　数码照相机与体视显微镜对接的装置(即能接体视显微镜摄影专门接口,也能接观察目镜)。

(3)光学显微镜的照明设备　钨丝卤素灯发出的光色温在3200°K,能通过光纤束来传导,光量可以调节,适合显微摄影。

2. 光学显微镜的调整

将被摄物体放置在载物台上适当位置,打开可调照明光源,增加物体表面的亮度,先选择光学显微镜低倍进行粗调,同时调节双目镜的屈光度调节环,再选择高倍进行微调,至图像清晰为止。

3. 显微镜光线的运用

钨丝卤素灯发出的光通过光纤维束来传导,从不同角度照射主体,调整出主光、侧光、辅助光等,主光有足够的照度照射拍摄主体,侧光、辅助光需要保持主体与环境有一定的亮度、对比度,立体显微镜上如果有光圈,选择小光圈(大的F值),增加景深。

4. 数码相机的调整

以 Nikon 995 数码相机为例。数码相机接上电源后,旋转数码相机顶盖上模式旋钮至 RECM(手动)位置,液晶显示器显示,如果不显示,按 MONITOR(显示器)键液晶显示器即可显示,然后按 MENU(主菜单)钮,通过多重选择器选择各项。

WHITE BALANCE(白平衡)→Auto(自动)位置;METERING(测光表)→spot AF Area(定点 AF 区域测光)位置;CONTINOUS(连续拍摄)→Single(启动 1 次快门拍摄 1 张照片)位置;BEST SHOT SELECTOR(最佳影像)→BSS→off(关闭);LENS(镜头)→ Normal(标准)位置;IMAGE ADJUSTMENT(图像调整)→ Auto(自动)位置;IMAGE SHARPENING(图像锐度)→Auto(自动)位置;USER SETTING(用户设定)→1;EXPOSURE OPTIONS(曝光选项)→Auto Bracketing(自动分类)→off(关闭)位置;AE Lock(锁定)→off(关闭)位置;FOCUS OPTIONS(聚焦操作)→AF Area Mode(聚焦区域选择)→Manual(手动)位置;Auto Focus Mode(自动聚焦状态)→Single AF(单次伺服)位置;Focus Confirmation(聚焦确认)→ON(打开)位置;Distance Units(距离单位)→m(米)位置;Zoom Options(变焦操作)→Digital Tele(数字变焦)→off(关闭)位置;startup position(启动位置)→wide(广角)位置;Fixed Aperture(固定光圈)→on(打开)位置(只有光圈先决或手动模式时有效);SET-UP 1 → Monitor Options(显示器操作)→Display Mode(显示状态)→on(打开);Controls→ Memorize → 全选 →Done;Auto off(液晶显示器自动关闭时间)→30 min(分钟);Video Mode(视频)→PAL(制式)。

通过数码相机的视频输出部件与监视器连接,可以看到拍摄的图像,也可以通过录像机录制图像内容,但是此时数码照相机的液晶显示器不显示;LANGUAE(语言)→E(英语),然后按照相机后背 MENU 键 。

5. 拍摄技巧

数码相机调试完后与光学通道对接,插入体视显微镜摄影接口上,也可以拔除一个观察目镜插入目镜筒内,使各设备紧密接触,否则会影响照相机成像。

数码相片规格质量,最小尺寸为 2480×1536,TIFF 文件格式或 JPEG 文件格式,图像质量选 Fine(高精密度),保证每张图片的存储量在 2 MB 左右。

关闭数码相机的自动闪光灯,连续按机身背面"闪光灯/感光度"键,关闭闪光灯,再按住此键,同时旋转命令调节旋钮选择 ISO(感光度)到 Auto(自动)位置。

曝光模式选择光圈先决(如果拍摄活体生物,则选择快门先决的模式,快门速度应为 1/250 s 左右),按住机身顶部模式按键(FUNC.I),同时旋转命令调节旋钮,显示窗出现 A 时放开,再旋转命令调节旋钮选择小光圈,大 F 值(F8-11),增加景深。

定点区域聚焦(五个聚焦区域)的红色框为聚焦选择区域,用多重选择器选择聚焦位置,保证拍摄主体聚焦准确。

聚焦模式选择微距模式,连续按动机身后面板上的聚焦模式键,待微距模式标记出现(白色),再调整望远变焦、广角变焦键,到微距模式标记变成黄色为止,再配合体视显微镜确定适当的放大倍率,完成构图。

曝光补偿,照相机内置测光系统测得的数值为中度灰色调,相机自动测光拍摄出的照片,物体暗部不暗,亮部不亮,当拍摄明亮物体时,适当增加一至二级曝光指数,反之则要适当减少一至二级曝光指数。

快门释放选择自拍或快门线启动方式,减小相机颤动,防止因快门速度过慢,造成照片模糊,拍摄效果应当反复检查,拍摄完成后,放到市场上数码扩印社扩印即可。

6.2.7 数码相片的计算机处理

数码相片的计算机处理就是将数码相机数据读入计算机并处理的过程。从大体上来分有如下两种:① 利用连接线直接将数码相机与计算机进行连接;② 将记录介质从数码相机上取下来以后,通过读卡器等设备读入计算机。对于最终采用哪种方法最方便?要根据不同的计算机操作系统种类来决定。

随着计算机技术的不断发展,现在的个人计算机操作系统基本上都是 Windows 98 以上,因此现只以操作系统为 Windows 98 以上的来说明。在硬件方面,计算机上应配备有 USB 端口、串行端口及并行端口等,由于配备有各种端口,因此可以利用多种方法来读取数据。

在方法的选择上,一般情况下值得推荐的是使用 USB 端口的方法。在使用 USB 端口的方法中,使用的是配备 USB 端口的 PC 机和可以用 USB 连接线进行连接的数码相机,或者使用 USB 端口的读卡器。配备 USB 端口的数码相机大体上分为两种类型,一种是在连接个人电脑与数码相机时,数码相机是作为可移动设备使用的类型,另一种则不是。支持"USB 海量存储"的数码相机,使用最方便,如果是在产品目录中写有"支持 USB Storage Class(也称 USB Mass Storage Class,USB

海量存储)"的数码相机,那么只需利用连接线连接到个人电脑上,它就会作为新外设出现在电脑屏幕上,可以像处理硬盘中的文件一样读取图像,非常轻松。

如果是 Windows 98(SE)系统,那么只使用连接线还不行,还必须在个人电脑中安装专用的设备驱动程序,其中,既有免费提供设备驱动程序的制造商,也有有偿提供驱动程序的制造商,详细情况请向数码相机制造商确认。有的数码相机尽管在产品目录表中没有写明"支持 USB 海量存储",但是如果安装设备驱动程序并连上连接线以后,也可将数码相机当作外设来处理。另外,没有被识别为电脑新设备的数码相机,启动个人电脑连接工具包所提供的专用软件后,也可以读取数据。另一方面,如果使用读卡器,那么即使不更换数码相机款式,只要是使用相同介质的机型,就可以直接使用读卡器。

如果个人电脑具备 IEEE 1394 端口,那么使用 IEEE 1394 接口的读卡器,就能够以更高的速度来读取数据。如果是笔记本电脑等配备 PC 卡插槽的机器,使用 PC 卡插槽,能够以比 USB 还要高的速度读取数据。但是部分数码相机与个人电脑连接时,使用的是串行端口。使用串行端口进行数据传输所需时间相差悬殊,对于配备有 USB 端口的个人计算机,一般不推荐使用串行端口。

如果是支持 USB 海量存储的数码相机,只需将连接线接到个人电脑上,在"我的电脑"中就会出现新设备,非 USB 海量存储的连接方法则使用专用软件读取图像,所读取的图像会以缩略图的方式显示在画面上。

使用 Windows XP 系统时,只需将数码相机的信号线接入计算机的 USB 接口即可,图 6-22 和图 6-23 为 Windows XP 处理数码相片的界面。

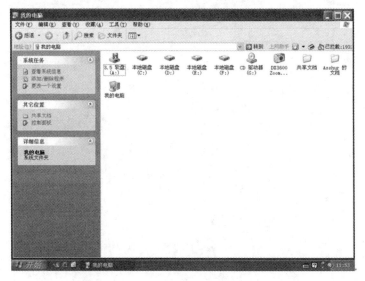

图 6-22　Kodak DX3600 数码相机和计算机的连接

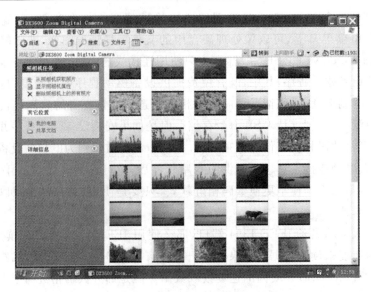

图 6-23　数码相片的计算机处理

附录 A 显微技术相关网络链接

1. http：//www.mwrn.com/resources/guide.htm
   该网站提供显微镜技术的 Web 链接,学习显微镜技术及解决显微镜使用中的问题。
2. http：//www.couger.com/microscope/links/gclinks.html
3. http：//www.mwrn.com/default.htm
4. http://lsvl.la.asu.edu/bio598L/resources/glossary.html
5. http://resolution.umn.edu/glossary/FrameGloss.html
6. http://micro.magnet.fsu.edu/primer/index.html
7. http://micro.magnet.fsu.edu/primer/anatomy/anatomy.html
8. http://www.univ-reims.fr/Labos/INSERM514/DCI/
9. http：//www.fretimaging.org/
10. http：//www.play-hoodey.com/optics/
11. http：//www.ou.edu/research/electron/www-vl/
12. http：//www.ph.tn.tudelft.nl/People/young/manuscripts/QM/QM.html
13. http://ourworld.compuserve.com/homepages/pvosta/pcrnqit.htm
14. http：//www.med.uni-giessen.de/ipl/
    该网站提供成像技术中的工具和专门方法,例如图像处理、计算机图形学、显微成像、临床应用成像和网络技术,也开发新的多媒体工具,用于医学教学。这个页面给出了 Web 上的一些用于 3D 图像处理的软件的链接、3D 图像处理资源、2D 图像处理/激光扫描共聚焦显微镜成像、显微 CT/显微 MRI 的 3D 可视化/建模、4D 成像/功能模拟 CT/MRI 等资料。
15. http：//www.atto.com(Bioimaging Systems)
16. http：//www.visitech.co.uk/company.html
17. http：//www.biochem.mpg.de/valet/cytorel.html
    该网站提供大量的关于流式细胞术和图像细胞分析术的 Web 资源链接,包括科学学会和杂志、细胞生物化学、细胞测量术的基本概念、生物医学细胞测量术,水栖、植物、生物技术细胞测量术、会议和课程、软件下载、数据文件库。此外还提供细胞测量术所用试剂、滤片和附件的公司等。
18. http：//www.cellsalive.com/aboutus.html
19. http：//www.protocol-online.org/
    这是 Science 杂志所推荐的网站,提供生命科学研究方面试剂、动物、设备和软件著名供应商以及服务商的信息链接,包括动物技术、生物化学、生物信息学、通用实验室技术、遗传学和基因组学、组织学、图像技术、免疫学、微生物学、分子物理学、动物模型(转基因动物、基因敲除动物)、神经科学、植物生物学、生理学、研究工具(软件)。该网站还提供最新科学突破栏目,介绍来自 Nature,Science,Cell 等世界顶级杂志的文章。

20. http://www.loci.wisc.edu/(Laboratory for Optical and Computational Instrumentation, LOCI)
21. http://www.hudsoncontrol.com/
22. http://www.caliperls.com/
23. http://www.glass-bottom-dishes.com/
24. http://www.amc.anl.gov/Docs/NonANL/ComSites.html
25. http://www.vision1.com/
26. http://www.bioptechs.com/
    Bioptechs 是一个美国光学工程公司,主要设计、开发和制造用于定性或定量光学显微分析的活细胞显微科学的环境控制仪器,属于活细胞显微科学的产品包括成像系统、微观察环境控制仪器、灌注泵、用于细胞培养的生物相容性管材、专业配件和适配器。
27. http://www.microscopy.bio-rad.com/index.html Bio-Rad
28. http://www.zeiss.com/蔡司显微镜
29. http://www.leica.com/莱卡显微镜
30. http://www.olympus.com/奥林帕斯显微镜
31. http://www.palm-mikrolaser.com/dasat/P.A.L.M.显微镜
    P.A.L.M 微激光 AG 技术在非接触显微切割和微操作系统方面处于世界领先地位,它使用获得专利的激光微切割和压力弹射 LMPC 技术(Laser microdissection and pressure catapulting),并能创造一个关键技术平台,用于医学、生物学和药学研究。
32. http://www.ipass.net/grc/美国 COSMIC 技术公司(Cosmic Technology Corporation)-COSMIC 彩色扫描数字显微镜
33. http://www.visionelements.co.uk
34. http://www.chroma.com/company/companyprofile.php
35. http://www.cri-inc.com/剑桥研究与仪器公司(Cambridge Research & Instrumentation, Inc.)

附录 B 常用试剂、溶液的配制方法

1. 百分比浓度(%)

1) 质量分数

以单位质量溶液中所含溶质的质量(g)来表示溶液的浓度,称为质量分数,代表符号是 w_B,如 37% 的盐酸(密度 1.19 g/cm³)、96% 的硫酸等。

该浓度的表达式为

$$溶质的质量分数 = \frac{溶质的质量}{溶质的质量 + 溶剂的质量} \times 100\%$$

2) 质量浓度

以单位体积溶液中所含溶质的质量(g)来表示的浓度,称为质量浓度,代表符号是 ρ_B。

该浓度的表达式为

$$质量浓度(g/mL) = \frac{溶质的质量}{溶液的体积} \times 100\%$$

例如,配制 0.9% 生理盐水时,用天平称取 0.9 g 氯化钠,然后放入容量瓶中,再加蒸馏水至 100 mL 即可。

3) 体积分数

以单位体积溶液中所含溶质的体积来表示的浓度,称为体积分数,代表符号是 φ_B。

该浓度的表达式为

$$体积分数 = \frac{溶质的体积}{溶液的体积} \times 100\%$$

一般用于配制溶质为液体的稀溶液,如各种浓度的乙醇溶液。

4) 体积物质的量浓度

以单位体积(每升)溶液中所含溶质的物质的量来表示溶液组成的物理量,称为该溶质体积物质的量浓度(以前称摩尔浓度),单位是 mol/L。

该浓度的表达式为

$$物质的量浓度 = \frac{溶质的物质的量}{溶液的体积}$$

5) 质量摩尔浓度

以单位质量溶液中含有溶质的物质的量来表示溶液组成的物理量,称为该溶质的质量摩尔浓度,单位是 mol/g。不常用,但是具有不受温度影响的优点。

该浓度的表达式为

$$质量摩尔浓度 = \frac{溶质的物质的量}{溶液的质量}$$

2. 溶液配制的一般方法

准确配制一定浓度的溶液一般包括下面几个步骤。

(1) 计算　计算是配制溶液的第一步,即根据溶液浓度要求和所需量来确定溶液的有关组成的量,计算出所需溶质的量和溶剂的量。

(2) 称量或量取　若已计算出溶质的质量,可用天平称量;若知道溶质的体积,可用量筒量取。

(3) 溶解　溶质需先在烧杯中用适量的蒸馏水溶解,冷却至室温。

(4) 移液　溶解并冷却至室温后,选择适当大小的容量瓶,将烧杯中的溶液用玻璃棒小心地注入容量瓶中,注意:不要让溶液洒在容量瓶外,也不要让溶液在刻度线上面沿瓶壁流下,并且用蒸馏水洗涤烧杯2~3次,并将每次洗涤后的溶液都注入容量瓶中,轻轻振荡容量瓶,使溶液充分混合。

(5) 定容　缓缓地将蒸馏水注入容量瓶,直到容量瓶中的液面接近容量瓶刻度1~2 cm处时,改用胶头滴管滴加蒸馏水至溶液的凹面正好与刻度相切。这时,将容量瓶用瓶塞盖好,反复上下颠倒,摇匀。

3. 不同浓度溶液配制时的计算方法

1) 一定质量分数(固体溶质)溶液的配制

$$需称取溶质的质量 = 需配制溶液的总质量 \times 需配制溶液的浓度$$

$$需称取溶剂的质量 = 需配制溶液总质量 - 需溶质的质量$$

例如,配制 200g 10%的氢氧化钠溶液。

称取固体氢氧化钠的质量:$200 \times 0.10 \text{ g} = 20 \text{ g}$

称取溶剂水的质量:$(200-20) \text{ g} = 180 \text{ g}$

溶解即可。

2) 一定质量分数(液体溶质)溶液的配制

$$\frac{应量取含溶质}{原液的体积} = \left(\frac{需配制溶液的总质量}{原液的密度} \times 原液溶质的质量分数\right) \times \frac{需配制}{溶液的浓度}$$

$$需用溶剂水的质量(体积) = 需配制溶液的总质量 - (原液的体积 \times 原液的密度)$$

例如,配制 20%硝酸溶液 500 g(浓硝酸的浓度为 90%,密度为 1.49 g/cm³)。

代入上式得

$$应量取原液的体积 = \frac{500}{1.49 \times 0.9} \times 0.2 \text{ mL} = 74.57 \text{ mL}$$

$$应量取的水的体积 = (500 - 74.57 \times 1.49) \text{ mL} = 388.89 \text{ mL}$$

量取 388.89 mL 水,再量取 74.57 mL 浓硝酸混匀即可。

3) 一定质量浓度溶液的配制

例如,配制 0.9%的生理盐水。

用天平称取氯化钠 0.9 g,溶解于适量的蒸馏水中,转移到 100 mL 容量瓶中定容即可。

4) 一定体积物质的量浓度溶液的配制

$$\text{应称取的溶质的质量(g)} = \frac{\text{需配制溶液的物质的量浓度(摩尔数)} \times \text{需配制溶液的体积(mL)}}{1000} \times \text{溶质的相对分子质量}$$

例如,配制 2 mol/L 碳酸钠溶液 500 mL(碳酸钠的相对分子质量是 106)需要的碳酸钠的质量为

$$2 \times 500 \div 1000 \times 106 \text{ g} = 106 \text{ g}$$

(1) 称取纯碳酸钠 106 g,溶解、移液、定容即可。

(2) 若是含 10 个结晶水的碳酸钠晶体,还需进一步计算。

$$\text{晶体的质量} = \frac{\text{纯碳酸钠的质量}}{\text{碳酸钠晶体中碳酸钠的质量分数}}$$

$$= \frac{106}{(106 \div 286) \times 100\%} \text{ g} = 286 \text{ g}$$

需称取碳酸钠晶体 286 g,溶解、移液、定容即可。

4. 溶液的稀释

1) 计算

(1) 根据浓度与体积成反比的原理计算。即

$$c_1 V_1 = c_2 V_2$$

式中:c_1 为浓溶液的浓度,V_1 为浓溶液的体积,c_2 为稀溶液的浓度,V_2 为稀溶液的体积。

(2) 可采用"十字交叉法"进行计算。

设浓溶液的浓度为 a,稀溶液的浓度为 b(水为 0),要求配制的溶液浓度为 c,则

$$c - b = x, \quad a - c = y$$

那么 x/y 为所需体积的比,可表示为

$$\begin{array}{ccc} a & & x(c-b=x) \\ & \searrow \nearrow & \\ & c & \\ & \nearrow \searrow & \\ b & & y(a-c=y) \end{array}$$

例如,要配制 75%乙醇,需要 95%乙醇和水各多少?

$$\begin{array}{ccc} 95 & & 75-0=75 \\ & \searrow \nearrow & \\ & c & \\ & \nearrow \searrow & \\ 0 & & 97-75=20 \end{array}$$

即需要 95%乙醇 75 份,加水 20 份混合则成。

2) 浓硫酸的稀释

应该用玻璃棒缓缓把浓硫酸移至蒸馏水中,不得把水直接倒入浓硫酸中,否则会导致溶液飞溅,烫伤实验人员。

5. 配制溶液时注意事项

(1) 精确计算、准确称量:特别是在配制标准溶液、缓冲溶液时,更应该注意,有特殊要求的,要按规定进行干燥,提纯后再称量。

（2）一般溶液都应该用蒸馏水或无离子水（离子交换水）配制，有特殊需要的除外。

（3）配制溶液前应根据实际需要，计算好需要量，足够而不太多，防止造成浪费。

（4）液体已经取出，不得再放回原瓶，以防不清洁造成全瓶溶液污染。

（5）配制溶液用的玻璃器皿都要清洁干净。

（6）盛放配制好的溶液试剂瓶或烧杯等应贴上标签，写明溶液名称、浓度大小、配制日期及配制人。

（7）一般应该在使用前临时配制，确需提前配制的应注意按要求（密封、避光等）保存。对一些需要密封的已配制好的溶液，应先塞紧瓶塞，然后再用蜡封口；需要避光的已配制好的溶液，可置于棕色瓶内或用黑纸包住。

（8）应该注意实验人员的安全，应尽量避免用手直接接触，在配制时应戴上手套和口罩，配好后应注意洗手消毒。

附录 C 生物学实验室各种培养液的配制

1. 生理溶液

1）生理食盐水（physiological saline）

生理食盐水是将适量的食盐溶解于蒸馏水中。各类动物用的浓度不同，分述如下：

哺乳类——0.9%（9 g 盐/1000 mL 水）

鸟类——0.75%（7.5 g 盐/1000 mL 水）

蟾蜍——0.8%（8 g 盐/1000 mL 水）

青蛙——0.64%（6.4 g 盐/1000 mL 水）

2）洛克生理食盐水（Locke's solution）

氯化钠（NaCl）	0.85 g
	（冷血动物用 0.64 g）
氯化钾（KCl）	0.042 g
碳酸氢钠（$NaHCO_3$）	0.02 g
氯化钙（$CaCl_2$）	0.024 g
蒸馏水	100.0 mL

3）林格氏生理食盐水（Ringer's solution）

氯化钠	0.9 g
	（冷血动物用 0.65 g）
氯化钾	0.042 g
氯化钙	0.025 g
蒸馏水	100.0 mL

用时最好配制新鲜的溶液。

2. 人造海水（Hale, 1958）

含氯量　19‰	
含盐量　34.33‰	
氯化钠（NaCl）（无水）	23.991 g
氯化钾（KCl）（无水）	0.742 g
氯化钙（$CaCl_2$）（无水）	1.135 g
或 $CaCl_2 \cdot 6H_2O$	2.240 g
氯化镁（$MgCl_2$）（无水）	5.102 g
或 $MgCl_2 \cdot 6H_2O$	10.893 g

碳酸氢钠($NaHCO_3$)(无水)	0.197 g
硫酸钠(Na_2SO_4)(无水)	4.012 g
或 $Na_2SO_4 \cdot 10H_2O$	9.1 g
溴化钠(NaBr)(无水)	0.085 g
或 $NaBr \cdot 2H_2O$	0.115 g
氯化锶($SrCl_2$)(无水)	0.011 g
或 $SrCl_2 \cdot 6H_2O$	0.018 g
硼酸(H_3BO_3)(无水)	0.027 g

将上述各药品溶于蒸馏水中,并冲淡到 1 L。

3. 植物培养液

1) 克诺普(Knop)藻类培养液

硝酸钾	1 g
硫酸镁	1 g
硝酸钙	3 g
磷酸一氢钾(K_2HPO_4)	1 g

把硝酸钾、硫酸镁、磷酸氢钾三种药剂溶在 1 L 水中,然后再加入硝酸钙。能形成白色沉淀,母液在使用前必须振荡。

这样配成的溶液是 0.6% 溶液,适于诱导大多数绿藻形成果实体。

2) 真菌用标准琼脂培养基(das gupta formula)

硫酸镁	0.375 g
磷酸钾(K_3PO_4)	0.625 g
天门冬酰胺	1.00 g
葡萄糖	1.00 g
马铃薯淀粉	5.00 g
琼脂	7.50 g
水	500 mL

先将琼脂溶解在水中,然后加入其他各物。在 115℃ 下高压灭菌 15 min。

3) 霍格伦德(Hoagland's)和斯纳德(Snyder's)四盐液

硝酸钙	0.821 g
硝酸钾	0.506 g
磷酸二氢钾	0.136 g
硫酸镁	0.120 g
水	1000 mL

如需加铁可依每升 1 mL 的比例在培养液中加入 0.5% 的酒石酸铁溶液。

4. 植物组织培养基

表1　　　　　　　　　　　　　　　　　　　　　　　单位:mg/L

试剂药品＼培养基及发明年代	MS (1962)	BL (1968)	ER (1965)	B (1968)	N6 (1974)	SH (1972)
NH_4NO_3	1650	1650	1200	—	—	—
KNO_3	1900	1900	1900	2500	2830	2500
$CaCl_2 \cdot 2H_2O$	440	440	440	150	166	200
$MgSO_4 \cdot 7H_2O$	370	370	370	250	185	400
KH_2PO_4	170	170	340	—	400	—
$(NH_4)_2SO_4$	—	—	—	134	463	—
NaH_2PO_4	—	—	—	—	—	300
$FeSO_4 \cdot 7H_2O$	27.8	27.8	27.8	27.8	27.8	15
Na_2EDTA	37.3	37.3	37.3	37.3	37.3	20
KI	0.83	0.83	—	0.75	0.8	1
H_3BO_3	6.2	6.2	0.63	3.0	4.4	—
$MnSO_4 \cdot 4H_2O$	—	16.9	—	10	—	10
$ZnSO_4 \cdot 7H_2O$	8.6	10.6	—	2	1.5	1
Na_2EDTA	—	—	15	—	—	—
$Na_2MoO_4 \cdot 2H_2O$	0.25	0.25	0.025	0.25	—	0.1
$CuSO_4 \cdot 5H_2O$	0.025	0.025	0.0025	0.025	—	0.2
$CuCl_2 \cdot 6H_2O$	0.025	0.025	0.0025	0.025	—	0.1
肌醇	100	100	—	100	—	1000
烟酸	0.5	0.5	0.5	1	0.5	5
甘氨酸	2	—	2	—	2	—
盐酸硫胺	0.1	—	0.5	10	1	5
盐酸吡哆素	0.5	—	0.5	1	0.5	0.5
天冬酰胺	—	100	—	—	—	—
蔗糖	30000	30000	40000	20000	50000	30000
琼脂	10000	8000	—	10000	10000	—
pH	5.7	5.8	5.8	5.8	5.8	5.8

表 2 单位：mg/L

试剂药品 培养基及发明年代	H (1967)	Miller (1963)	改良 Nitsch (1951)	改良(WH) White (1951)	WS (1966)	HE (1953)
NH_4NO_3	720	1000	—	—	50	—
KNO_3	—	—	—	—	—	600
$NaNO_3$	166	—	—	—	—	75
$MgSO_4 \cdot 7H_2O$	185	35	125	737	—	250
KH_2PO_4	68	300	125	—	—	—
$Ca(NO_3)_2 \cdot 4H_2O$	185	35	125	737	—	250
KCl	—	65	—	65	140	750
$NaHPO_4 \cdot H_2O$	—	—	—	19	35	125
NaH_2PO_4	—	—	—	200	425	—
$FeSO_4 \cdot 7H_2O$	27.8	—	—	—	27.8	—
Na_2EDTA	37.3	—	—	—	3	7.3
$Fe_2(SO_4)_3$	—	—	—	2.5	—	—
Na-Fe-EDTA	—	32	—	—	—	—
柠檬酸铁	—	—	10	—	—	—
$FeCl_3 \cdot H_2O$	—	—	—	—	—	1
KI	0.8	—	0.75	1.6	—	0.01
H_3BO_3	10	6	0.5	1.5	3.2	1
$MnSO_4 \cdot 4H_2O$	25	4.4	3	6.65	—	0.1
$MnSO_4 \cdot H_2O$	—	—	—	—	9	—
$ZnSO_4 \cdot 7H_2O$	10	1.5	0.5	2.67	3.2	1
$Na_2MoO_4 \cdot 5H_2O$	0.25	—	0.25	—	—	—
$CuSO_4 \cdot 5H_2O$	0.025	—	0.025	0.001	—	0.03
$AlCl_3$	—	—	—	—	—	0.03
$NiCl_2 \cdot 6H_2O$	—	—	—	—	—	0.03
H_2SO_4（密度 1.83 g/cm³）	—	—	0.0005	—	—	—
MoO_3	—	—	—	0.0001	—	—
肌醇	100	—	—	—	100	—
烟酸	5	0.5	1.25	0.3	0.5	—
甘氨酸	2	2	7.5	3	0.5	—
盐酸硫胺	0.5	0.1	0.25	0.1	0.1	1
盐酸吡哆素	0.5	0.1	0.25	0.1	0.1	—
叶酸	0.5	—	—	—	—	—
生物素	0.05	—	—	—	—	—
蔗糖	20000	30000	20000	20000	20000	20000
琼脂	8000	10000	10000	10000	—	—
pH	5.5	6.0	6.0	5.6	5.8	—

5. 植物细胞和原生质体培养基

单位：mg/L

试剂药品 \ 培养基及发明年代	AA培养基(1986)	FHG培养基(1988)	NT培养基(1971)	DPD培养基(1973)	DMSP培养基(1977)	DPD培养基(1975)
NH_4NO_3	—	165	825	270	600	600
KNO_3	—	1900	950	1480	1900	1900
$CaCl_2 \cdot 2H_2O$	440	440	220	570	600	600
$MgSO_4 \cdot 7H_2O$	370	370	1233	340	300	300
KH_2PO_4	170	170	680	80	170	170
KCl	2940	—	—	—	300	300
$FeSO_4 \cdot 7H_2O$	27.85	27.8	27.8	—	—	—
Na_2EDTA	37.25	40	37.3	37.3	—	—
Na-Fe-EDTA	—	—	—	—	28	28
KI	0.83	0.83	0.83	0.25	0.75	0.75
H_3BO_3	6.2	6.2	6.2	2.0	3.0	3.0
$MnSO_4 \cdot 4H_2O$	22.3	22.3	22.3	5.0	10.0	10.0
$ZnSO_4 \cdot 7H_2O$	8.6	8.6	8.6	1.5	2.0	2.0
$Na_2MoO_4 \cdot 2H_2O$	0.25	0.25	0.25	0.1	0.25	0.25
$CuSO_4 \cdot 5H_2O$	0.025	0.025	0.025	0.015	0.02	0.025
$CoCl_2 \cdot 6H_2O$	0.025	0.025	0.030	0.01	—	0.025
麦芽糖、蔗糖	30000	—	—	0.05	250	250
葡萄糖	—	—	—	—	6840	68400
甘露糖	—	—	—	—	250	125
果糖	—	—	—	—	250	125
核糖	—	—	—	—	250	125
鼠李糖	—	—	—	—	250	125
纤维二糖	—	—	—	—	250	125
甘氨酸	75	—	—	1.4	—	—
谷氨酰胺	877	720	—	—	—	—
d-天冬氨酸	266	—	—	—	—	—
精氨酸	228	—	—	—	—	—
丙酸酮钠	—	—	—	—	20	—
柠檬酸	—	—	—	—	40	10
苹果酸	—	—	—	—	40	10
延胡索酸	—	—	—	—	40	10
抗坏血酸	—	—	—	—	0.01	10
盐酸硫胺	—	0.40	1.0	4.0	1.0	10

续表

试剂药品 \ 培养基及发明年代	AA 培养基 (1986)	FHG 培养基 (1988)	NT 培养基 (1971)	DPD 培养基 (1973)	DMSP 培养基 (1977)	DPD 培养基 (1975)
盐酸吡哆素	—	—	—	—	1.0	1.0
维生素 B_{12}	—	—	—	—	1.0	1.0
维生素 A	—	—	—	—	0.005	—
维生素 D	—	—	—	—	0.01	0.005
核黄素	—	—	—	—	0.2	0.1
D-泛酸钙	—	—	—	—	1.0	0.5
对氨基苯甲酸	—	—	—	—	0.02	0.01
叶酸	—	—	—	0.4	0.2	0.005
生物素	—	—	—	0.04	0.01	0.005
烟酸	—	—	—	4.0	1.0	0.5
甘露醇	—	—	250	150	250	125
山梨醇	—	—	—	—	250	12
水解酪蛋白	—	—	—	—	250	125
椰子汁	—	—	—	—	20(mL/L)	20(mL/L)
肌醇	100	100	100	100	100	100
Ficoll-400	—	20000	—	—	—	—
pH	5.6	5.6	5.8	5.6	5.6	5.7

6. 动物细胞组织培养基

单位：mg/L

成　分	Eagle's MEM	Dulbecco's MEM	Ham's F12	CMRL 1066	RPMI 1640	Waymouth's MB752/1	McCoy's 5A	Iscove's DMEM
无机盐：								
$CaCl_2$（无水）	200.00	200.00	—	200.00	—	—	100.00	165.00
$CaCl_2 \cdot 2H_2O$	—	—	44.00	—	—	120.00	—	—
$Fe(NO_3)_3 \cdot 9H_2O$	—	0.10	—	—	—	—	—	—
KCl	400.00	400.00	223.60	400.00	400.00	150.00	400.00	330.00
KH_2PO_4	—	—	—	—	—	80.00	—	—
$Fe_2(SO_4)_3$	—	—	—	—	—	—	—	—
$MgCl_2 \cdot 6H_2O$	—	—	122.00	—	—	240.00	—	—
$MgSO_4$（无水）	—	—	—	—	—	—	—	97.67
$MgSO_4 \cdot 7H_2O$	200.00	200.00	—	200.00	100.00	200.00	200.00	—
NaCl	6800.00	6400.00	7599.00	6799.00	6000.00	6000.00	6400.00	4505.00
$NaHCO_3$	2200.00	3700.00	1176.00	2200.00	2200.00	2240.00	2200.00	3024.00
$NaH_2PO_4 \cdot H_2O$	140.00	125.00	—	140.00	—	—	530.00	125.00
$NaH_2PO_4 \cdot 7H_2O$	—	—	268.00	—	1512.00	566.00	—	—

续表

成 分	Eagle's MEM	Dulbecco's MEM	Ham's F12	CMRL 1066	RPMI 1640	Waymouth's MB752/1	McCoy's 5A	Iscove's DMEM
KNO_3	—	—	—	—	—	—	—	0.076
$Na_2SeO_3 \cdot 5H_2O$	—	—	—	—	—	—	—	0.0173
$CuSO_4 \cdot 5H_2O$	—	—	0.00249	—	—	—	—	—
$FeSO_4 \cdot 7H_2O$	—	—	0.834	—	—	—	—	—
$ZnSO_4 \cdot 7H_2O$	—	—	0.836	—	—	—	—	—
$Ca(NO_3)_2 \cdot 4H_2O$	—	—	—	—	100.00	—	—	—
氨基酸:								
L-丙氨酸	—	—	8.90	25.00	—	—	13.90	25.00
L-精氨酸(自由碱)	—	—	—	—	200.00	—	—	—
L-精氨酸·盐酸	126.00	84.00	211.00	70.00	—	75.00	42.10	84.00
L-天冬酰胺	—	—	—	—	50.00	—	45.00	—
L-天冬酰胺·H_2O	—	—	15.01	—	—	—	28.40	—
丙酮酸钠	—	110.00	110.00	—	—	—	—	110.00
硫酸链霉素								
琥珀酸								
HEPES	—	—	—	—	—	—	—	5958.00
软黄嘌呤	—	—	4.10	—	—	25.00	—	—
亚油酸	—	—	0.084	—	—	—	—	—
腐胺·2HCl	—	—	0.161	—	—	—	—	—
胸腺嘧啶核苷	—	—	0.73	1.00	—	—	—	—
辅酸酶	—	—	—	1.00	—	—	—	—
辅酶A	—	—	—	2.5	—	—	—	—
脱氧腺苷	—	—	—	10.0	—	—	—	—
脱氧胞苷·HCl	—	—	—	10.0	—	—	—	—
脱氧鸟苷	—	—	—	10.0	—	—	—	—
二磷酸吡啶核苷酸·$4H_2O$	—	—	—	7.0	—	—	—	—
用于溶解脂类的乙醇	—	—	—	16.0	—	—	—	—
黄素腺嘌呤二核苷酸				1.0				
谷胱甘肽(还原型)	—	—	—	10.0	1.00	15.00	0.50	—
5-甲基脱氧胞苷	—	—	—	0.10	—	—	—	—
醋酸钠·$3H_2O$	—	—	—	83.0	—	—	—	—
葡糖醛酸钠·H_2O	—	—	—	4.2	—	—	—	—
纯化牛血清蛋白	—	—	—	—	—	—	—	400
大豆脂肪	—	—	—	—	—	—	—	50~100
转铁蛋白	—	—	—	—	—	—	—	1.00

7. 微生物培养基的配制

1）牛肉膏蛋白胨培养基

牛肉膏 3 g，蛋白胨 10 g，NaCl 5 g，琼脂 15～20 g，水 1000 mL，pH 7.0～7.2。在 $1.034×10^5$ Pa、121.3℃下灭菌 20 min。

2）高氏一号培养基

可溶性淀粉 20 g，KNO_3 1 g，NaCl 0.5 g，K_2HPO_4 0.5 g，$MgSO_4$ 0.5 g，$FeSO_4$ 0.01 g，琼脂 20 g，水 1000 mL，pH 7.2～7.4。

配制时，先用少量冷水将淀粉调成糊状，加热，边加水边搅拌，后加入其他成分，待溶解后补水至 1000 mL。在 $1.034×10^5$ Pa、121.3℃下灭菌 20 min。

3）查氏培养基

$NaNO_3$ 2 g，K_2HPO_4 1 g，KCl 0.5 g，$MgSO_4$ 0.5 g，$FeSO_4$ 0.01 g，蔗糖 30 g，琼脂 15～20 g，水 1000 mL。pH 自然。在 $1.034×10^5$ Pa、121.3℃下灭菌 20 min。

4）淀粉酪蛋白硝酸盐(SCN)培养基

可溶淀粉 10.0 g，酪蛋白 0.3 g，KNO_3 2.0 g，NaCl 2.0 g，K_2HPO_4 2.0 g，$MgSO_4 \cdot 7H_2O$ 0.05 g，$CaCO_3$ 0.02 g，$FeSO_4 \cdot 7H_2O$ 0.01 g；琼脂 18 g，水 1000 mL，pH 7.0～7.2。在 $1.034×10^5$ Pa、121.3℃下灭菌 20 min。

5）马铃薯(PDA)培养基

马铃薯 200 g，蔗糖（或葡萄糖）20 g，琼脂 15～20 g，水 1000 mL，pH 自然。

马铃薯去皮，切成块煮沸 0.5 h，纱布过滤得滤液，加入糖及琼脂，溶化后补足水至 1000 mL，在 $1.034×10^5$ Pa、121.3℃下灭菌 20 min。

6）乳糖胆盐发酵管

蛋白胨 20 g，猪（牛、羊）胆盐 5 g，乳糖 10 g，1.6%溴甲酚紫乙醇溶液 0.6 mL，蒸馏水 1000 mL，pH 7.4。将蛋白胨、乳糖及胆盐加热溶解于 1000 mL 蒸馏水中，调节 pH 为 7.4 加入指示剂，混匀，分装于有倒置杜氏小管的试管中，每支 10 mL。在 $6.89×10^4$ Pa、115.2℃下灭菌 20 min（灭菌时排气 5 min，灭菌后管内无气泡即为合格）。

7）伊红美蓝(EMB)培养基

蛋白胨 10 g，乳糖 10 g，K_2HPO_4 2 g，琼脂 17 g，2%伊红水溶液 20 mL，0.65%美蓝水溶液 10 mL，蒸馏水 1000 mL，pH 7.6。

将蛋白胨、磷酸盐和琼脂溶解于蒸馏水中，校正 pH 值，分装于烧瓶内，在 $1.034×10^5$ Pa（1.05 kg/cm²），121.3℃下灭菌 15 min，备用。临用时加热溶化，加入乳糖，冷却至 50～55℃，加入已高压灭菌的伊红水溶液及美蓝水溶液，摇匀后倾注于平板上。

8）改良 BS 选择培养基

量取西红柿汁 40 mL，葡萄糖 20 g，蛋白胨 15 g，酵母膏 6 g，NaCl 15 g，吐温-80 1 mL，可溶淀粉 0.5 g，琼脂 20 g，自来水 800 mL，pH 6.8。在 $1.034×10^5$ Pa、121℃下灭菌 20 min。使用时配制，灭菌后冷却至 55℃，加入新霉素，其浓度为 100 μg/

mL,倒于平板上。

9) 解酚菌富集培养基

葡萄糖 1.0 g,蛋白胨 0.5 g,KH_2PO_4 0.1 g,水 1000 mL,pH 7.2~7.4。

10) 解酚菌培养基

苯酚 0.2 g,KH_2PO_4 2.5 g,NH_4NO_3 2.0 g,CaCl 50 mg,蒸馏水 1000 mL,pH 7.2~7.4。在 $5.91×10^4$ Pa(0.6 kg/cm^2)、112.6℃下灭菌 20 min。

附录 D 常用缓冲溶液的配制

1. 柠檬酸-柠檬酸钠缓冲溶液

储备液 A：0.1 mol/L 柠檬酸（$C_6H_8O_7$ 19.21 g，配成 1000 mL）。

储备液 B：0.1 mol/L 柠檬酸钠（$C_6H_5O_7Na_3 \cdot 2H_2O$ 29.41 g，配成 1000 mL）。

x mL A 液＋y mL B 液稀释至 100 mL

pH	x	y	pH	x	y
3.0	46.5	3.5	4.8	23.0	27.0
3.2	43.7	6.3	5.0	20.5	29.5
3.4	40.0	10.0	5.2	18.0	32.0
3.6	37.0	13.0	5.4	16.0	34.0
3.8	35.0	15.0	5.6	13.7	36.3
4.0	33.0	17.0	5.8	11.8	38.2
4.2	31.5	18.5	6.0	9.5	40.5
4.4	28.0	22.0	6.2	7.2	42.8
4.6	25.5	24.5			

2. 醋酸-醋酸钠缓冲溶液

储备液 A：0.2 mol/L 醋酸（冰醋酸 11.55 mL 稀释至 1000 mL）。

储备液 B：0.2 mol/L 醋酸钠（$C_2H_3O_2Na$ 16.4 g 或 $C_2H_3O_2Na \cdot 3H_2O$ 2 g 配成 1000 mL）。

x mL A 液＋y mL B 液稀释至 100 mL

pH	x	y	pH	x	y
3.6	46.3	3.7	4.8	20.0	30.0
3.8	44.0	6.0	5.0	14.8	35.2
4.0	41.0	9.0	5.2	10.5	39.5
4.2	36.8	13.2	5.4	8.8	41.2
4.4	30.5	19.5	5.6	4.8	45.2
4.6	25.5	24.5			

3. 磷酸二氢钠-磷酸氢二钠缓冲溶液

储备液 A：0.2 mol/L 磷酸二氢钠（$NaH_2PO_4 \cdot H_2O$ 27.6 g 或 $NaH_2PO_4 \cdot 2H_2O$ 31.21 g）。

储备液 B：0.2 mol/L 磷酸氢二钠（$Na_2HPO_4 \cdot 2H_2O$ 35.61 g 或 $Na_2HPO_4 \cdot 12H_2O$ 71.64 g）

x mL A 液＋y mL B 液稀释至 100 mL

pH	x	y	pH	x	y
5.7	93.5	6.5	6.9	45.0	55.0
5.8	92	8.0	7.0	39.0	61.0
5.9	90.0	10.0	7.1	33.0	67.0
6.0	87.7	12.3	7.2	28.0	72.0
6.1	85.0	15.0	7.3	23.0	77.0
6.2	81.5	18.2	7.4	19.0	81.0
6.3	77.5	22.5	7.5	16.0	84.0
6.4	73.5	26.5	7.6	13.0	87.0
6.5	68.5	31.5	7.7	10.0	89.0
6.6	62.5	37.5	7.8	8.5	91.5
6.7	56.6	43.5	7.9	7.0	93.0
6.8	51.0	49.0	8.0	5.3	94.7

4. 巴比妥钠-盐酸缓冲溶液

储备液 A：0.2 mol/L 巴比妥钠（$NaCaH_{11}N_2O_3$ 41.2 g 配成 1000 mL）。

储备液 B：0.2 mol/L 盐酸（浓盐酸 17.1 mL 稀释至 1000 mL）。

50 mL A 液＋x mL B 液稀释至 200 mL

pH	x	pH	x
6.8	45.0	8.2	12.7
7.0	43.0	8.4	9.0
7.2	39.0	8.6	6.0
7.4	32.5	8.8	4.0
7.6	27.5	9.0	2.5
7.8	22.5	9.2	1.5

5. Tris-盐酸缓冲溶液

储备液 A：0.2 mol/L 三羟甲氨基烷（$C_4H_{11}O_3$，24.2 g 配成 1000 mL）。

储备液 B：0.2 mol/L 盐酸（浓 HCl 17.1 mL 配成 1000 mL）。

50 mL A 液＋x mL B 液稀释至 200 mL

pH	x	pH	x
7.2	44.2	8.2	21.9
7.1	41.4	8.4	16.5
7.6	38.4	8.6	12.2
7.8	32.5	8.8	8.1
8.0	26.8	9.0	5.0

6. 碳酸钠-碳酸氢钠缓冲溶液

储备液 A：0.2 mol/L 碳酸钠（$Na_2CO_3 \cdot H_2O$ 24.8 g 配成 1000 mL）。

储备液 B：0.2 mol/L 碳酸氢钠（$NaHCO_3$ 16.8 g 配成 1000 mL）。

x mL A 液＋y mL B 液稀释至 200 mL

pH	x	y	pH	x	y
9.2	4.0	46.0	10.0	27.5	22.5
9.3	7.5	42.5	10.1	30.0	20.0
9.4	9.5	40.5	10.2	33.0	17.0
9.5	13.0	37.0	10.3	38.5	14.5
9.6	16.0	34.0	10.4	38.5	11.5
9.7	19.5	30.5	10.5	40.3	9.5
9.8	22.0	28.0	10.6	42.5	7.5
9.9	25.0	25.0	10.7	45.5	5.0

附录 E 常用染色液和指示剂的配制

1. 苏木精染液

苏木精是一种天然染料,是着色能力很强的细胞核染料,多与其他染料配合使用,有不同的配法。

1)梅氏苏木精配法(Mayer's 苏木精)

(1)取 1 g 苏木精溶于 50 mL 95%的乙醇中(可略加热)得甲液。

(2)将 50 g 钾矾溶于 1000 mL 蒸馏水中得乙液。

(3)将乙液加入甲液中,混合、静置、冷却后过滤。

(4)在上述滤液中加入少量的麝香草酚用以防腐。

此液可以立刻使用,还能保存很长时间。染色时间一般只需 4~5 min,要是用蒸馏水稀释 10 倍,染色 10~12 h,效果更好。

2)海氏苏木精配法(Heidenhain's 苏木精)

又叫铁矾苏木精配法,此法在植物制片中最为常用,有甲、乙两种溶液,其中甲液是媒染剂,乙液是染色剂,甲、乙两液需分开保存,单独使用。

(1)甲液配方:铁明矾(硫酸铁铵,晶体)4 g,蒸馏水 100 mL,冰醋酸 1 mL,浓硫酸 0.12 mL。甲液需保持新鲜,用时现配。

(2)乙液配方:苏木精 0.5 g,蒸馏水 100 mL。

乙液有两种配法如下。

① 先将苏木精 0.5 g 溶于少量的 95%乙醇中,待溶解后,再加入蒸馏水 100 mL,瓶口用纱布包扎,以防尘通气,缓缓氧化,直到溶液变成深红色,时间约需 1 个月或两个月才能氧化成熟,过滤后塞紧瓶塞,静置于阴凉处备用。当红色消失时,表明已经失效,不能再用。

② 取苏木精 2 g,溶解于 20 mL 95%的乙醇中,过滤后作为原液长期保存。需用时,用蒸馏水稀释,即取原液 5 mL 加入蒸馏水 95 mL,即成 0.5%的苏木精水溶液。

3)爱氏苏木精配法(Ehrlich's 苏木精)

每次配一大瓶,经稀释后可用数年。

配方:苏木精 5 g,95%的乙醇 250 mL,冰醋酸 25 mL,硫酸铝钾(钾矾)饱和溶液约 25 g,蒸馏水 250 mL。

配制方法如下。

(1)取 1000 mL 容量的广口瓶一个,倒入少量 95%的乙醇,先加入苏木精,再加入冰醋酸,不断搅拌以加速溶解。

(2)加入甘油及其余的 95%乙醇。

(3)研碎钾矾并加热,倾入盛有蒸馏水的烧杯中,再加温使钾矾完全溶解。

(4) 将温热的钾矾液一滴滴入盛有苏木精染液的广口瓶，并不断搅拌。

(5) 用双层纱布蒙盖瓶口，再用橡皮筋固定。

(6) 将染色液置于暗处，并经常摇动促进成熟，直到颜色由浅褐变成深红为止。

(注意：此染液应在每年七八月配制，3～4周即可使用，如急用，可加入1 g碘酸钠即可立即成熟。)

稀释液配方：原液2份+50％乙醇1份+冰醋酸1份。

2. 中性红染液

中性红为弱碱性染料，对液饱系（即高尔基体）的染色有专一性，只将活细胞中的液泡系染成红色，细胞核和细胞质完全不着色，因此，可以鉴定细胞的死活。

配法：称取中性红0.1 g，溶于100 mL蒸馏水中，用时再稀释10倍左右。

3. 番红染色液

番红是一种碱性染料，可以使木质化和角质化的细胞壁、细胞核、花粉外壁和孢子染成红色，常与固绿对染。溶于水的饱和浓度为4.5％，溶于乙醇的饱和浓度为3.5％(15℃)。

(1) 普通番红染色液配法：配成0.1％、0.5％、1％水溶液或50％乙醇溶液，过滤后即可使用。

(2) 苯胺番红染色液配法：番红5 g，溶于50 mL 95％乙醇中，再加入450 mL蒸馏水、20 mL苯胺，不时摇动使其充分溶解，提前一个月配好，使用前过滤。

4. 固绿染色液

固绿是一种酸性染料，溶于水的饱和浓度为4％，溶于乙醇的饱和浓度为9％。可以使纤维素细胞壁、细胞质染成绿色，常与番红对染。

(1) 普通固绿染色液配法：可配成0.1％～0.5％高浓度(95％)乙醇溶液或取0.5 g固绿溶于50 mL纯乙醇中，再加入50 mL丁香油使用。

(2) 苯胺固绿染色液配法：固绿1 g溶于40 mL 95％的乙醇中，加入苯胺10 mL，常摇动使其充分溶解。提前一个月配制，使用前过滤。

5. 醋酸洋红染液

配法：先将200 mL 45％的醋酸水溶液放入锥形瓶中煮沸，移去火苗，然后慢慢地将1 g洋红(又叫胭脂红，若无可以用地衣红代替)分多次加入(注意不能一下子倒入，以防溅沸)，待全部投入后，再煮1～2 min，并用棉线悬入一生锈的小铁钉，过1 min后取出，或滴入4％的铁明矾液5～10滴。过滤后放于棕色滴瓶中备用。

6. 龙胆紫染液

主要用于染藻类等鞭毛。

(1) Ehrlichl液(普通龙胆紫染液)配法：龙胆紫1 g，加入95％乙醇15 mL，蒸馏水80 mL，苯胺油3 mL。

(2) Noland液(石炭酸-龙胆紫染液)配法：80 mL石炭酸饱和水溶液，4 mL甘油，20 mL甲醛，20 mg龙胆紫混合即成。

7. 结晶紫染液

碱性染料,可以染细胞核、染色质、纺锤丝等。

配法:0.2 g 结晶紫溶于 100 mL 蒸馏水中即可使用。

8. 苯胺蓝染液

苯胺蓝又叫棉蓝,是一种极强的酸性染料,一般难溶于水(微量),溶于乙醇的常用浓度为 1.5%。适用于纤维素细胞壁、细胞质的着色。

配法:配成 1% 的水溶液或 95% 的乙醇溶液过滤后使用。

9. 改良苯酚品红染液

又叫卡宝品红染液即 Carbor fuchsin 染液,适于观察染色体。

配法如下。

原液 A:3 g 碱性品红溶于 100 mL 70% 的乙醇中,此液可以长期保存。

原液 B:取 A 液 10 mL,加入 90 mL 5% 苯酚(即石炭酸)水溶液中(两周内使用)。

原液 C:取 B 液 55 mL,加入 6 mL 冰醋液和 6 mL 37% 的甲醛(此液可长期保存,适用于植物原生质体培养中细胞核和核分裂的染色)。

染色液:取 C 液 2~10 mL,加入 90~98 mL 之 45% 的醋酸和 1.8 g 山梨醇,放置两周后使用(此液适用于核和染色体的一般形态观察,具有广泛的适用性)。

10. 碱性紫染液

用于染染色体。

配法:取 0.25 g 化工用碱性紫,溶于 100 mL 蒸馏水中,过滤。

11. 钌红染液

染细胞间中胶层,鉴定果胶质。

配法:取 5~10 mg 钌红,溶于 25~50 mL 蒸馏水中,保存要避免日光,最好现用现配。

12. 姬姆萨染液

配方:Giemsa 粉 0.5 g,甘油 33 mL,纯甲醇 33 mL。

配法:先往 Giemsa 粉中加入少量甘油在研体内研磨至无颗粒,再将剩余甘油倒入混匀,56℃左右保温 2 h,令其充分溶解,最后加入甲醇混匀,成为姬姆萨原液,保存于棕色瓶中,用时吸取少量的 1/15 mol/L 磷酸盐缓冲溶液做 10~20 倍稀释。

13. 台盘蓝染液(Trypan blue 液)

配法:称取一定量的台盘蓝染粉溶于一定数量的 0.85% 生理盐水中即可。如将 0.4 g 台盘蓝染粉溶于 100 mL 0.85% 生理盐水中即得到 0.4% 的台盘蓝染液,将 0.5 g 台盘蓝染粉溶于 100 mL 0.85% 生理盐水中即得 0.5% 的台盘蓝染液。

14. 詹纳斯绿 B 染液(Janus green B 染液)

詹纳斯绿 B 是一种毒性较小的碱性染料,可专一性地对线粒体进行超活染色,这是由于线粒体内的细胞色素氧化酶系的作用,使染料始终保持氧化状态(即有色状态),呈蓝绿色;而染色体周围的基质中,这些染料被还原成为无色的(即无色状态)。

配法如下。

原液:称取 50 mg 詹纳斯绿 B 溶于 5 mL Ringer 溶液中,稍加微热(30~40℃),使之溶解,用滤纸过滤后,即为 1% 原液。

工作液:取 1% 原液 1 mL,加入 49 mL Ringer 溶液,即成 1/5000 工作液,装入瓶中备用,最好现用现配,以保持它的氧化能力。

15. 考马斯亮蓝 R250(Coomassiee brilliant blue R250)染液

考马斯亮蓝 R250 是一种普通的蛋白质染料,它可使各种细胞骨架蛋白质着色,但是,由于有些细胞骨架纤维(如微管),或一些纤维太细,在光学显微镜下无法分辨,因此,只能特异性地显示微丝。

0.2% 考马斯亮蓝 R250 染液的配方:考马斯亮蓝 R250 0.2 g,甲醇 46.5 mL,冰醋酸 7 mL,蒸馏水 46.5 mL。

16. 吕氏(Loeffler)碱性美蓝染色液

配制方法如下。

A 液:美蓝(亚甲基蓝)0.6 g 溶解于 30 mL 95% 的乙醇中。

B 液:0.01 g 氢氧化钾溶解于 100 mL 的蒸馏水中。

分别配好 A、B 液后,再将 A、B 两液混合即可。

17. 齐氏(Ziehl)石炭酸复红染色液

A 液:0.3 g 碱性复红(碱性品红,basic fuchsin)溶于 10 mL 95% 的乙醇中,将碱性复红在研体中研磨后,逐渐加入 95% 的乙醇,继续研磨使其溶解即成。

B 液:将 5.0 g 石炭酸溶解于 95 mL 蒸馏水中可得。

再混合 A、B 两液即成。使用时通常将此混合液稀释 5~10 倍(注意:稀释液易变质失效,一次不宜多配)。

18. 苏丹Ⅳ染色液

配方如下。

A 液:0.5 g 苏丹Ⅳ加 25 mL 正丁醇。

B 液:4.5 份体积的正丁醇加 5.5 份体积的乙醇。

配法:将苏丹Ⅳ加入正丁醇,加热使其溶解,冷却后即得 A 液;将正丁醇和乙醇按 4.5∶5.5 比例混合可得 B 液。使用时将 A 液和 B 液按 7∶9 的比例混合,过滤即成。

19. 微生物染液配制

1) 普通常用染色液

(1) 齐氏石炭酸复红染色液

A 液:碱性复红 0.3 g,95% 乙醇 10 mL。

B 液:石炭酸 5.0 g,蒸馏水 95 mL。

将 A、B 两液混合摇匀过滤。

(2) 吕氏美蓝染色液

A 液:含 90%染料的美蓝(甲烯蓝、次甲基蓝、亚甲基蓝)0.3 g,95%乙醇 30 mL。

B 液:KOH 100 mL。

将 A、B 两液混合摇匀使用。

(3) 草酸铵结晶紫染色液

配方见革兰氏染色液的(1)。

2) 革兰氏染色液

(1) 草酸铵结晶紫染色液

A 液:结晶紫(含染料 90%以上)2.0 g,95%乙醇 20 mL。

B 液:草酸铵 0.8 g,蒸馏水 80 mL。

将 A、B 两液充分溶解后混合静置 24 h 过滤使用。

(2) 革氏碘液

配方:碘 1 g;碘化钾 2 g,蒸馏水 300 mL。

配制时,先将碘化钾溶于 5~10 mL 水中,再加入碘 1 g,使其溶解后,加水至 300 mL。

(3) 95%乙醇

3) 芽孢染色液

(1) 孔雀绿染色液

配方:孔雀绿约 7.6 g,蒸馏水 100 mL。

此为孔雀绿饱和水溶液,配制时尽量溶解,最后过滤使用。

(2) 齐氏石炭酸复红染色液

同前述配法。

4) 荚膜染色液

配方:刚果红 2%水溶液,明胶 0.01%~0.1%水溶液,1%的 HCl。

5) 利夫森氏鞭毛染色液

A 液:NaCl 1.5 g,蒸馏水 100 mL。

B 液:单宁酸 3 g,蒸馏水 100 mL。

C 液:碱性复红 1.2 g,95%乙醇 200 mL。

临用前将 A、B、C 三种染液等量混合。

分别保存的染液(A、B、C 液)可在冰箱中保存几个月,室温保存几个星期仍有效,但混合染液应立即使用。

6) 酵母和放线菌

配方:美蓝 0.1 g,蒸馏水 100 mL。

7) 霉菌形态用染液

配方:石炭酸 20 g,乳酸(密度 1.2 g/cm^3)20 g,甘油(密度 1.25 g/cm^3)40 g,蒸馏水 20 mL。

配制时,先将石炭酸放入水中加热溶解,然后慢慢加入乳酸及甘油。

20. 指示剂的配制

指示剂种类繁多,应用广泛。能指示溶液酸碱变化的指示剂叫酸碱指示剂;能指示氧化还原滴定终点的指示剂叫氧化还原指示剂;在配合滴定中能指示配合滴定终点的指示剂叫金属离子指示剂。其中酸碱指示剂是在生物学实验中较常用的一类指示剂。常用酸碱指示剂名称、本身性质、pH 在室温下变化范围及配制方法和用量分述如下。

1) 石蕊指示剂

石蕊指示剂本身显酸性,在酸性环境中显红色,在碱性环境中呈蓝色,变色范围是5.0~8.0。配法:1 g 石蕊溶于 50 mL 水中,静置一昼夜后过滤,滤液中加 30 mL 95%乙醇,再加水稀释至 100mL。

2) 酚酞指示剂

酚酞指示剂本身显酸性,在酸性环境中为无色,在碱性环境中显蓝色,变色范围是8.2~10.0。配法:每升 90%的乙醇中溶解 1 g。每 10 mL 试液中滴 1~3 滴。

3) 甲基橙指示剂

甲基橙指示剂本身显碱性,在酸性环境中显红色,在碱性环境中显黄色,变色范围是3.1~4.4。配法:每升水中溶解 1 g 得 1%的溶液。每 10 mL 试液中滴 1 滴此指示剂。

4) 百里酚蓝(麝香草酚蓝)指示剂

指示剂本身显酸性,在酸性环境中显红色,在碱性环境中显黄色,变色范围是1.2~2.8。配法:0.1 g 指示剂在 4.3 mL 0.05 mol/L 氢氧化钠中研匀,用水稀释至 250 mL(0.04%)或每升 20%乙醇中溶解 1 g 百里酚蓝。每 10 mL 试液中滴加 1~2 滴此指示剂。

5) 甲基黄指示剂

指示剂本身显碱性,在酸性环境中显红色,在碱性环境中显黄色,变色范围是2.8~4.0。配法:每升 90%乙醇中溶解 1 g 甲基黄。每 10 mL 试液用 1 滴此指示剂。

6) 溴酚蓝指示剂

指示剂本身显酸性,在酸性环境中显黄色,在碱性环境中显蓝色,变色范围是3.0~4.6。配法:0.1 g 指示剂与 3 mL 0.05 mol/L 氢氧化钠一起研匀,用水稀释至 250 mL 或每升 20%的乙醇中溶解 1 g 溴酚蓝。每 10 mL 试剂用 1 滴此指示剂。

7) 溴甲酚蓝指示剂

指示剂本身显酸性,在酸性环境中显黄色,在碱性环境中显蓝色,变色范围是3.8~5.4。配法:0.1 g 指示剂与 2.9 mL 0.05 mol/L 氢氧化钠一起研匀,用水稀释至 250 mL 或每升 20%的乙醇中溶解 1 g 溴甲酚蓝。每 10 mL 试液用 1 滴此指示剂。

8) 甲基红指示剂

指示剂本身显碱性,在酸性环境中显红色,在碱性环境中显黄色,变色范围是

4.2~6.3。配法：每升60%乙醇中溶解1 g甲基红。每10 mL试液用1滴此指示剂。

9) 溴百里酚蓝（溴麝香草酚蓝）指示剂

指示剂本身显酸性，在酸性环境中显黄色，在碱性环境中显蓝色，变色范围是6.2~7.6。配法：0.1 g指示剂与3.2 mL 0.05 mol/L氢氧化钠一起研匀，用水稀释至250 mL或每升20%的乙醇中溶解1 g溴百里酚蓝。每10 mL试液用1滴此指示剂。

10) 苯酚红指示剂

指示剂本身显碱性，在酸性环境中显黄色，在碱性环境中显红色，变色范围是6.6~8.0。配法：0.1 g苯酚红与5.7 mL 0.05 mol/L氢氧化钠一起研匀，用水稀释至250 mL。每10 mL试液用1滴此指示剂。

11) 中性红指示剂

指示剂本身显碱性，在酸性环境中显红色，在碱性环境中显黄橙色，变色范围是6.8~8.0。配法：每升60%的乙醇中溶解1 g中性红。每10 mL试液用1滴此指示剂。

12) 百里酚酞（麝香草酚酞）指示剂

指示剂本身显酸性，在酸性环境中为无色，在碱性环境中显蓝色，变色范围是9.4~10.6。配法：每升90%乙醇中溶解1 g百里酚酞。每10 mL试液中用1~2滴此指示剂。

21. 生物组织显微化学反应指示剂

所谓显微化学反应，是通过一定的化学药剂显色出生物器官、组织和细胞中某些物质及其性质的一种方法。

1) 淀粉的鉴定——碘液（碘-碘化钾溶液）

用碘液处理生物组织材料时，碘和淀粉反应生成碘化淀粉，呈现蓝色，是一种显示淀粉存在的显色反应。因此，碘液便成为鉴定淀粉存在的唯一一种反应试剂。

配制方法：先取3 g碘化钾溶于100 mL蒸馏水中，再加入1 g碘配成原液，使用时一般用蒸馏水稀释10倍，但观察淀粉粒上轮纹时需稀释100倍。

2) 纤维素细胞壁的鉴定——碘-氯化锌溶液

纤维素细胞壁遇到碘-氯化锌溶液，发生反应呈现紫色。

碘-氯化锌溶液的配法：取20 g氯化锌溶于10 mL蒸馏水中，再在溶液中加入0.5 g碘化钾和1.5 g碘，配好的溶液保存于棕色瓶中。

此外，碘-氯化锌溶液还可染木栓和角质层成黄色和浅褐色。

3) 糊粉粒（蛋白质）的鉴定

植物细胞内储存的蛋白质常以固体粒状——糊粉粒状态存在。

(1) 糊粉粒可用碘（原）液处理，处理后呈现不同深浅的黄色。

(2) 糊粉粒还可用曙红-乙醇苦味酸甘油溶液处理，糊粉粒中的蛋白质晶体呈黄色,球状体为无色。曙红-乙醇苦味酸甘油溶液配制方法:1 g 曙红溶入 50 mL 的 95%乙醇的苦味酸饱和溶液中,用时取此液与 50%的甘油按 1∶1 比例混合即可。

4) 脂肪的鉴定——苏丹Ⅳ-乙醇溶液

苏丹Ⅳ能染脂肪呈现红色,但是,不能作为脂肪存在与否的证据,因为,它还会使树脂、挥发油、栓质化或角质化的细胞壁染色。但脂肪经苏丹Ⅳ染色后更明显清楚。

苏丹Ⅳ-乙醇溶液的配制方法:将 0.2 g 苏丹Ⅳ溶于 50 mL 95%的乙醇中加热,便成饱和的乙醇溶液,过滤后再加入 10 mL 的甘油,可用半年。

5) 丹宁的鉴定——硫酸铁溶液

丹宁又叫鞣质,遇铁盐产生蓝色或黑色的反应,细胞中含有丹宁则可被硫酸铁溶液染成蓝绿色,着色深浅以含量多少而定。

配法:1 g 硫酸铁加 20 mL 水即可(10%三氯化铁溶液可代用)。

6) 木质化细胞壁的鉴定

(1) 用盐酸-间苯三酚溶液处理后,木质化的细胞壁染成紫红色。

盐酸-间苯三酚溶液的配制方法:2 g 间苯三酚溶于 100 mL 95%的乙醇中,过滤后再加入 40 mL 浓盐酸。

注意:间苯三酚为白色粉末,易氧化变质,若已呈灰褐色或溶液呈黄褐色表明已经失效。

(2) 用硫酸苯胺溶液处理后,木质化的细胞壁呈黄色。

硫酸苯胺溶液的配制方法:1 g 硫酸苯胺溶于 50 mL 蒸馏水中即可。

7) 还原性糖的鉴定

(1) 托伦(Tollens)试剂(银氨溶液)的配法。

首先,配制 5%的硝酸银溶液和 5%氢氧化钠溶液。其次,取等量的硝酸银溶液和氢氧化钠溶液(如各取 0.5 mL)混合,出现棕黑色的沉淀,用力摇动试管,使反应完全。最后,向溶液中逐滴滴加氨水,边滴边用力摇动,直到棕黑色沉淀刚好全部溶解为止。这时溶液无色清亮即为托伦试剂。

(注意:① 托伦试剂只能新配,不可久置,久放易爆炸。② 并非只有还原性糖能与托伦试剂发生银镜反应。)

(2) 斐林(Fehling)试剂的配法。

斐林试剂由斐林试剂 A 和斐林试剂 B 组成,使用时将两者等体积混合,其配法分别如下。

斐林 A:将 3.5 g 含 5 个结晶水的硫酸铜溶于 100 mL 的水中即得淡蓝色的斐林试剂 A。

斐林 B:将 17 g 含 5 个结晶水的酒石酸钠钾溶于 20 mL 热水中,然后加入含有 5 g 氢氧化钠的水溶液 20 mL,再稀释至 100 mL,即得无色清亮的斐林试剂 B。

附录 F 常用消毒液的配制

1. 5%的石炭酸溶液

石炭酸(苯酚)5.0 g+蒸馏水 100 mL(常用于室内空气喷雾消毒和擦洗桌面、地面)

2. 5%的甲醛液

甲醛原液(35%)100 mL+蒸馏水 600 mL(熏蒸空气、组织标本固定)

3. 3%的过氧化氢(双氧水)

过氧化氢原液(30%)100 mL+蒸馏水 900 mL

密闭、避光,低温保存。

4. 升汞水

升汞(氯化汞)0.1 g+浓盐酸 0.2 mL+蒸馏水 100 mL

先将升汞溶于浓盐酸,再加入蒸馏水中。

5. 75%的乙醇

95%的乙醇 75 mL+蒸馏水 20 mL(皮肤消毒、器具表面消毒)

6. 20%的来苏儿(煤皂酚液)

煤皂酚液(含煤皂酚 47%~53%)40 mL+蒸馏水 960 mL(皮肤消毒,浸泡玻璃器皿)

7. 0.25%的新洁尔灭

新洁尔灭(5%)50 mL+蒸馏水 950 mL(皮肤清洁剂,器皿浸泡清洁)

8. 漂白粉溶液

漂白粉 10 g+蒸馏水 140 mL(饮水及洗刷培养间、粪便消毒)

用前临时配。

9. 碘酒

碘 2.0 g+碘化钾 1.5 g+75%的乙醇 100 mL(体表及伤口消毒)

先将碘化钾溶于约 2 mL 的乙醇中,再加入碘搅拌均匀,补足乙醇即可。

附录 G 常用洗液的配制

实验完毕后洗涤玻璃器皿时,一般可以使用刷子蘸取肥皂水、合成洗涤剂或碳酸氢钠溶液(可以用热水配制),然后,用自来水冲净。但是,有些器皿上黏附特殊的化学污染物或油腻物质,这时用上述普通洗涤剂难于去除,则需配制特别的洗液浸泡处理。下面就几种常用的洗液的配法、洗液特点和使用时应注意的事项给以简单的介绍。

1. 铬酸洗液

配制方法:一般浓度为 5%～12%。配制 5% 的铬酸洗液时,取工业品重铬酸钾(或重铬酸钠)20 g 溶于 40 mL 水中,慢慢加入 360 mL 工业浓硫酸即得,洗液为红褐色。

洗液特点:强酸性,具有很强的氧化能力,用于去除油污。

注意事项:

(1) 使用时要特别小心,以防腐蚀皮肤和衣服;

(2) 洗液若呈现绿色表明已经失效;

(3) 此液可反复使用直到失效为止;

(4) 废液不可随便排放,要进行处理。

2. 酸性高锰酸钾溶液

配制方法:4 g 高锰酸钾溶于少量的水中,加入 100 mL 10% 氢氧化钠溶液。

洗液特点:作用缓慢,适于洗涤油腻及有机物。

注意事项:洗后玻璃器皿上留有二氧化锰沉淀物,可以用浓盐酸或亚硫酸钠溶液处理。

3. 碱性乙醇洗液

配制方法:1 L 95% 的乙醇溶液,加入 157 mL 氢氧化钠(或氢氧化钾)饱和溶液(约 50%)。

洗液特点:遇水分解力很强,适用于洗涤油脂、焦油和树脂等。

注意事项:

(1) 具有易燃性和挥发性,使用时注意防挥发和防火;

(2) 久放失效;

(3) 对磨口瓶塞有腐蚀作用。

4. 磷酸钠洗液

配制方法:把 57 g 磷酸钠和 28.5 g 油酸钠溶于 470 mL 水中。

洗液特点:适用于洗涤碳的残留物。

注意事项:在洗液中浸泡几分钟再刷洗。

5. 纯酸或纯碱洗液

配制方法：

(1) 纯酸洗液，即浓硫酸、浓盐酸和浓硝酸的混合液；

(2) 纯碱洗液，即10%以上的氢氧化钠、氢氧化钾和碳酸钠溶液的混合液。

洗液特点：要根据器皿上污垢的性质选择使用。

注意事项：用洗液浸泡或浸煮器皿，但用酸洗时，温度不宜太高，防止酸挥发。

6. 硝酸-过氧化氢洗液

配制方法：15%~20%硝酸和5%过氧化氢。

洗液特点：洗涤特别顽固的化学污物。

注意事项：

(1) 久存易分解，现用现配；

(2) 储存于棕色瓶中。

7. 玻片清洁的方法

制片工作必须保证玻片在化学上的清洁，一定不能有油类或酸类的存在，以免造成贴片不牢或标本日后的褪色。

从市面上买回的新玻片（载玻片、盖玻片），需洗净才能使用。具体方法是先将玻片放在玻璃缸和培养皿中，用洗液浸泡2~24 h，取出用清水彻底冲洗净，以看不到有黄色为止，再用蒸馏水涮1~2次，然后浸入70%~95%酒精中，用时取出以细布擦干即可。不用此法，用市售洗衣粉加热水洗涤，代替洗液也行。

废制片的重用：先置废玻片于二甲苯液中24 h或数日，或用洗衣粉水煮沸一至数小时，至树胶溶化，盖玻片和载玻片相互分离后，洗掉树胶（要乘热洗），再用清水洗净，放入洗液中，浸泡数日，然后用新片的处理方法即可。

附录 H 普通固定离析液的配制

1. 10%中性福尔马林(pH=6.8~7.1)

甲醛 10 mL+蒸馏水 90 mL+醋酸钠 2 g

2. 冰醋酸-乙醇固定液(Carnoy's fluid)

纯乙醇 3 份,冰醋酸 1 份。纯乙醇也可改为 95%的乙醇。

3. 万能固定液(F.A.A 固定液)

福尔马林 5 mL,冰醋酸 5 mL,50%或 70%乙醇 90 mL。
(幼嫩组织用 50%乙醇,成熟材料用 70%的乙醇)

4. 乙醇-福尔马林液

福尔马林 6~10 mL,70%乙醇 100 mL。

5. 盐酸-乙醇离析液

取等量的浓盐酸和 95%的乙醇混合即得。用于植物幼嫩组织离析,还兼有固定作用。

6. 铬酸-硝酸离析液

A 液:10 mL 铬酸加入 90 mL 蒸馏水即得 10%的铬酸溶液。

B 液:10 mL 浓硝酸加入 90 mL 蒸馏水即得 10%的硝酸溶液。

将 A、B 两液按 1:1 混合备用。

适用于离析导管、管胞、木纤维等木质化材料,注意离析后应用蒸馏水洗净材料,保存于 70%乙醇中。

7. 盐酸-草酸铵离析液

A 液:取 70%乙醇和浓盐酸按 3:1 混合得 A 液。

B 液:0.5%的草酸铵溶液。

离析时,先用 A 液浸泡材料,若材料有空气则需抽气,抽气后再换一次溶液,浸泡 24 h,然后用水冲洗干净,放入 B 液中,隔 1~2 天进行检查,时间看情况而定。

适用于草本植物髓、薄壁细胞、叶肉组织等的离析。

参 考 文 献

[1] 王灶安.植物显微技术[M].北京:农业出版社,1990.
[2] 王心钗.植物显微技术[M].福州:福建教育出版社,1986.
[3] 王金发,何炎明.细胞生物学实验教程[M].北京:科学出版社,2004.
[4] 王廷华,齐建国,Leong Seng Kee,等.组织细胞化学理论与技术[M].北京:科学出版社,2005.
[5] 蔡文琴.现代应用细胞与分子生物学实验技术[M].北京:人民军医出版社,2003.
[6] 汪德耀.细胞生物学实验指导[M].北京:人民教育出版社,1981.
[7] 郭舜玲,孙玉善,尚李平,等.荧光显微技术[M].北京:石油工业出版社,1994.
[8] 林加涵,魏文玲,彭宣宪.现代生物学实验[M].北京:高等教育出版社,2000.
[9] 芮菊生.组织切片技术[M].北京:人民教育出版社,1980.
[10] 李正理.植物制片技术[M].北京:科学出版社,1987.
[11] 孟运莲.现代组织学与细胞学技术[M].武汉:武汉大学出版社,2004.
[12] A.C.E 皮尔斯,等.组织化学理论和实践[M].马仲魁译.北京:人民卫生出版社,1985.
[13] 舍英,伊力奇,呼和巴特尔.现代光学显微镜[M].北京:科学出版社,1997.
[14] 孙业英,陈南平.光学显微分析[M].北京:清华大学出版社,1996.
[15] 汤乐民,丁斐.生物科学图像处理与分析[M].北京:科学出版社,2005.
[16] 徐是雄.植物细胞学技术[M].北京:农业出版社,1983.
[17] 余炳生,张信.生物学显微技术[M].北京:中国农业大学出版社,1989.
[18] 郑国锠.生物显微技术[M].北京:人民教育出版社,1978.
[19] 郑若玄.实用细胞学技术[M].北京:科学出版社,1980.